特种经济动物
疾病防治大全

李典友　高本刚　编著

U0235460

化学工业出版社

·北京·

图书在版编目（CIP）数据

特种经济动物疾病防治大全/李典友，高本刚编著.
北京：化学工业出版社，2019.1
ISBN 978-7-122-33431-2

Ⅰ.①特…　Ⅱ.①李…②高…　Ⅲ.①经济动物-动
物疾病-防治　Ⅳ.①S858.9

中国版本图书馆 CIP 数据核字（2018）第 280710 号

责任编辑：邵桂林　　　　　　　文字编辑：谢蓉蓉
责任校对：宋　夏　　　　　　　装帧设计：关　飞

出版发行：化学工业出版社（北京市东城区青年湖南街 13 号　邮政编码 100011）
印　　刷：三河市延风印装有限公司
装　　订：三河市宇新装订厂
850mm×1168mm　1/32　印张 11½　字数 314 千字
2019 年 3 月北京第 1 版第 1 次印刷

购书咨询：010-64518888　　售后服务：010-64518899
网　　址：http://www.cip.com.cn
凡购买本书，如有缺损质量问题，本社销售中心负责调换。

定　　价：49.80 元

前言

特种经济动物养殖是一项新兴养殖业，与饲养传统家畜家禽比较，饲养周期短、技术简单、省劳力、抗病力强，市售价格比传统家养畜禽高出多倍，因此养殖经济效益高。随着我国人民生活水平的日益提高，市场上特种水产动物、食用和观赏动物、药用动物、毛皮动物等特种经济动物产品受到越来越多消费者的青睐，需求量越来越大，因此发展特种经济动物养殖具有十分广阔的前景。特种经济动物大规模集约化养殖，环境因素急剧改变或饲养管理不善、操作不当、环境卫生差和营养不良等种种原因会引发疾病。一旦发病就会迅速在个体间传染，以致在很短时间内引起群体性疾病。因此，在饲养过程中，搞好疾病防治往往成为特种经济动物养殖业成败的关键。为了尽量减少因疾病造成的损失，应提高特种经济动物的疾病防治水平，以保障特种经济动物养殖业的更好发展。

为了适应目前我国特种经济动物养殖业的发展，有效防治各类经济动物疾病，我们针对目前特种经济动物养殖业的生产状况，在结合自己多年兽医临床诊疗实践经验和科研成果的基础上，参考了大量国内外有关文献资料后，编写了《特种经济动物疾病防治大全》一书，书中详细阐述了目前我国主要养殖的特种经济动物的常见病、多发病的发生原因、流行特点、临床症状、剖检病变、诊断方法及预防和简易有效的治疗方法等。在编写中力求内容丰富新颖、科学实用，文字简明通俗。本书可供养殖专业户、养殖场专业技术人员和兽医技术人员阅读和使用，亦可供农业院校有关专业师生参考。

由于本书所涉及的特种经济动物种类繁多，所涉疾病更是多而杂，加之编著者专业水平有限，尽管在编写中做了较多的努力，但是书中仍然难免有疏漏之处，恳请广大读者予以指正，以便再版时修正和完善。

编著者

2019 年 1 月于皖西学院

目录

第一章

动物疾病发生原因与预防措施

特种经济动物疾病是指特种经济动物体内某种致病因素致使机体的一个或多个组织器官损伤而引起其功能障碍或异常而发生的疾病，给经济动物养殖者带来经济损失，同时威胁到人体和其他动物的健康。因此，养殖场的种类疾病预防工作十分重要。特种经济动物疾病防治，减少其疾病的发生是整个特种经济动物养殖工作中极其重要的环节。

在生产实践中，通常根据动物疾病是否具有传染性，将动物疾病分为传染性疾病（包括病毒性传染病、细菌性传染病、衣原体病、寄生虫病等）与非传染性疾病（包括营养代谢性疾病、中毒病、内科病、外科病和杂病等）。后者多由饲养管理不善、营养缺陷和代谢障碍、毒物中毒及饲养环境条件差等引起。尤其是目前人工养殖野生经济动物密度大，集约化、规模化情况下，危害最严重的是传染病，其次是寄生虫病，这些疾病会迅速在个体间传染，在很短时间内往往大批发生，甚至波及整个养殖场，引起多数养殖动物发病或死亡，严重地影响养殖业的健康发展，造成很大的经济损失。有些人畜共患病，如狂犬病、禽流感、钩端螺旋体病等，还直接危害人体健康。必须坚持"以防为主，防重于治"的方针，采取以下综合性预防疾病的措施，使养殖的经济动物体质良好，提高其机体的抗病能力。

一、注重平时的饲养管理

科学的饲养管理是动物养殖的技术关键。有一些养殖场没有按个体大小、体质强弱分群饲养或饲养密度过大，个体间过于拥挤；忽略了不同动物的生物学特征及合理的饲养方法；长期投喂单一饲料；饲料配制不符合要求，或投喂腐烂变质及不卫生的饲料；或没有及时提供足够的清洁饮水等，使动物个体消瘦，抗病力降低，引起疾病甚至死亡。此外，饲养操作不当，管理水平差，使饲养的动物被过分追赶、捕捉、啄咬等，导致动物肢体损伤发炎以及各种应激反应等，都可使饲养的动物发病或诱发其他疾病。因此，必须注重平时的科学饲养管理，提高饲养动物的抗病能力。如饲养动物应根据个体大小、体质强弱等合理分群，保持合理的饲养密度，防止动物拥挤等。饲料要求新鲜、干净，平时应根据不同动物种类的采食性和不同的生长阶段科学配制饲料，防止饲料单一导致动物偏食，防止突然改变饲料种类，并定时、定量科学饲喂，及时供应充足的清洁饮水，使动物体质良好，提高其机体的抗病能力。此外，注意防暑防寒，尽量减少饲养动物应激反应的发生，控制疾病的发生。

二、搞好养殖场地（舍）卫生和严格消毒

无论采用哪种形式养殖特种经济动物，由于从野生变成家养，生活环境突变，动物活动范围小，运动量也相应减少，食物与饮水全部由人工控制，粪便排泄物均在动物饲养与活动的场地，尤其是高密度、集约化、规模化养殖，没有及时清理饲养圈舍、温度过高或过低或受凉风侵袭、圈舍潮湿、通风不良，动物所在的环境及空气常受到污染，使动物不能适应新生活环境而引发疾病。因此，要搞好养殖场舍卫生和严格消毒。养殖场舍（池）选址应符合动物生长发育、繁殖和防疫规范，要求环境无

污染、地势高燥、水源充足、水质良好、排水方便。养殖场（舍）通风良好，地面干燥，卫生干净，粪便及污染物要及时清除，并堆积发酵处理。对饮食器具及场舍定期施行严格消毒，杀灭病原微生物，同时饲养过程中要灭鼠、灭蚊蝇等，以预防传染病和寄生虫病的发生。

三、常用消毒药

（一）常用西药消毒药

①70％乙醇。②5％碘酚。③来苏儿（甲酚皂溶液），一般用3％～5％消毒圈舍、饮食具、用具、运动场地和处理污物，1％～2％溶液用于手的消毒。④克辽林，用法同来苏儿。⑤3％～5％石炭酸溶液，低浓度可抑制多种细菌生长，消毒猪圈、食槽、场地及运输工具等。石炭酸具有强烈刺激性和腐蚀性。⑥苛性钠，常用于病毒性消毒如猪瘟、口蹄疫。一般用2％苛性钠的热溶液喷洒消毒效果较好，在2％热溶液中加入5％生石灰能增强消毒效力（生石灰能延缓 NaOH 变为碳酸钠）。⑦碳酸钠（纯碱），常用4％粗制碳酸钠溶液洗刷或浸泡用具，此外在煮沸消毒器械时在水中加入1％的碳酸钠可促使黏附在器械表面的污染物溶解，消毒作用更加完全。

（二）土法消毒药

①草木灰，作用同碱类，对病毒、细菌有一定杀灭作用。方法：取 0.5～1 千克草木灰加水 10 升，煮沸 1 小时，澄清后取上清液消毒。②生石灰（氧化钙），为碱性消毒药品，可制成 10％～20％石灰乳，用于涂刷猪舍、墙壁。

（三）用于粪便的消毒药物

①石灰乳，制法是 500 克生石灰加 500 毫升水先熟化，再加4000 毫升水就成 10％石灰乳。②漂白粉（含氯石灰），漂白粉分解释放出氯，使菌体蛋白质变性故有杀菌力。一般用 5％～20％漂白

粉混悬液喷洒于猪舍、饲槽、排泄物，或撒干粉。但注意混悬液现用现配，之后会失效。还应注意漂白粉不能用于金属器械和有色衣物（褪色）。③40％甲醛水溶液（福尔马林），常以1％～5％溶液用于圈舍环境消毒。

四、检疫和预防接种

（一）检疫

检疫是应用各种诊断方法，对动物进行检疫和宰后检验，并采取相应的措施，认真进行监督检查，防止疾病的发生和传播。检疫分为国境检疫和国内检疫两种。

1. 国境检疫

为了保护国境不受国外动物疾病的侵入，凡从国外输入的动物及其动物产品，必须通过国境兽医检疫部门检查，证明是健康无病的动物或合格产品方可入境，并在指定地点通过。凡是疫病动物及其产品不允许入境。

2. 国内检疫

为了保护国内各省、市、县、乡、村不受邻近地区动物疫病的侵入，防止疫病自疫区传出，对进入、输出或经过本地区或对原在本地区的动物及其产品进行加工检疫以及农牧场检疫等。农产品的检疫是国内检疫的基础，要定期对本场内的动物进行疫病检查。如发现动物疫病流行时向兽医卫生防疫部门提出疫情报告，并及时采取防治措施，就地扑灭，防止传播。

（二）预防接种

预防接种可使动物获得特异性抵抗力，以减少或消除传染病的发生，根据应用时机的不同，分为预防接种和紧急接种两种。疫苗从大范围分有细菌性疫苗和病毒性疫苗两大类。正确使用疫苗是预防动物疾病的有效措施。

1. 疫苗的使用方法

① 疫苗接种使用要根据疫苗的特性和免疫效果，选择合适的

时机，应考虑疾病的流行情况，动物的健康状况和气候影响等情况。一般在断喙和阉割时不接种疫苗。

② 在疫苗接种时剂量必须准确。须按标签的说明正确稀释疫苗，有专用稀释剂的疫苗必须用专用稀释剂。

③ 兽用生物制剂必须按照说明书或瓶签的内容及其他有关规定使用，使用时应详细登记疫苗的品种、生产厂家、生产批号、有效期、储存条件、注射地点、日期和动物数量，以备查验。

④ 预防注射的注射器应洗净，煮沸，针头应逐头更换，不得在同一注射器中混用多种疫苗。

⑤ 液体疫苗使用前应充分摇匀，每次吸苗前再充分摇匀。干冻苗加入稀释液后，经充分振摇和全部溶解后方可使用。

⑥ 使用抗病血清，应在正确诊断的基础上早期使用，如发生某些过敏反应要及时采取应急措施，如注射肾上腺素等。

⑦ 弱毒活疫苗首次使用可能引起动物严重反应，正在疫病潜伏期的动物使用后，可加重病情，甚至引起死亡。因此在防疫前要对每批疫苗进行 1 个月左右的安全试验，并观察半个月，确认安全后方可全面防疫。注射弱毒苗的前后 10 天不得饲喂或注射任何抗生素、磺胺类或抗病毒药物。尤其在免疫前后滥用抗生素，会造成免疫失败。

⑧ 动物注射疫苗后应加强饲养管理水平，减少应激使其早产生免疫力，并提高动物的抗病力。

⑨ 疫苗只能防病，不能治病，而抗病血清也只能用于病初治疗或紧急预防。某些生物制品仅对相应的疫病有效，而对其他疫病无效。

⑩ 疫苗稀释后应立即使用，并于 4 小时内用完。疫苗严禁用热水、温水及含氯等消毒剂的水稀释。

⑪ 饮水免疫时，忌用金属容器。特禽在饮水免疫前停水 4～6 小时，时间长短可根据温度高低适当调整，要保证每只特禽短时间内都能充分饮水，饮完水经 1～2 小时再正常给水。

⑫ 兽医和防疫人员在使用疫苗过程中也应注意自身防护，特

别是使用人畜共患病的疫苗及活疫苗时应及时做好自身消毒以及使用后的清洁工作。废弃的生物制品及其使用工具都应做无害化处理。

2. 溶液稀释的计算

溶液稀释口诀为：大小分子差，除以小分子，去乘溶液量，便得应加水量。比如：现有20％的食盐溶液30千克，要将它稀释成16％的溶液，需要加多少水？方法：大小分子差，即 $20-16=4$；除以小分子，即 $4 \div 16 = 0.25$；去乘溶液量，$30 \times 0.25 = 7.5$（千克）。

（三）人与动物的共患病

人与动物的共患病在预防医学上有重要地位，它具有广泛的动物宿主。人畜共患病不仅危害人群，而且危害动物和畜禽。在WHO所分类的1415种人类疾病中，有62％属于人畜共患病。根据病原体的不同，人畜共患病通常可分为五类：

（1）由病毒引起的人畜共患病。这类疾病种类繁多，较难诊治，是人类健康最大的危害，狂犬病是这类疾病的代表，此外还有流行性出血热、猴痘、口蹄疫、高致病性禽流感、疯牛病和由SARS病毒引起的非典型性肺炎等疾病。

（2）由细菌引起的人畜共患病。如结核病，不仅可以在人类之间相互传播，也可以由犬、猫、牛等动物传染给人类；其他较常见的细菌病还有沙门氏菌病、李斯特菌病、钩端螺旋体病、布氏杆菌病、猪丹毒、猪链球菌病、鼠疫、炭疽病等，主要传染源是鼠类、畜禽及其肉、蛋、奶产品。

（3）由衣原体、立克次氏体等引起的人畜共患病。如鹦鹉热，就是由鹦鹉热衣原体所致，人感染鹦鹉衣原体会出现发热和肺炎；由立克次氏体引起的恙虫病是一种恶性流行性人畜共患病，以突然发热、溃疡、淋巴结肿大和皮疹为特征，如不及时治疗可引起较高的死亡率。

（4）由真菌引起的人畜共患病如皮肤真菌病，仅能用抗真菌药

物控制，如果人一旦感染这类疾病，根治较为困难。

（5）由寄生虫引起的人畜共患病，如弓形体病、旋毛虫病、绦虫病、包虫病等，传染源主要是原虫、吸虫、线虫和绦虫等。

人与动物共患病侵袭范围广泛，从皮肤到神经系统，从消化道到呼吸道。人与动物的共患病一般医生或兽医不熟悉。而绝大部分人与动物共患病一般医院不能进行诊断，因此难以及时治疗和及时采取措施。特异症状，均需实验室诊断，一般医院尚未能办到。

人与动物共患病，病种、病原、宿主多样：各种病原小到病毒，大到寄生虫，可引起各种各样疾病。这种病原可感染人类及各种动物（包括野生动物、畜禽及昆虫），因此预防工作比较复杂。要在政府统一领导下，采取行之有效的组织和技术措施，以控制人与动物共患病的蔓延。

我国一些主要人与动物共患病，由于新中国成立以来做了大量工作，发病率显著下降。但现在由于少数人卫生保健意识不强，有些地方仍有暴发，既造成经济损失，又对人类健康造成威胁，如流行性出血热的发生和流行严重威胁着人类健康。近年来，玩赏动物（犬、猫、鸟）纷纷进入家庭，寄生虫、致病菌和病毒引起的人畜共患病，如猫抓病、狂犬病、鹦鹉热等随之侵袭着人群，应当引起大家的高度重视。

（四）发生疫病的控制与扑灭措施

① 向当地兽医防疫部门报告疫情，报告内容包括发病数量、死亡情况、主要症状和剖检结果等，以便采取必要的预防措施。对于病原不明的情况，应将动物病料及时送至兽医部门检验。

② 隔离患病动物及时治疗，尽量缩小患病动物活动范围，以便于消毒，防止病原微生物扩散。

③ 封锁疫区，控制传染来源。就地消灭疾病，在封锁期间禁止畜群调运，疫区出入道口要设立标记牌，禁止车马行入，必要时可设立消毒池。严格消毒，防止疾病继续扩散蔓延。

④ 疫区病死动物或痊愈后经过一定的时间未发现患病动物现场及可能污染的场所，经过彻底消毒即可解除封锁。患病动物饲养的场地、圈舍、用具以及其他污染物必须严格消毒。患病动物的粪便中含有大量的病原体，应堆积发酵 15～30 天，做无害化处理后方可作肥料。病死动物的尸体不可随便乱抛，更不能宰食，以免散播病疫或发生肉食中毒。处理病死动物内脏，应烧毁、深埋或化作工业原料，以防疫病扩散。

⑤ 坚持自繁自养。为了防止引种带入疾病，可采取自繁自养的方式育种。需要从外地引种饲养必须了解引进动物所在地的疫情，运入引进的健康良种动物，必须隔离半个月至 1 个月，经观察确认无病后才能与本场动物合群饲养、自行繁殖，防止引入动物带进病原体，以减少疫病的发生。

第二章
特种经济动物疾病诊断与给药方法

一、疾病诊断方法

动物疾病的种类很多，它们的发病病原体的特性不同，患病动物的种类和反应性不同，每一种疾病在临床表现、流行情况、病理变化和免疫生物学反应等方面各有其本身的特点。所以研究和掌握各种疾病的特点，有利于做出正确的诊断。常用的诊断方法有：临床诊断、流行病学诊断、动物病理剖析诊断、实验室诊断、免疫学诊断等。

（一）临床诊断

临床诊断为最基本的诊断方法。它是利用人的感官对患病动物的饲料、食欲、活动姿势、口腔、眼睛、鼻子、体表、肛门、粪便等进行观察检查和借助一些最简单的器械（如体温计、听诊器）直接对患病动物的体温、呼吸等进行检查，通过分析比较做出鉴别诊断。

（二）流行病学诊断

疫情调查可在临床诊断中进行。调查时要了解最初发病的时间、地点、疫区范围、患病情况、流行情况，是否经过确诊。同时

了解疾病的传染方式和传播途径及饲养管理方法等，多给诊断疫情提供依据。

（三）动物病理剖析诊断

患病动物的病理变化，可作为诊断依据之一，如动物患病时，分析其体内的病理变化，对准确找到病变部位有很大的诊断价值。将病死动物体典型的病变组织，剪成（1.5～3）毫米×5毫米大小的病样后浸泡在10％福尔马林溶液或95％酒精中固定，将固定好的病料切片染色后，在显微镜下观察检查病理变化。寄生虫病的检查方法是将采集的病料置于载玻片上制成压片，直接放在低倍显微镜下观察寄生虫，除进行病理解剖变化检查外，更重要的是在剖检过程中靠发现虫体加以确诊。

（四）实验室诊断

诊断动物疾病，尤其是传染病，除需要经过临床诊断、流行病学和病理变化等综合诊断以外，对于病原不同的疑难杂症，还必须采取病料送实验室检测，利用微生学或寄生虫学的方法进行检查，为动物疾病诊断提供辅助依据，从而对疾病的性质作出诊断，并最终确认疾病。病原学诊断一般有以下几个方面。

1. 直接显微镜检查

除某些形态较大的寄生虫可用肉眼做出判断以外，多数需将检验材料置于载玻片上，制成涂片，不染色，直接放低倍显微镜下观察寄生虫，细菌性传染病病料经染色后制成涂片在显微镜下进行病原体的形态检查，能提供进一步检查的依据或线索。

2. 分离鉴定

用人工培养的方法将病原体从病体中分离出来（细菌等用人工培养基分离，病毒等可用接种鸡肝或其他组织培养的方法分离），分离病原体后，再通过进行形态学、培养特性、生化特性、动物试验以及血清学等方面的检查做出鉴定。

3. 动物接种试验

将患病组织病料制成悬液后，采用适当的方法接种于易感实验

动物（如家兔、豚鼠、鸽等）。根据观察接种后动物体内变化及对不同动物的致病力、症状和病理变化等来帮助诊断，并取材进行涂片检查和分离鉴定病原的性质。

（五）免疫学诊断

免疫学诊断包括血清学诊断和变态反应诊断两类。

1. 血清学诊断

血清学诊断各项试验具有特异性强、灵敏度高、容易操作、反应快的特点，利用抗原与抗体的反应进行。一种物质经适当途径进入动物体后能引起动物机体产生与它相对应的特异物质——抗体，并且能与这种动物体产生的抗体发生特异性的反应，这种物质便称为抗原，在一定条件下特异性的抗原与抗体结合而发生一定的反应，这种抗原抗体的反应叫作血清学反应，可用于疾病诊断。

2. 变态反应诊断

对于许多传染病，某些寄生虫病，特别是某些慢性病，动物对该病原体及其代谢产物，可产生高度反应物，当将其接种于该患病动物时，可引起全身性或局部反应，这种反应叫作变态反应。此反应具有高度的特异性，只有患过该病的动物才可发生相对的变态反应，而健康的动物或患其他病的动物则不发生。但这种特异性并不是绝对的。在兽医学上利用特异性变态反应来诊断鼻疽、布氏杆菌病、结核病、棘球蚴病等。

二、动物疾病防治常用给药方法

防治动物疾病应针对引起疾病的原因和不同病的临床症状选用药物对症给药治疗，才能充分发挥药物功效，减少药物副作用，安全准确，有效达到防治效果，减少患病动物死亡。动物疾病常用的给药方法如下。

（一）口服法

不适合动物群体混饲，饮水和注射给药均可使用本法。片剂、

水剂、丸剂等都可以采用。投药方法是将药物研成小块或加少量水，塞进或滴进动物口里，随后即用滴管滴适量水，助其自由咽下；若服用水剂药液，将定量药液吸入滴管滴入其口内让其吞下。投药时动物保定要牢靠，剂量适中。

1. 水剂

喂动物小剂量的水剂药液时，助手将动物保定，术者以左手拇指和食指捉住头顶，压头使稍向上向外侧倒下，使嘴张开，然后将药液装入滴管内，滴入发病动物口内。防治动物群疾病用大剂量的水剂药液时，可混水给药，即将药物溶于水中，让动物自由饮用。盛药的容器宜用搪瓷制品，以避免发生化学变化降低药效或产生中毒。

2. 片剂、丸剂

片剂、丸剂太大，可压碎，直接投在动物舌上，使动物头呈45°自动咽下。

3. 粉剂

粉剂可装入胶囊或粘在馒头、米饭上投喂，不溶于水、适口性差的粉剂等药物投给，饲喂药物前可先将所需的药物准确计算用药量，称好后加入少量的饲料中，反复地搅拌，混合均匀。也可采用在干粉料中加药的方法给动物喂药。加进的药物必须在饲料中拌匀，否则常可造成药物中毒，引起动物死亡。

驱虫药物对机体有一定的毒害作用，所以使用驱虫药物时剂量要准确，投喂驱虫药物宜在清晨空腹时进行，投药前应停食1次。大群饲养动物投喂驱虫药物前，应先选择少数动物试喂，经观察无不良反应后，再给大群动物饲喂，以确保动物驱虫安全有效。还应注意防止驱虫药物残存在动物体内，以致蓄积中毒。

（二）药浴法

按药浴比例配好药浴溶液，使动物局部药浴或洗澡。该方法适用于杀灭体外寄生虫或体表消毒的用药。药浴时要注意让动物的头

部露出水面，防止窒息、死亡或中毒。

（三）沙浴法

多用于防治禽鸟体外寄生虫病。沙浴方法是在病禽运动场修建1个浅池，池中放入拌有药物的沙子（或木屑），沙子厚约10～20厘米，让病禽自行在沙池中爬卧、扑动。注意沙浴时要将药物与沙子搅拌均匀，防止病禽啄食药物中毒。禁用对禽类敏感的药物，如敌百虫等。

（四）注射法

用注射法给药是防治动物各种疾病和免疫接种最常用的方法。具体是将药液用注射器直接注入动物的皮下、肌内、静脉或嗉囊等处而起到防治疾病的作用。

1. 肌内注射

肌内注射是将药液注入动物肌肉比较多的部位，如颈部和臀部。注射方法是术者用左手拇指、食指呈"八"字形压住注射部位肌内，消毒后，右手持注射器将针头向肌肉组织内垂直刺入，即可注药。肌内注射操作简便，刺激性小，药效发挥迅速、稳定。但药液吸收较缓慢。

2. 皮下注射

皮下注射是将药液注入动物皮肤与肌肉之间。注射方法是选择皮肤较薄、皮下组织疏松且血管较少的部位，如颈侧或股内皮肤松软处作注射部位。消毒后，术者用左手拇指和食指捏住颈中线的皮肤，向上提，使之形成一个"囊"，右手将注射针头刺入皮下囊内，如针头左右自由活动即可注入药液。注射完毕后用酒精棉球按住针孔处，轻轻按压进针部位皮肤即可。

3. 静脉注射

静脉注射是将药液直接注入颈静脉或翼下静脉内，使药液随血液迅速流到全身的给药方法。注射方法是在注射部位剪毛消毒，术者用左手按压静脉靠近心脏的一端，使其怒张，右手持注射器，将针头刺入静脉内，如有血液回流，则表示针头已经插在静脉血管内，即可注射药液。药液注射完毕后，左手按住刺入孔，右手拔针，用酒精棉球按住片刻即可。该方法适用于用药量大，有刺激性的水剂注射及高渗溶液，不宜皮下或肌内注射的药物。

4. 嗉囊注射

嗉囊注射是将药液注进嗉囊的给药方法，操作简便，计量准确，特别是需要注射有刺激性的药物，或者禽只开口困难均可采用。注射针头由上向下刺入禽颈右侧，距左翅基部 1 厘米处的嗉囊内。

（五）滴鼻滴眼给药

滴鼻滴眼给药是通过眼结膜或呼吸道黏膜使药物进入禽体的方法，适用于弱毒疫苗的免疫接种。

（六）羽毛囊涂擦给药

羽毛囊涂擦给药多用于 10 周龄以上后备蛋禽及种禽的正常接种。换羽期的禽和羽毛尚未长好的幼禽不宜采用此法。方法是在禽类的小腿部前侧用小毛刷和棉签蘸取疫苗逆向涂擦进毛囊内。

（七）泼洒法

泼洒法亦称全池遍洒法，是大面积防治患病动物疾病的一给药方法。根据患病动物的病情和池中的总水量，计算出用药剂量，配制特定的药物浓度，均匀泼洒于患病动物饲养池内，使池水在较长一段时间内保持药物的一定浓度，使患病动物接受药液的浸浴。该用药法能彻底杀灭患病动物体表及水体中的病原体，但用药量大，易影响水体中的浮游生物的生长。

（八）挂篓（或挂袋法）

此法投药量低于全池泼洒该药的用量。篓（袋）宜挂在饲养池水下 10 厘米左右的水层中。篓（袋）数量多少，应根据饲养池大小并要保证患病动物正常摄食确定。通常挂篓（袋）需要 3～4 天。

（九）涂抹法

将高浓度的药剂直接涂抹在患病动物的患部表面。本法适用于治疗患病动物体表局部皮肤炎症等疾病与外伤。必须将患处清理干净后用药。此法用药量小，安全，操作方便，不良反应小。驱虫药物一般毒性较大，在防治寄生虫病时一定要掌握好用法、用量，避免误入动物口内，否则易引起动物中毒，甚至死亡，造成不应有的经济损失。

第三章

特种禽类常见疾病防治

一、肉鸽常见疾病防治

（一）鸽瘟

鸽瘟又称新城疫，是由鸽Ⅰ型副黏病毒引起的高度接触性传染和死亡率较高的传染病。病毒通过消化道、呼吸道等多种途径传播。不同龄期的鸽均可感染。本病没有明显的季节流行性。

1. 症状

一般潜伏期为1～7天。病鸽表现精神委顿，翅膀下垂，不食，嗜饮，常下痢，排绿色恶臭稀粪。发病后出现转脖等神经症状，有的发生瘫痪，死亡率较高。

剖检可发现腺胃有出血点、肠黏膜出血、脑炎。

2. 诊断

根据本病流行特点、临床症状和病变可做出初步诊断。确诊需要做病毒分离培养，常采用鸡胚或鸡胚单层细胞、血细胞凝集或血凝抑制试验、中和试验、荧光抗体技术鉴定本病。

3. 防治方法

本病目前尚无特效治疗药物，主要靠预防。用0.3%过氧乙酸带鸽喷雾消毒，并用0.5%过氧乙酸进行棚舍、环境消毒。同时要

在无鸽瘟流行的地区引进种鸽，先隔离 2～3 周后方可入场与鸽混群饲养，并用鸽Ⅰ型副黏病毒灭菌苗，在隔离乳鸽 30 天后做预防注射。胸肌缓慢注射，每只注射 0.5 毫升。注射后一般 15 天产生免疫力，免疫期为 6 个月。一旦发生鸽瘟应及时捕杀。病死鸽火焚或深埋，病鸽舍及用具必须彻底消毒。

（二）鸽副伤寒病

鸽副伤寒又称鸽沙门杆菌病。本病是由沙门杆菌感染引起的一种传染病。患鸽和病后治愈鸽污染的饲料和饮水是主要传染源。通过消化道和蛋传染，也可经过呼吸道和眼结膜感染。饲养密度大、鸽舍低温潮湿、营养不良、饲料霉变、不卫生等促使本病发生和流行。各龄期均可发生，发病鸽多见童鸽和乳鸽，死亡率高。

1. 症状

病鸽精神沉郁，羽毛粗乱，翅膀下垂，闭目呆立，食欲减退或消失，饮水增加，下痢，排粪呈黄绿色或灰绿色的恶臭稀粪，并含有未被消化的食物。急性病鸽 2～3 天死亡，慢性病鸽持续下痢，体形消瘦衰竭而死。部分病鸽发生头颈弯曲、运动失调等神经症状。

剖检可见小肠黏膜水肿出血；肝脏肿大呈古铜色，表面有灰白色坏死点；肾脾肿大，实质器官有灰白色小结节样病变。

2. 诊断

根据发病情况和临床症状及病变即可做出初步诊断。确诊需对实质器官分离病原体，在实验室确诊。

3. 防治方法

改善饲养管理条件，隔离病鸽，消毒鸽场。治疗用环丙沙星针剂肌内注射 1 周或每 5 千克饲料加 5 克氯霉素拌料连喂 3 天（产蛋期鸽禁用）；或用氟哌酸防治，每 50 千克饲料加 12 克喂，服连用 5 天；也可用磺胺类药物治疗，如用 20% 磺胺嘧啶钠注射液 1 毫升肌内注射，每天 2～3 次，连注 2～3 天。

（三）禽霍乱

禽霍乱又称巴氏杆菌病或禽出败，是鸽的一种传染快、死亡率

高的传染病。病原是巴氏杆菌。病因主要是饲养管理不当，如营养不良、饲料和饮水不卫生。病菌通过病鸽的排泄物污染饲料和饮水，经消化道感染。童鸽和成年产蛋鸽多见患此病。

1. 症状

多为急性死亡不见症状；病程较长的表现为患鸽精神萎靡，羽毛松乱无光泽，弓背缩颈，不愿活动，体温升高达 42℃ 以上，食欲减退或废食，口渴喜饮水造成嗉囊饱满，胃内流出的水恶臭，伴有下痢，粪便稀呈白色或黄绿色，一般 2～3 天死亡。

剖检见心脂肪、嗉囊积液、有酸臭味，及心肌有出血点，肝肿大呈黑红色，有针尖大小不等的灰白点状坏死。

2. 诊断

根据鸽病流行情况，结合临床症状及病变可做出初步诊断。确诊需经过血液和内脏的细菌性检查和进行病原分离培养和鉴定。

3. 防治方法

预防注意消毒，减少应激因素，发现病死鸽严禁在场内乱丢。有鸽霍乱的鸽场，应于 60 日龄左右注射禽霍乱菌苗预防。若为弱毒活菌苗，可能反应较大，应先注射 10～20 只，观察 7 天，视反应情况再决定是否进行群注射，将产蛋母鸽不宜注射；若发现有鸽霍乱，应将病鸽隔离，及时用氟哌酸进行治疗，每 50 千克饲料加药 12 克，也可用复方禽菌灵防治，连用 5 天。或用 20%磺胺嘧啶钠注射液 1 毫升肌内注射，每天 2～3 次，连注 2～3 天。

（四）鸽鹦鹉热

鸽鹦鹉热，又名鸽鸟疫，是由一种叫鹦鹉衣原体的病原微生物引起的传染病。病鸽的排泄物中含有病原体，干燥后随风飘散，被健康鸽吸入呼吸道，健康鸽就会感染得病。病原体还可从皮肤伤口侵入鸽体，各种年龄鸽均可感染，但本病多发生于 2～3 周龄的雏鸽。青年鸽常呈隐性感染。在动物中，鹦鹉的感染率最高，故称之为鹦鹉热。每年 5～7 月和 10～12 月是鸽得病的流行季节。该病可传播全群，发病率很高，但死亡较少。

1. 症状

病鸽精神萎靡，食欲不振，腹泻，肛门附近的羽毛常被粪便污染，鸽体消瘦；一侧或两侧的眼结膜肿胀发炎，流出浆液性分泌物；鼻孔内常可见浆液性或脓性分泌物流出，常引起呼吸困难，胸肌皮肤呈蓝色，急性者常突然死亡。成年鸽的症状一般较轻，而且可以自愈，但也有出现情绪不安、眼鼻流液、衰弱、消瘦、不食和腹泻等情况。少数病例出现颈翅麻痹等神经症状。

2. 诊断

根据本病流行特点、临床症状和剖检病变，可做初步诊断。确诊需实验室进行病原分离或血清学方法检查。

3. 防治方法

发现鸽患鹦鹉热时，必须隔离病鸽；鸽舍和用具必须用福尔马林、烧碱或石灰乳进行彻底消毒，深埋死鸽。同时，也要做好管理人员的预防消毒工作，以免感染。病鸽可用四环素或土霉素治疗，每只鸽用 10 万单位灌服，每日 2 次，连用数日。预防量减半。青霉素也有一定治疗效果。用量是每只鸽每次 5 万单位，胸肌内注射，每日 2 次。大群治疗用水溶性强力霉素饮水，连用 5 天；也可在每千克饲料中，加入四环素（土霉素或金霉素亦可）0.2～0.4克，充分混合，连喂 1～3 周，可减轻临床症状进而逐渐康复。经过适当的治疗和护理，一般 5～6 周以后可以康复，以后便具有免疫力。

（五）鸽痘

鸽痘是一种高度接触性传染病，病原为鸽瘟病毒。病毒经空气传入伤口，通过结痂、唾液、鼻腔分泌物和眼泪传播，鸽接触被污染的饲料、饮水、保健沙和尘埃而感染。鸽群饲养密度越大，传染率越高。该病多见于雏鸽，且死亡率较高，而成鸽死亡率不高。

1. 症状

潜伏期 4～14 天，可分为皮肤型、黏膜型及混合型三种，以皮肤和黏膜混合型多发。具体特征如下：①皮肤型鸽痘可见鸽没有羽

毛生长的皮肤上形成痘痂，常见于眼的周围、喙和腿脚上，皮肤出现粟粒状痘疹，开始为灰白色小结节，其后结节逐渐变为棕褐色的结痂，凸出于皮肤表面；若有细菌感染，会使痘痂化脓，一般 3～4 天后痂皮自行脱落；②黏膜型鸽痘主要发生在喙部和咽喉黏膜上，病初呈黄白色小结节，逐渐汇合成一层黄白色干酪样假膜，有恶臭气体，有不易剥落的积聚物，致使病鸽吞咽和呼吸困难，最后窒息而死；③混合型是指在同一鸽体的皮肤和黏膜同时出现上述两种症状。

2. 诊断

皮肤型和混合型鸽痘症状显而易见，不难诊断；早期黏膜型鸽痘较难确诊。需通过实验室对病变黏膜组织切片或接种鸡胚绒毛尿囊膜后才能确诊。

3. 防治方法

预防本病要注意灭蚊，并在雏鸽生后 3～5 天接种鸡痘疫苗。治疗时隔离病鸽后用浓盐水涂擦，剥去痘痂后再涂上碘酊和紫药水；或用 2%～4% 硼酸溶液洗涤患部，再涂上紫药水；治疗黏膜型鸽痘可先除去喉部假膜，然后涂上碘甘油，每天 2～3 次。对于混合型和有严重细菌感染，出现全身症状时，可用 0.04% 金霉素拌料或每只鸽每天投喂 50 毫克金霉素（药片或胶囊），连用 4 天；也可在 1 升水中加 0.08 克泰乐菌素，饮用 4 天。治疗眼部病灶，先将沉着物挤出，然后用 2% 硼酸水冲洗，再滴入 5% 弱蛋白银或金霉素眼药水。

（六）鸽软嗉囊病

鸽软嗉囊病又称嗉囊酸酵病，是鸽常见嗉囊病。病因是肉鸽采食了发霉变质的饲料或不洁饮水或过于饱食，消化不良；有的鸽因肠胃疾病引发此病，1～3 月龄的幼鸽较为多见。

1. 症状

精神不振，食欲减退，嗉囊中食物结团。病因是肉鸽过于饱食，消化不良。发酵产气致使嗉囊肿胀，凸出于颈下，触摸嗉囊绵

软而有弹性，呼出酸臭的气味，严重者嗉囊肿大，呼吸困难，病后期嗉囊溃烂，消化吸收功能障碍而死亡。

2. 诊断

根据鸽嗉囊一直异常膨大、内容物硬实或绵软即可做出诊断。

3. 防治方法

预防本病主要是加强饲料管理，禁喂发霉和容易发酵及难以消化的饲料。治疗食料过饱，并喂服酵母片或乳酶生 2 片（乳鸽 1 片）等助消化药物，每天 1 次，连喂 3 天。用 2% 的食盐水灌服，并用手轻揉嗉囊中硬团，使之软化。如此几次即可治愈。若上述方法不见效，则用刀切开嗉囊取出积食然后缝合刀口，数日可愈。

（七）肠炎

肉鸽肠炎是一种常见消化道疾病，此病是由大肠杆菌感染引起的。发病主要是由于饲养管理不当，如营养不良，饲喂不洁霉烂饲料和饮水或饲料搭配不当或经常变换。此外多种疾病和寄生虫损伤肠黏膜。该病各种年龄的肉鸽均可发生，幼鸽和青年鸽易患此病。

1. 症状

病鸽精神沉郁，不爱活动，羽毛松乱，常蹲伏于僻静处，厌食，喜饮水，目光无神，体质消瘦，腹胀、拉痢，拉痢初期粪便带白色或绿色，严重时稀粪变成黏液，肛门周围的羽毛被粪污染。

2. 诊断

根据临床症状和发病情况综合分析，可做出诊断。

3. 防治方法

预防本病主要是加强饲养管理，注意饲料和饮水卫生，同时要合理搭配饲料。治疗：发现病鸽，病轻者可在饲料中掺木炭粉和酵母片，每天 2 次，每次 1 片，连服 3 天；严重病例可用磺胺脒治疗，每次用量为 1/8～1/4 片，每日 4 次，连服 2～3 天；或口服黄连素片，每天 2 次，每次 1 片，连服 3 天；或用抗生素药物（如饮用 0.005% 四环素或肌内注射庆大霉素）治疗。

（八）有机磷农药中毒

鸽因误食了乐果、敌敌畏、敌百虫等污染的饲料和饮水而中毒。

1. 症状

病鸽急性中毒往往不表现明显症状就突然死亡。一般中毒后表现为嗉囊积液，不食，脚软，口流黏液，瞳孔缩小及反应迟钝，流泪，头颈震颤，呼吸困难，张口喘气。最后常因呼吸中枢抑制窒息而死。

2. 诊断

根据吃食及饮水情况与临床症状及病鸽嗉囊中吐出物的检验可做诊断。

3. 防治方法

平时加强饲料管理，放飞要注意防止食或饮被污染的谷料或饮水。中毒鸽治疗时可灌颠茄酊 1 次，喂量为 0.01～0.03 毫升，或肌内注射氯磷定，每千克体重 0.01～0.02 克。

（九）软蛋症

雌鸽产软蛋是由于缺乏钙、磷和维生素 D 所致，多发生于产蛋多的高产雌鸽。

1. 症状

软蛋壳，壳不光滑，呈粗糙沙粒状。

2. 防治方法

平时在鸽饲料中加入少许陈石灰可以预防软壳蛋，发现雌鸽产软壳蛋时应补充微量元素（如口服钙片）。防治方法为服用鱼肝油，每次1粒，1日2次，连用7日；喂维生素D1片与消炎片半片，1日2次。

（十）鸽蛔虫病

鸽蛔虫病是由肠道寄生虫蛔虫寄生于鸽小肠引起的寄生虫病。鸽吃了被鸽粪污染的饲料、饮水、保健沙等均可发生蛔虫病；维生素A摄入量不足或缺乏，也会引起蛔虫病。幼鸽感染率高，成鸽

多呈隐性感染。

1. 症状

病鸽独处一隅，头缩翅垂，羽毛失去光泽，上下眼睑轻微浮肿，眼睑周围毛脱落似戴眼镜，眼睛常闭合，食欲明显减退，有时少食或整天不食，投料时病鸽慢慢接近料槽但不啄食，有时拉淡黄色稀粪，生长发育不良，机体逐渐消瘦，如果大量蛔虫寄生阻塞肠道，病鸽逐渐死亡。

2. 诊断

根据病史及临床症状及剖检和粪便检查发现虫体和虫卵可诊断为本病。

3. 防治方法

平时要清理鸽粪，并注意不要污染饲料和饮水，鸽舍食槽以及饮水器要经常擦洗，定期消毒，每2～3个月驱虫1次。治疗用驱虫灵，每次用半粒；或用驱虫净，按每千克体重用药40毫克，晚上喂服，连服2晚；也可口服枸橼酸呱嗪，每只每次喂半片（0.25～0.5克），童鸽酌量，碾碎晚上喂服，每2～3个月驱虫1次。大群鸽可按鸽的体重计算用量，将药溶于水或混入保健沙中一起喂。

（十一）鸽羽虱

鸽羽虱又称羽虫，可分为长羽虱、大羽虱和绒羽虱三种。多因鸽舍潮湿、卫生差引起发病。羽虱多寄生于鸽翅膀轴边的羽毛之间。

1. 症状

羽虱以羽毛和皮屑为食，因而使羽毛粗乱无光泽，易断开，甚至脱落。患鸽表现不安、失神、无力，鸽体逐渐消瘦。

2. 诊断

鸽羽虱肉眼可见，临床症状表现为瘙痒不安，羽毛发生磨损。检查羽毛发现羽虱或虱卵即可确诊。

3. 防治方法

搞好鸽舍环境卫生，定期消毒鸽舍、鸽窝、设备和用具。防治

方法为：用0.2％～0.3％敌百虫水溶液供鸽进行水浴；或用杀灭菌酯防治，浓度为1∶2000，可用于药物沙浴。对已产蛋的种鸽，尤其是仔鸽出壳后10天左右，在其窝内撒上少量硫黄粉末可杀死种鸽及其仔鸽身体上的虱子，3天后将窝垫更换。

二、山鸡常见疾病防治

（一）鸡新城疫

本病又称新城鸡瘟、亚洲鸡瘟。该病是副黏病毒属中的新城疫病毒引起的高度传染性的急性败血性传染病，病禽和带毒禽为主要传染源，经消化道和呼吸道途径感染，发病率和死亡率较高，一年四季均可发生，以冬春季节较为多见。幼龄山鸡较成年山鸡易感。

1. 症状

本病突发性强，最急性病例看不出症状就突然死亡。病程稍长时病山鸡精神委顿，双翅下垂，羽毛松乱，闭目缩颈眼圈发紫，体温升高至43～45℃，食欲废绝，嗉囊充满液体或气体，倒提时有刺激性酸臭液体自口腔流出。下痢排黄绿色或灰色稀粪，呼吸困难。后期病鸡出现头颈垂斜、转圈、抽搐或腿瘫痪、突然跌倒等神经症状。

剖检可见病鸡的消化道散布大小不等的出血点，伴有坏死和肠炎变化；肠壁变薄，内有淡黄色的内容物；腺胃与肌胃交界处和盲肠出血并伴有坏死溃疡；肝脾肿大，水肿；肺部瘀血呈紫色。

2. 诊断

根据发病情况、症状和病变可疑为本病。诊断时应与马立克氏病、禽霍乱相区别。确诊常用采集病山鸡血样经血清学检查的方法。采用红细胞凝集抑制试验检查山鸡群感染鸡新城疫。

3. 防治方法

对于该病目前尚无有效药物，主要是预防，加强饲养管理，保

持鸡舍环境和食饮槽清洁卫生及消毒，防止发病。同时要按时接种新城疫疫苗。1～2 周龄的雏山鸡应用新城疫Ⅱ系疫苗，10 倍稀释，滴鼻防疫，秋季种群普遍进行 1 次新城疫Ⅰ系疫苗接种，以 1000 倍稀释，胸部肌注，幼山鸡 0.3 毫升，成雉 0.6 毫升。发现本病及时隔离、淘汰，病死山鸡必须做无害化处理，病山鸡舍及用具必须彻底消毒。

（二）禽霍乱（出血性败血症）

山鸡禽霍乱又称禽巴氏杆菌病、禽出败，是由禽多杀性巴氏杆菌引起的一种接触性烈性传染病。传染源是带菌的家禽，主要通过消化道感染发病。如果饲养管理不良，营养缺乏，山鸡抗病力差及气候突变等都能促使本病发生。

1. 症状

本病一般分为最急性型、急性型和慢性型 3 种类型。

最急性型病山鸡常无任何症状而倒地挣扎，突然死亡，多见于产蛋鸡。

急性型病山鸡主要表现为精神委顿，闭眼缩颈，羽毛蓬松，鸡冠、肉垂蓝紫，体温升高达 43～44℃，无食欲，但有饮欲，鼻口流出有泡沫的黏液。病山鸡排出灰白色或黄绿色的稀粪，有的混有血液，病后期衰竭昏迷，多经 2～3 天死亡。

慢性型病山鸡精神沉郁，鸡冠、肉垂苍白，有的腹泻，后期消瘦，病程较长，几周后死亡。

剖检可见最急性型无明显病变；急性型病山鸡的腹膜皮下组织和腹部脂肪有小出血点，肠道发生急性卡他性肠炎或出血性肠炎，十二指肠弥漫性出血，脑内容物含有血液，表面附着大量黄白色黏液，肝脏肿大，色泽变淡，表面散布许多灰白色针头大小的坏死点，心外膜有不同程度的出血。

2. 诊断

根据本病发病状况、症状和病变可做出初步判断，诊断时应与新城疫、鸡伤寒相区别。确诊应在实验室进行病原的分离鉴定和实

验动物发病试验。

3. 防治方法

搞好饲养管理，提高鸡体抵抗力，对本病发生有遏制作用。平时鸡舍温度要适宜，通风良好，地面应保持干燥，定期消毒，加强灭蝇、灭鼠工作。夏天要做好防暑降温工作，山鸡场舍周围最好种植树木遮阴。要贯彻自繁自养原则，对引进山鸡应进行隔离观察，种山鸡要健康，以免发生垂直感染。药物预防方法是在饲料中添加喹乙醇，每只鸡每天 20～25 毫克，要混合均匀，连喂 3～5 天，停药 7～14 天，再进行第 2 个疗程，1 个季节进行 3～4 个疗程。同时要做好预防接种工作，每年定期进行防疫，用禽霍乱弱毒菌苗和灭活菌苗 2 种疫苗注射，最好选用与本地区流行病原菌同一血清型或多个血清型的菌株作为生产菌株而制成的菌苗进行接种。治疗患病山鸡用 0.1%～0.2% 土霉素混饲，连喂 2～3 天；灭败灵 2 毫升，加青霉素 5 万单位/只，肌注，连续 2～3 天，至少连用 2 天。

（三）雏山鸡白痢病

本病是由鸡白痢沙门杆菌引起的以拉白痢为特征的传染病，家鸡、山鸡、珍珠鸡、火鸡的幼鸡易感染发病。病山鸡和带菌鸡为主要传染源，主要通过消化道和呼吸道传染。气温过冷或过热时易流行。中雏装笼饲养或地上平养，气候变化或室温偏低，饲料改变或喂给发霉变质饲料，饲养密度过大等均易引发此病。主要侵害幼禽，出壳后 3～4 天雏鸡最易发生本病。本病传播快，死亡率高。成龄禽呈慢性或隐性感染。

1. 症状

发病快，患病鸡精神委顿，绒羽松乱，翅膀下垂，怕冷萎缩，身体蜷缩，常堆集在一起，食欲不振，下痢，排出糊状白色稀粪，下痢后肛门周围黏白色石灰样粪团。雏鸡肺型白痢病表现为呼吸困难，喘息呈腹式呼吸。多呈急性败血性经过，绝大多数发病 1～2 天后死亡，死亡率达 50% 以上。3 周龄以上病山鸡呼吸症状较少。慢性病山鸡生长发育不良，生长停滞。育成鸡白痢的明显特征是腹

泻，排出颜色不正常的粪便。病程比雏鸡白痢要长，病母山鸡产蛋减少，有时精神萎靡，肉冠发绀。

剖检病程较长者可见病变大多表现为肺脏出血、水肿、坏死，表面及切面有粟粒大小的灰白色或灰黄色结节。育成鸡白痢病变较雏鸡白痢病变复杂，肝脏肿大，有坏死性，呈土黄色至深紫色，表面可见散布或弥漫性的小红点或黄白色粟粒大小或大小不一的坏死灶，质脆易破，因此常有内出血；脾脏肿大，有的表面有灰白色结节；肠道多呈卡他性炎症，肠内有豆腐渣样内容物，并混有血液，心包液浑浊，量增加，心肌、腺胃上有灰黄色结节；肺有大小不等的实变病灶。诊断此病时应注意与马立克氏病相区别，马立克氏病的肿瘤结节是灰白色、脂肪样的，肝脏上不会出现小坏死灶和小红点。剖检可见肝脏肿大充血，形成特殊砖红色，多纹出血。

2. 诊断

根据流行病学特征、临床症状和病变可做初步诊断。诊断时应与鸡伤寒、副伤寒相区别。确诊需要实验室进行病原菌的分离和鉴定。

3. 防治方法

平时加强对野鸡（尤其是雏鸡）的饲养管理，保持鸡舍清洁干燥，用具要定期消毒。加强检疫，杜绝病原传入。防治山鸡白痢可将大蒜泥混在饲料中喂服。预防量和治疗量每只鸡3～4毫升，也可用0.02％黄连素水溶液饮用3～5天。治疗本病或用土霉素0.1％～0.3％混入1千克饲料中喂服，或用复方敌菌净0.04％～0.06％混饲，连喂3～5天。严重病例用卡那霉素20～30毫克/千克体重，或用庆大霉素1万单位/千克体重，肌内注射5～7天。

（四）山鸡球虫病

本病主要是艾美尔属的多种球虫（多属盲肠球虫）引起的一种急性流行性原虫寄生虫病，多发生于3～8周龄雏山鸡，死亡率高，地面平养较离地网养者多见，多雨时节尤为多见。

1. 症状

雏鸡感染本病后精神萎靡，羽毛蓬松，缩颈呆立，双翅下垂，食欲减退，消瘦贫血，病鸡出现血性下痢。病鸡肛门外围粘有粪便，严重时会堵塞肛门，造成排粪困难。

剖检见盲肠黏膜明显肿胀，肠壁增厚，呈弥漫性充血出血，内容物呈血样。

2. 诊断

根据临床症状和病变可做出初步诊断。诊断时应与溃疡性肠炎等类似病症相区别。确诊需从病变肠黏膜、肠内容物和粪便中检出大量球虫卵囊。

3. 防治方法

加强饲养管理，饲喂全价平衡日粮，并从雏山鸡 7～10 日龄开始，在日粮中添加预防量的抗球虫药物，预防本病发作。搞好饲舍卫生及消毒，勤清除鸡粪便并做堆积发酵处理。治疗：①用青霉素 3 万～5 万单位/只，每天肌注 1 次，连用 3～5 天；或按 6 万～8 万单位/只混饮，1 天 2 次，连用 3～5 天；②用氨丙啉 125～250 毫克/千克混饲，连喂 1 周后，剂量减半，再喂 1～2 周。喂药治疗期间需添加维生素 K_3 1～2 毫克/只，鱼肝油 10～20 毫克/千克饲料。

（五）山鸡痘

山鸡痘病是一种较大的过滤性鸡痘病毒引起的急性、热性、接触性传染病。病毒通过鸡皮肤、黏膜伤口侵入鸡体内而致病。多因山鸡群过大、饲养过密而互啄或交配等接触病毒传染。脱落的散碎痂皮是主要传染源。病毒经消化道和呼吸道损伤皮肤黏膜。根据患病部位可分皮肤型、黏膜型和混合型山鸡痘。各龄山鸡均可感染，一年四季均可发生，但以秋冬季发病最多。

1. 症状

皮肤型主要是在皮肤和头部黏膜上形成痘疹，持续 10 天左右。然后逐渐从表皮部崩解形成痘皮，最后痂皮脱落，形成一种灰白色

斑痕。黏膜型又称白喉型，痘疹在口腔咽喉黏膜上生成黄白色的小结节，继而结节增大融合成片，形成一层白色的假膜，引起病山鸡呼吸困难，窒息而死。随着病程进展，病雏眼睛肿胀、流脓失明。混合型是皮肤和口腔黏膜症状同时发生，死亡率较高。

2. 诊断

取患部痘疹病样做涂片，染色镜检上皮细胞浆内的包涵体。

3. 防治方法

应用汕系鸡痘弱毒疫苗接种，可以防止本病发生。接种方法为翼下避开血管针刺接种。如接种处形成结痂，说明接种成功，免疫期 2 个月。雏雉接种 1 次，种雉接种 60 天后须再接种 1 次。治疗本病目前无特效药物，只能用对症疗法以减轻症状和防止并发症。如为皮肤型，将患部痘痂剥掉，涂 5% 碘酊或龙胆紫。如为黏膜型，则需将口腔和咽喉部的假膜、烂斑用小刀剥离下来，伤口涂以碘甘油（5% 碘酊 20 毫升，加甘油 80 毫升），剥下的假膜、烂斑不能随地乱丢，应收集烧毁，以免病毒传播。

（六）山鸡螺旋体病

山鸡螺旋体病是由鹅疏螺旋体（又称鸡疏螺旋体）感染所致，故又称鹅包柔氏病。该病由蜱传播，主要通过波斯锐缘蜱及鸡螨、鸡虱等的刺咬传播，经消化道、皮肤外伤感染发病。山鸡、火鸡、鸡、鸭、鹅等禽类均易感，幼山鸡和维生素缺乏禽发病率高，多发于夏秋季节。

1. 症状

根据病程长短分为最急性型、急性型和慢性型。

（1）最急性型　病禽常无明显症状而突然死亡。

（2）急性型　病禽精神委顿，羽毛松乱，垂头闭目，呆立一角，体温高达 43℃ 以上，废食，渴欲亢进，下痢，排出的粪呈黄绿色，病后期贫血和黄疸，腿翅麻痹，步态不稳，抽搐死亡，病程 4～6 天。

（3）慢性型　病禽发病症状较轻且缓，经 1～2 周可愈。

剖检可见脾显著肿大，有花斑状出血和灰白色小出血点及坏死；慢性病例可见肝、脾缩小，肝间肿大，有弥漫性的白色小出血点及坏死，少数呈鲜绿色。有的肾肿大，色淡；常有卡他性肠炎，肠腔内常有绿色黏液。

2. 诊断

发病初期血液涂片或取病死山鸡肝、脾等病料做触片用姬姆萨染色液染色后镜检，菌体作悬滴标本，在暗视野显微镜下观察到运动的螺旋体，确诊本病。

3. 防治方法

加强饲养管理，注意环境卫生，消灭蜱螨和蚊蝇等吸血昆虫，同时用多价菌苗或灭活菌苗进行预防接种可预防本病。治疗本病早期用青霉素、土霉素和新砷矾钠明（九一四）等药物有良好疗效。

（七）山鸡曲霉菌病

曲霉菌病，又称曲霉性肺炎。霉菌种类很多，其中对禽鸟有危害的主要是曲霉菌。曲霉菌经常存在于垫草和饲料中。曲霉菌孢子可通过空气传播。被染污的饲料、垫草、饮水及器具等常是此病传染媒介。饲养管理不善、环境卫生不良、鸡群饲养密度过大、鸡舍通风透气不良，尤其喂霉变饲料等均促发病。急性暴发常见于雏山鸡，特别是1月龄的雏山鸡对其特别敏感，发病率高，可造成大批死亡；成山鸡仅个别散发，而且呈慢性经过。山鸡曲霉菌病一年四季均可发生，但多发生于温度低的梅雨季节。

1. 症状

雏山鸡发病后精神沉郁，羽毛粗乱，垂翅呆立一隅，嗜睡，厌食，呼吸次数猛增，伸颈张口呼吸，摇头摆尾，口腔黏膜发绀，有时伴有下痢及鼻孔中流出脓性分泌物。有些病山鸡可发生眼炎，表现为眼睑下形成黄色干酪样小球状物，有时角膜溃疡，最后因窒息和衰竭而死。

剖检：主要病变是肺和气囊。皮肤发红，皮下水肿。特征性病

变是肝脏肿大，有出血斑点。

2. 诊断

根据流行病学特征、临床症状和综合分析饲料、垫草、舍内环境、病原菌存在情况可做初步诊断。确诊本病需要取肺及气囊结节压片镜检，发现黄曲霉菌菌丝体即可确诊。

3. 防治方法

对发病种群要及时找出发病原因，停止使用发霉饲料，更换发霉垫料，保持室内通风干燥。潮湿季节可按每只每日 2～3 毫克的制菌霉素预防，混饲或混饮 5000～8000 单位/只，1 日 2 次，用 3～5 天停 3 天，连续使用 1 个疗程。药物治疗用制霉菌素。病重者可适当增加药量，并直接灌服，连用 3～5 天。

（八）山鸡啄癖症

啄癖是一种异常恶习。山鸡性野好斗，较家鸡有更强的异嗜癖。饲养管理不善，日粮中营养不平衡，饲养密度过大过于拥挤，空气污染，鸡舍闷热潮湿，光线过强，应激及体内外寄生虫等均能诱发和加重啄癖。

1. 症状

山鸡恶癖的嗜性不同，临床见到患鸡神态不定，有异食癖，常啄食羽毛、树枝、绳线、碎砾及碎金属等异物，可发生脾胃堵塞，如啄食了尖利物品可穿刺脾胃和内脏，引发炎症而死亡。啄肉癖是啄食其他山鸡皮肉，被啄鸡遍体鳞伤甚至露出肠等内脏，导致受伤山鸡死亡。此外，还有啄羽癖、啄肛癖、啄趾癖、啄蛋癖等。

（1）啄羽癖　山鸡多在换羽期间相互啄或食自身羽毛，甚至全身无毛皮肤裸露在外而成为"光鸡"。

（2）啄肛癖　患鸡相互啄肛，致使肛门破伤出血，严重者泄殖腔及肛门发炎或溃烂，从而引起"烂肛病"，严重时啄食肠道，病鸡疼痛不安，多见于产蛋鸡群。

（3）啄趾癖　常发生于雏山鸡，表现为相互叨啄彼此或自己的脚趾，致使趾破伤出血、发炎、溃烂，跛行或卧地不起。

（4）啄蛋癖　母山鸡产蛋后常啄食蛋，尤其抢食生下的薄壳蛋或软壳蛋，使山鸡产下的蛋破损。

2. 诊断

根据发病情况和临床症状即可做出诊断。

3. 防治方法

加强科学饲养管理，发现异啄癖患鸡立即拣出隔离饲养。注意改善饲养管理条件，鸡舍光线不宜太强，调整饲养密度，保持舍内通风，搞好环境卫生，供给全价饲料或足够的青绿饲料，饮水新清，并在饲料中添加适量的石膏粉、啄羽灵。患病山鸡每天每只喂服 0.3～1 克硫化钙或按日粮的 0.2％添加蛋氨酸，并在山鸡羽毛上涂擦煤油以防止啄羽。每只啄肛山鸡饲料中添加硫酸铜 0.02 克、硫酸锰 0.04 克，连喂 1～2 周，可控制啄肛癖。肛门破损处可涂金霉素软膏或红霉素软膏。向啄趾山鸡饲料中添加必需的氨基酸及维生素，破趾用抗生素或磺胺类软膏涂抹，严重者要包扎。啄蛋山鸡要喂全价饲料并补充蛋白质及骨粉。此外，对 1～9 日龄雏山鸡断喙，可防止啄癖发生。

（九）山鸡结核病

山鸡结核病是由禽型结核分枝杆菌引起的一种接触性慢性传染病。得病山鸡为主要传染源，污染的笼舍也是传染源。也可通过皮肤黏膜及蛋的途径传播和感染。山鸡结核病主要是通过消化道感染，呼吸道感染的可能性亦不能排除。各种龄期的山鸡均有易感性，多见于龄期较大的山鸡。

1. 症状

病山鸡早期无明显症状，呈渐进性消瘦。随着山鸡群病势的发展，精神萎靡，羽毛蓬乱无光泽，缺乏华丽感，一翅或双翅下垂，不愿活动，常常蹲于阴暗处打瞌睡，食欲减退，外观腹围增大，跛行以及产蛋率下降，最后因机体衰竭或因肝变性碎裂而突然死亡。

剖检可见肝、脾和肠道病变；肝凸显肿大，灰黄色，表面及实

质内有大小不等、数量不一的灰白色结节样病变。

2. 诊断

根据剖检具有特征性，结合临床消瘦症状，可做初步诊断。确诊需在实验室进行病理组织学检查、平板凝集试验和琼脂扩散试验及病原菌的分离鉴定。

3. 防治方法

引进山鸡应进行检疫，防止病原传入。加强对山鸡饲养管理，健康山鸡群平时加强防疫和对笼舍、用具进行消毒，防止结核病传入。每年按期进行两次检疫，4～5月份产蛋前检疫1次，9～10月份对成龄山鸡和育成山鸡检疫1次，淘汰阳性反应山鸡。病山鸡通常无治疗价值，应立即捕杀，并做无害化处理。对被污染的饲料场地和用具进行彻底消毒，有利于控制本病的传播。用山鸡结核分枝杆菌灭活苗以及灭活苗与卡介苗的混合苗对山鸡进行免疫，可取得预防本病的效果。使用范围为1月龄以上的山鸡。在使用疫苗免疫前，应对山鸡群进行血清平板凝集试验和琼脂扩散试验检测，血清学反应阴性方可应用。1月龄以上的山鸡颈部皮下注射0.2～0.3毫升；初次应用本疫苗的山鸡群应全群免疫；对幼龄山鸡免疫后，应于性成熟时再免疫1次；对种山鸡群可每年免疫1次，接连免疫3次后可只免疫新生的幼龄山鸡。疫苗应置2～10℃条件下保存，有效期暂定为半年，加入卡介苗后不宜久放，应及时使用。

三、火鸡常见疾病防治

（一）新城疫

本病是由新城疫病毒引起的一种接触性传染病。主要传染源是自病鸡呼吸道、消化道排出的病毒，经污染空气、饲料、饮水等经消化道和呼吸道传染，以饲养密度过大、创伤和交配等接触性传染为主。各种日龄的火鸡均可感染，尤其是雏火鸡更易感染。发病率和死亡率高，一年四季均可发生，寒冷季节更易

流行。

1. 症状

病鸡精神沉郁，垂头缩颈，翅膀下垂，常待在暗处，不食，体温升高至 43～44℃，冠髯变暗红色或蓝紫色，呼吸迫促，腹泻，粪便呈绿色或血色，严重脱水，震颤，颈斜，腿、翅麻痹，死亡率高。

剖检可见腺胃乳头、肌胃角质下层、肠道黏膜有出血点。本病可见消化道和呼吸道黏膜出血明显。急性型严重时形成溃疡。呼吸道、心脏及全身脂肪组织有出血点。慢性型仅见肠黏膜出血或偶见溃疡灶。

2. 诊断

根据发病情况、临床症状和病变可做初步诊断。确诊需采取血清或用免疫荧光试验，检查病料中的病毒抗原确诊本病。

3. 防治方法

此病目前无特效治疗药物，引进新火鸡必须严格检疫后确认健康才能入群饲养，防止带入病毒扩大传染，并用免疫法防治。10日龄用新城疫Ⅱ系弱毒疫苗滴鼻，每只 1 滴（按 1∶20 比例稀释），5 周龄和 9 周龄时分别接种 1 次。对于 1 月龄以上的火鸡，用新城疫苗Ⅰ系疫苗按 1∶100 比例稀释后进行翅根刺种，接种后 3～5 天产生免疫力，免疫期为 1～2 年。发现病火鸡及时封锁疫区，捕杀病鸡，严密无害化处理病火鸡并对鸡舍场地、用具进行彻底消毒。

（二）黑头病

本病又称盲肠肝炎，为火鸡特有的疾病，是由一种叫作组织滴虫的原生动物所引起的急性传染病。该病主要侵害火鸡的盲肠和肝脏。该病主要通过消化道感染传染，主要发生于夏季，多发生于 3～12 周龄的雏火鸡，成鸡多为隐性感染。

1. 症状

病鸡精神沉郁，羽毛松乱，缩头垂翅，怕冷，身体蜷缩挤堆，

常将头伸在翼下，呆立于鸡舍一角，打瞌睡。病鸡早期食欲减退，逐渐绝食，排淡黄色或淡绿色的水样稀粪；急性严重病鸡排出带血的粪便，或完全是血液。病后期有的病鸡头部皮肤瘀血，呈蓝紫色，故有"黑头"之称。病程通常为1～3周。病愈鸡的粪便中仍有原虫，带虫时间可达数周至数月。

2. 防治方法

加强饲养管理，搞好卫生，不喂腐败变质或不卫生的饲料。控制鸡盲肠虫，特别是异刺线虫。要在有网的场地上饲养，远离其他家禽，火鸡场不得同时养其他鸡，并勿使用养过鸡两年以上的场地。火鸡5～8周龄时在饲料中不断配用杀灭原虫药物，如用左旋咪唑驱虫1次，用量以每千克体重36克疗效良好。治疗本病用呋喃唑酮（痢特灵），按0.03%～0.04%的比例拌入饲料中让鸡自食，连续喂给7～8天。药物必须充分研细后和饲料搅拌，以防中毒。严重病鸡在用呋喃唑酮（痢特灵）治疗的同时，可用青霉素100万单位混于1000毫升水中，一半拌料喂给，另一半饮水，1天3次，连续5～7天，疗效较好。此外，也可用卡巴肿片（含量0.3克），每片溶于10毫升水中，每日灌服1毫升，连服1周即可治愈。2%灭滴灵（甲硝哒唑）拌料（预防量用量减半）连用3～5天可以控制和治疗此病。

（三）亚利桑那杆菌病

本病为幼火鸡的一种传染病，呈急性或慢性败血症状。病原是肠道中的亚利桑那杆菌，主要是通过蛋壳传染，饲料、饮水被病火鸡粪便污染可加速本病在禽群中的流行。4周龄以内的雏火鸡最易感染。死亡多见1周龄病雏火鸡。

1. 症状

患病幼火鸡精神萎靡，垂头闭眼，羽毛松乱，拒食，腹泻，粪便多呈黄白色，有时带血，肛门周围羽毛被稀粪黏糊；当细菌侵入脑神经时会出现运动失调，蹲伏不起，行走困难，震颤；少数表现单眼或双眼眼球浑浊或失明。有些病雏火鸡颈扭曲。成年病火鸡带

菌者无症状。

剖检死于败血症的幼火鸡不见明显病变，有的发现有腰膜炎，肝脏肿大有黄色斑纹，胆囊扩大，心脏变色；少数病幼母火鸡可见卵巢炎或输卵管炎。多呈全身性败血病变。肝胆肿大呈土黄色，有斑纹，胆囊和脾肿大。心肌肿胀表面有出血点，肺有大小脓肿，气囊、腹腔和胸腔有微黄干酪状渗出物，大小脑充血。

2. 诊断

根据发病情况、临床症状及剖检做出初步诊断。确诊需取病死火鸡的心血涂片染色镜检，可见革兰氏染色阴性大小杆菌。

3. 防治方法

加强饲养管理，搞好卫生，消毒种蛋及孵化用具，勿将雏火鸡及其他家禽的雏禽混养，以隔离传染源。治疗用磺胺嘧啶（0.2%～0.25%）、磺胺二甲基嘧啶（0.5%）以及庆大霉素或新霉素拌于饲料或饮水中，连喂2～4天。屠宰前几天应停用磺胺类药物。

（四）雏火鸡白痢

本病是由白痢沙门杆菌引起的一种传染病，主要侵害雏火鸡。

1. 症状

病鸡精神萎靡，翅膀下垂，羽毛松乱，眼闭如瞌睡，食欲废绝，拉白屎（石灰样粪便），肛门常沾粪污，身体虚弱；最后衰竭而死亡。

2. 防治方法

加强饲养管理，育雏室保持清洁干燥，勤换垫草，防止食槽水盆被粪便污染，并在入孵前对种蛋进行消毒，孵化器具和场地严格消毒。治疗本病每只雏鸡用0.1克鲜大蒜，捣碎后混于饲料中喂给，每天1次，连服3天有防治效果。在病雏火鸡的饲料中添加1%磺胺脒或每只雏火鸡每天喂20～30毫克土霉素，连服3天。

（五）火鸡霍乱

本病又称巴氏杆菌病，是由禽多杀性巴氏杆菌所引起的一种传染病。病源是病禽和带菌禽，病菌随污染的排泄物、分泌物和病死

尸体扩散，经饲料、水、飞沫传播，而各种应激因素是发病和流行的重要诱因。本病主要见于早上开料时，尤其是肥胖火鸡。

1. 症状

最急性型几乎不见任何症状即突然死亡。一般病症为精神委顿，羽毛松乱，离群不爱活动，瞌睡，食欲减退或废食，下痢，排出灰白色、黄绿色或灰黄色稀粪。有的呼吸困难，冠和肉垂、皮瘤呈青紫色并肿胀。病程 1～3 天死亡。慢性型多流行于后期成龄火鸡，表现肉垂、皮瘤肿大，关节肿胀，伏地不起或跛行，病程延至 1～2 个月，多数死亡者影响生长和产蛋。

剖检：突然死亡除一般性败血症变化外，常无明显眼观病变。急性型病火鸡在心外膜和心冠脂肪上有出血点；肝肿大，有灰白色小坏死灶，表面有出血点；瘀血，表面散布针尖大小的黄白色坏死点，胆囊胀满；肺有出血点；脾、肾、淋巴结等组织均有出血变化。慢性型病火鸡仅见肺、气管、气囊、鼻腔、胃、肠等局部有坏死灶，内有干酪样物。

2. 诊断

本病根据发病、临床症状和病变的特征性可做初步诊断。确诊需在实验室进行病原的分离鉴定和实验动物发病试验。

3. 防治方法

加强饲养管理和环境清洁卫生及消毒，妥善处理病死火鸡和污染物。引进新火鸡必须隔离观察 1～2 周，证明健康无病方可入群饲养，并在 8～10 周龄肌内注射霍乱疫苗，12～15 周龄再接种 1 次。发生本病立即将病火鸡隔离治疗。用土霉素 0.05%～0.1% 混于饲料中连喂 5～7 天或用金霉素按每千克体重 40 毫克，连喂 3 天，并对鸡舍、用具等用 3% 来苏儿或 5% 漂白粉等药液进行消毒。病死禽尸体一律销毁或深埋。

（六）球虫病

本病主要是由艾美尔属的球虫寄生在盲肠和小肠内引起的一种原虫病。外界潮湿高温，饲料、饮水被污染，饲养密度大均可诱发

本病。本病主要危害3月龄内的幼火鸡。

1. 症状

患病鸡精神委顿，呆立羽松，严重贫血，消瘦，排出带有白色水样或带血的粪便，肛周围羽毛黏糊。

剖检可见到的典型病变是小肠、盲肠壁出血，增厚，严重时出现糜烂，肠内有血样内容物或血液。

2. 诊断

根据临床症状和剖检病变的特征可做初步诊断。从病变肠黏膜、肠内容物和粪便中检出球虫裂殖子和卵囊即可确诊本病。

3. 防治方法

把幼火鸡和成年火鸡分开饲养，防止带虫鸡感染幼火鸡。火鸡要多喂些复合维生素或青绿饲料以增强火鸡抗病能力。发病期间要限制麸皮及贝壳粉的用量，因这两种饲料有促进球虫发育的作用。饲养场地要保持清洁和干燥，定期更换新土，注意向鸡舍内撒些热草木灰。定期用20%热碱水对饲养用具消毒，鸡舍地面可用20%生石灰水消毒。鸡舍中的粪便必须每天清除，堆积发酵5天以后可杀死粪便内全部卵囊。

火鸡严重感染球虫病，目前治疗多采用下列药物：①磺胺喹噁啉0.05%、磺胺二甲嘧啶0.2%、磺胺吡嗪0.03%，饮水喂药，连喂7天左右，即可有明显的治疗效果；用作预防给药浓度减半；②按每千克精饲料用1～2片痢特灵（每片0.1克），喂药时可用水将药片化开后拌饲料，连喂药3～5天，有较好的治疗效果；③按每只幼火鸡每天用金霉素5毫克剂量喂药，将金霉素溶于水中，再拌入饲料内喂给或作饮水用，连喂药5～7天或喂到无血便后3天为止；使用抗生素液必须随用随溶于水，并在2小时内用完，以防药物失效；④每100只雏火鸡，每天喂给40～90克鲜韭菜，喂前先将韭菜切碎，混于饲料中，连喂10天有效；经常喂韭菜还有预防作用。

（七）蛔虫病

火鸡蛔虫病是火鸡常见的肠道寄生线虫病。成虫主要寄生于肠

道，特别是在小肠内寄生。饲养场地不卫生、饲养密度过大、管理差，火鸡吞食被感染性虫卵污染的饲料和饮水而感染。各龄期的火鸡均可受侵染。

1. 症状

火鸡寄生蛔虫后羽毛松乱，鸡体消瘦或拉出虫体。

2. 诊断

取粪便镜检出蛔虫成体和虫卵可确诊为蛔虫病。

3. 防治方法

平时加强饲养管理，饲料和饮水要保持清洁，健康鸡不要接触病鸡粪便，勤清扫粪便并堆积发酵处理，病鸡污染过的场地要消毒。防治方法：常用左旋咪唑20～25毫克/千克体重混饮或1次顿服驱蛔灵200～250毫克/千克体重，将药片研碎拌入饲料中喂服。如有必要，1周以后再喂药1次。

（八）曲霉菌病

本病主要是由烟曲霉菌、黄曲霉菌和土霉菌引起的传染病。雏火鸡易感性比成年火鸡高，主要是火鸡吃了发霉饲料和吸入了霉菌孢子，经消化道和呼吸道感染。尤其是饲养管理不善、饲养条件差、雏火鸡营养不良等可促使火鸡发生此病。雏火鸡发病的死亡率较高。

1. 症状

病鸡发病多呈急性发作，精神委顿，喜卧，发病时出现体温升高，减食或拒食，瘫痪等症状，并迅即死亡。病程稍长的表现为呼吸困难，食欲减退，渴欲增加，伸颈气喘，离群蹲在一角，后期下痢，有时还出现麻痹或惊厥。病程2～4周死亡。病程延长转为慢性，表现为精神委顿，食欲不振或不食，消瘦，喘息，皮肤呈蓝紫色，少数病鸡出现头颈扭曲等神经症状。

剖检可见肺和气囊或气管中有霉斑结节，其他器官如肝、肠黏膜和胸腔有小结节。有的在胸腹腔浆膜、肠浆膜上也有霉斑。

2. 诊断

根据发病情况、临床症状和病变的特征可做初步诊断。确诊需进行涂片镜检，取霉斑结节少许置载玻片上滴 1～2 滴 10％氢氧化钾溶液，用针捣碎组织后盖上盖玻片，镜检到菌丝和孢子确诊本病。

3. 防治方法

预防本病主要是加强饲养管理，防止鸡舍潮湿，禁喂霉败饲料，禁用发霉垫草，保持舍内、育雏舍干燥、清洁、通风。治疗用制霉菌素按 5000 单位/只拌料，每天 2 次，连喂 2～4 天；或饮用硫酸铜溶液（1∶3000）(预防用量减半），连用 3～4 天。

四、珍珠鸡常见疾病防治

（一）鸡新城疫

珍珠鸡新城疫是由鸡新城疫病毒引起的一种急性热性、败血性传染病。病禽和带毒禽的口鼻分泌物及粪是主要的传染源，病原主要污染环境、空气、饲料和饮水。用具经过消化道和呼吸道的途径传播病原。幼龄珍珠鸡较成年珍珠鸡易感本病，发病率、死亡率较高。该病一年四季均可发生，但冬春季节较为多见。

1. 症状

败血型病珍珠鸡发病急，病程短，见不到明显症状很快死亡。急性型病珍珠鸡精神委顿，体温升高达 42.5～44℃，食欲减退或拒食，喜饮，严重下痢，排出黄白色或黄绿色稀粪，有时混有血液。病后期出现步态不稳，侧身倒地，单侧性腿麻痹不能站立；部分病鸡出现头颈或全身震颤等神经症状，病程 5～15 天进而死亡。

剖检病珍珠鸡可见肌肉暗红，肝脏瘀血肿大，消化道、呼吸道出现特征性的败血症病变。

2. 诊断

对可疑患本病的珍珠鸡进行血清学诊断。方法是取血清做鸡红细胞悬液，新城疫浓缩抗原做血凝抑制试验，检测特异性抗体确诊本病。

3. 防治方法

本病目前尚无特效治疗药物，主要是加强饲养管理，清洁卫生

及消毒，并定期进行疫苗预防接种。雏珍珠鸡 15 日龄时用新城疫 Ⅱ系疫苗按 1∶1000 稀释后每只饮服 2 毫升，30 日龄时进行上法第 2 次免疫，50 日龄时用新城疫Ⅰ系疫苗按 1∶1200 稀释后每只肌内注射 1 毫升。珍珠鸡对新城疫疫苗反应较大，第 1 次、第 2 次免疫时应避免使用毒力较强的疫苗。发病早期可用高免血清或高免蛋黄抗体治疗，有一定的作用。

（二）传染性法氏囊病

珍珠鸡传染性法氏囊病是由传染性法氏囊病病毒引起的一种传染病，多发于幼珍珠鸡。

1. 症状

病珍珠鸡精神委顿，羽毛松垂，头垂闭眼，不爱活动，步态不稳，食欲减退或废食，下痢，排出白色或绿色水样稀粪，肛门周围污秽。随着病情发展，脱水明显，消瘦衰弱，伏卧嗜睡，最后衰竭而死。

剖检可见病珍珠鸡肝脾肿大，表面散布灰白色小坏死点；腺胃与肌胃交界处带状出血；小肠有炎性变化；法氏囊肿胀，黏膜点状或斑状出血，腔内含白色黏液或血性渗出物。慢性法氏囊萎缩。

2. 诊断

根据发病情况、临床症状和典型的法氏囊病变可做初步诊断。需在实验室进行病原的分离鉴定或琼脂扩散试验等血清学试验确诊本病。

3. 防治方法

本病目前尚无特效治疗药物。平时应加强饲养管理，保持清洁卫生和加强消毒，增加多种维生素和抗生素，预防继发性细菌感染。对易感珍珠鸡群除一般性综合防疫措施外，还可有计划地进行疫苗接种。应用高免血清或用高免蛋黄抗体逐只注射，对本病有一定的治疗效果。

（三）溃疡性肠炎

珍珠鸡溃疡性肠炎是由鹌鹑梭菌引起的一种急性细菌传染病。

以溃疡性肠炎为特征，本病发病急、死亡率高，主要危害鹌鹑，但幼龄珍珠鸡也可感染。

1. 症状

病雏珍珠鸡精神委顿，羽松弓背，闭目呆立，食欲减退或废食，腹泻，排出白色水样或黏液样稀粪。病程较长的耐过康复的珍珠鸡贫血、消瘦，生长发育停滞、瘦小。产蛋鸡主要表现为产蛋量明显下降，间歇性下痢。

剖检可见病珍珠鸡消化系统病变明显，腺胃增大，肌胃萎缩，肠管肿胀，有溃疡性出血性肠炎，肠黏膜脱落，溃疡可达深层，甚至穿透肠壁，并引起腹膜炎。肝肿大，脾强度肿大偶见坏死灶。

2. 诊断

根据临床症状、典型肠道和肝脾病变即可初步诊断。确诊用病变肝胆组织涂片镜检，发现革兰氏染色阳性大杆菌、亚极性芽孢和游离芽孢。若要更为确实，可做病原分离和鉴定确诊本病。

3. 防治方法

本病目前尚无特效治疗药物。主要是加强饲养管理，注意搞好清洁卫生和消毒，同时要加强检疫以防本病的发生和流行。一旦暴发本病，应立即对发病珍珠鸡群实施隔离，并进行对症治疗，可用恩诺沙星按每千克体重 10 毫克混饲或饮用 3～5 天，使用链霉素、四环素、金霉素或用杆菌肽锌等药物治疗本病有一定疗效。而磺胺类药对本病无效，可以预防和治疗继发性感染。

（四）沙门杆菌病

珍珠鸡感染沙门杆菌后主要表现出白痢病和副伤寒两种症状。珍珠鸡白痢是由不具运动性的鸡白痢沙门杆菌引起的一种传染病；而珍珠鸡副伤寒是由多种具有运动性的沙门杆菌（主要是鼠伤寒沙门杆菌）引起的一种传染病。这两种传染病主要是经消化道途径感染，鸡白痢病亦能经种蛋垂直传播，主要危害雏幼珍珠鸡。传播珍珠鸡副伤寒的主要是鼠和苍蝇，此病主要发生于 2 月龄以上的珍珠鸡。

1. 症状

鸡患鸡白痢急性表现为精神委顿，缩颈呆立，怕冷，闭眼昏睡，减食或废食，下痢，排出白色黏糊样粪便，肛门周围羽毛黏着粪污。成年病珍珠鸡，见下痢症状后数天内死亡。慢性带菌珍珠鸡消瘦，精神沉郁，羽毛松乱，采食减少或废食，下痢，粪便呈绿色或白色水样，恶臭。

珍珠鸡感染副伤寒先水样下痢，1～2日后出现侧卧倒地、一侧瘫痪、行走摇晃等神经症状，不久死亡。

珍珠鸡感染白痢剖检可见肝稍肿大，散布灰白色小坏死灶，脾肿大，肠炎，肠壁厚，黏膜出血并脱落。

珍珠鸡感染副伤寒剖检可见肝肿大瘀血，色泽变深，小肠黏膜充血，肠炎，心肌变性，色淡，肾稍肿大。

2. 诊断

根据发病情况、临床症状和病变可做初步诊断，确诊需在实验室进行病原分离和鉴定。

3. 防治方法

预防本病应加强日常饲养管理，保证饲料和饮水卫生，定期对鸡舍与用具进行消毒。临床选用磺胺类、呋喃类和抗生素等多种抗菌药物，治疗本病一般选用0.1%～0.2%土霉素混饲，连喂5～7天，严重病例可用庆大霉素1万单位/千克体重，肌内注射，连用3天，对沙门杆菌病有一定的预防和治疗作用。

（五）禽霍乱

禽霍乱又称禽出败，又名珍珠鸡巴氏杆菌病，是由禽多杀性巴氏杆菌所引起的一种急性、败血性传染病。各种珍珠鸡都有感染性，本病多见于3月龄以上的珍珠鸡。

1. 症状

最急性病珍珠鸡发病初期无明显症状就突然死亡。多数病珍珠鸡临床症状表现为精神委顿，呆立，羽毛松乱，闭眼嗜睡，废食，饮欲增强，出现严重下痢，排出黄棕色、黄白色或绿色稀粪，有的

呈水样，恶臭。病程较短，一般 1～2 天内死亡。本病流行后期呈慢性，表现为腹泻和消瘦，病程延至数周。

剖检见珍珠鸡病变与鸡、鸭霍乱病剖检病变相似。主要病变在心、肝、腹膜及肠道，有不同程度的出血点。

2. 诊断

本病发病情况、临床症状和病变都有一定特征性，以此做出初步诊断。确诊需在实验室进行病原的分离鉴定和实验动物发病试验。

3. 防治方法

预防本病应加强饲养管理，搞好舍具的卫生和消毒，妥善处理病死珍珠鸡与污染物，并用禽霍乱弱毒菌苗按 1～1.5 只/份接种。治疗病珍珠鸡可选用磺胺类、呋喃唑酮（痢特灵）和抗生素等多种抗菌药物，如用 0.1％～0.2％ 土霉素混饲，或用 0.05％ 金霉素混饲，连喂 3～5 天。严重病例用灭败灵 2 毫升，加青霉素 5 万单位/只，肌内注射，连续 2 天进行治疗，有良好的疗效。

五、鹌鹑常见疾病防治

（一）雏鹌鹑白痢病

本病是由雏鹌鹑白痢沙门杆菌引起的一种急性传染病，呈急性败血症经过。主要由带菌的病鹌鹑传染，成鹌鹑多为隐性或慢性经过，5～7 日龄鹌鹑最易发病，1 周龄内雏鹌鹑发病死亡较多；日龄较大的有抵抗力。若种蛋孵化时条件控制不严，也可患先天性白痢。

1. 症状

病鹌鹑精神萎靡，羽毛松乱，闭目垂翅，怕冷缩颈，聚堆颤抖，拒食，排出糊状白色稀粪，肛门周围胎羽被稀粪黏糊。初生 3 ～4 日病雏鹌鹑多为急性死亡。也有转为慢性的，生长不良，或成为无明显症状的带菌者。成年鹌鹑发病很少，也有的是雏鹌鹑感染

的延续，但感染症状轻微或无症状。

剖检慢性病雏鹌鹑肠壁有灰白色坏死点；尿道肥大；充满白色尿液；泄殖腔内有白色糊状稀粪；可见肺脾肿大，表面有坏死病灶；小肠黏膜增厚或呈出血性炎症；十二指肠充血、出血；盲肠内常有干酪样物，形成所谓"盲肠芯"，常恶臭。成年鹌鹑病变主要在生殖系统，卵巢卵子变形变色，内容物变性，有些可见卵黄性腹膜炎及腹水。

2. 诊断

根据临床症状有白色黏糊样下痢，结合病变可做出初步诊断。确诊需在实验室进行病原菌的分离鉴定。

3. 防治方法

此病具有传染性，孵化前应对种蛋和孵化器进行消毒。病鹌鹑用过的饲养笼、食槽、水槽洗刷干净，用 30％ 的甲醛皂消毒灭菌。已患病雏鹌鹑应立即隔离治疗，可用痢特灵（呋喃唑酮）0.01％～0.02％ 拌料或在饮水中添加 0.01％～0.02％，连食 3～5 天；雏鹌鹑对此药较敏感，必须控制用药量，防止病鹌鹑中毒造成死亡。也可用庆大霉素每只按 1000 单位量饮水，连服 3～5 天有良好疗效。

（二）新城疫

新城疫是由新城疫病毒引起的一种急性、烈性、病毒性传染病，传染源主要是患病鸡和患病鹌鹑，通过呼吸道或消化道传染。该病传播快，死亡率高。

1. 症状

病鹌鹑精神不振，两翅下垂，食欲减退或不食，出现下痢，排带绿色的稀粪，体温升高，口中流出液体，头颈隐缩扭转，头向后仰出现阵发性痉挛等神经症状，呼吸困难，一般 2～4 天死亡。产蛋鹌鹑产蛋减少或停止，蛋形异常，产伴有蛋皮色素消失的大白壳蛋和软蛋。

剖检可见主要病变为出血性败血症，尤其在腺胃乳头、十二指肠与空肠黏膜有弥漫性出血，卵巢有明显出血点。见各内脏器官有

不同程度的充血、瘀血和出血，黏液增多。

2. 诊断

根据发病情况、临床症状进行新城疫红细胞凝集抑制试验等血清学试验和病原分离鉴定即可确诊。

3. 防治方法

本病目前尚无有效治疗药物，要采取综合措施，要经常清扫饲养场地，保持清洁，每月可用30％的来苏儿消毒1次。为了增强鹌鹑机体的抵抗力，可在饲料中加入禽用多种维生素，每克配饲料5千克。雏鹌鹑于7～10日龄时可采用新城疫Ⅱ系疫苗滴鼻，孵出后1周点1次，1个月复点1次，50～60日再点1次。点鼻的方法是用生理盐水或蒸馏水或冷开水9毫升加Ⅱ系疫苗1毫升，做10倍稀释，每个鼻孔用消过毒的滴管或注射器点入一滴。点鼻时左手提住鹌鹑，使一个鼻孔向上，用手堵住另一鼻孔，右手拿滴管，将药液滴入上面的鼻孔，使其自然吸入，然后再换另一侧鼻孔，免疫力为1个月。于1月龄时，采用Ⅰ系疫苗饮水免疫，饮水前断水5～6小时，1毫升疫苗可供300～500只幼鹌鹑免疫，其饮水量按每100只幼鹌鹑2小时内的饮水量2升计算，免疫期为4个月。

如发现鹌鹑舍或周围成年鹌鹑发生新城疫，可用新城疫Ⅰ系疫苗进行预防注射。将疫苗稀释1000倍，每只鹌鹑肌内注射0.3毫升，3天后即可产生免疫力。发现病鹌鹑隔离淘汰；病死鹌鹑严密无害化处理；病鹌鹑舍及用具必须彻底消毒。

（三）禽霍乱

鹌鹑禽霍乱又称巴氏杆菌病、禽出败，是由多杀性巴氏杆菌引起的一种传染病。病禽和带菌禽是本病的主要传染源，经消化道和呼吸道而传染，各龄期鹌鹑均有易感性，育成鹌鹑和产蛋鹌鹑发病率更高。

1. 症状

最急性型病例无明显症状而突然死亡。急性型的病鹌鹑精神沉

郁，低头垂翅，羽松嗜睡，食欲下降至废绝，腹泻下痢，排出灰白色或草绿色的稀粪，呼吸困难，病程短促，几小时至1～2天后死亡。病程稍长的后期关节肿大，出现跛行。

剖检主要病变为出血性败血症。肝、脾有针尖大小、灰白色的坏死灶是本病特征性的病变。肠黏膜充血、出血，肠腔内充满血性内容物。肺瘀血，水肿。

2. 诊断

根据流行病特点、临床症状及特征性病变可做初步诊断。确诊需在实验室进行病原菌的分离培养和鉴定，或用动物做接种感染试验。

3. 防治方法

加强饲养管理，鹌鹑不能与其他禽类混饲或接触，同时必须做好预防工作，疫区应用禽霍乱疫苗进行预防接种。发现病鹌鹑时，立即隔离用抗菌药物链霉素2万～3万单位/只肌内注射，1天1次，连用2～3天。也可用土霉素、庆大霉素或卡那霉素治疗，还可用磺胺嘧啶、磺胺二甲基嘧啶、氟哌酸、敌菌净等药物，连用3～5天，交替用药，避免产生抗药性。

（四）鹌鹑马立克氏病

本病是由疱疹病毒属的马立克氏病毒引起的淋巴组织增生性传染病，病禽、带毒禽、带病毒的分泌物是主要的传染源，通过接触、污染空气经呼吸道传染，鹌鹑易感，2～5周龄幼鹌鹑易感性更高。

1. 症状

根据发病部位和临床特征的不同分为神经型、内脏型、眼型和皮肤型。

（1）神经型 病鹌鹑精神萎靡、厌食、嗉囊膨肿、呼吸困难、叫声嘶哑、坐骨神经及臂神经丛受损、头颈部出现歪斜、一肢或两肢不完全麻痹，呈劈叉状，严重病例卧地不起。

（2）内脏型 病鹌鹑精神沉郁，废食、腹胀下垂，很快死亡。

（3）眼型　眼睑肿胀，呆立不动，单侧或双侧性眼睛失明，虹膜褪色，瞳孔缩小。

（4）皮肤型　病初颈、翅、背部毛囊肿大如结节或瘤状，消瘦，有时腹泻。

剖检心、肝、脾、肺、肾病变，可见臂神经丛和坐骨神经明显变粗，肠道有大小不等的结节，皮肤毛囊有结节及褐色结痂，内脏器官肿大。

2. 诊断

根据本病临床症状和特性可做出初步诊断，确诊需在实验室进行，取病禽绒羽毛根部做琼脂扩散试验或采取病料进行病理组织学检查确诊本病。

3. 防治方法

本病目前尚无特效治疗药物。平时加强饲料管理，搞好环境的清洁卫生和消毒，同时，定期用美国制造的鹌鹑马立克氏病疫苗进行免疫接种预防。一安瓿疫苗用 200 毫升溶解液稀释后，可供 1000 只雏鹌鹑皮下接种，每只 0.2 毫升。目前用火鸡疱疹病毒疫苗，雏鹌鹑 1 日龄时皮下注射 0.2 毫升，接种后将其放在卫生、干燥的隔离舍内，将大小鹌鹑分开饲养。

（五）鹌鹑支气管炎

本病是由禽腺病毒Ⅰ型引起的一种接触性传染的急性呼吸道疾病。病鹌鹑和带毒鹌鹑是主要传染源，病毒随呼吸道分泌物排出，通过接触和呼吸道传染。常呈急性发作，致死率较高。4 周龄的雏鹌鹑易感性最高。

1. 症状

病鹌鹑精神沉郁，寒战，常集群打堆，呼吸功能发生障碍，呼吸急迫，能听到气管内发出喀喀声，咳嗽，饮食困难或完全停止，有的出现抽搐等症状，最后衰竭而死。成年鹌鹑产蛋量下降。

剖检可见病鹌鹑气管和肺均有炎症病变，呼吸道中有大量渗出物，肝脏肿大，有坏死灶。

2. 诊断

本病根据临床症状和病变即可初步诊断。确诊需在实验室检查。

3. 防治方法

本病无特效治疗药物。平时加强饲养管理，雏鹌鹑进舍前，鹌鹑舍笼应彻底打扫干净，并消毒，发现病鹌鹑应立即隔离，以切断病源传播，治疗可用泰乐菌素，用量按 5/10000 掺入饲料中喂服，连服 10 天后停药 5 天，再续用药 5 天，也可将药放入饮水中，添加 0.04%～0.08% 土霉素在饲料中交替使用疗效较好。

（六）溃疡性肠炎

本病又称"鹌鹑病"，是由鹌鹑梭菌引起的一种多种家禽易感的急性细菌性传染病，以坏死性肠炎和下痢为特征。病禽和带菌禽从粪便中排菌，病禽粪中的病菌污染饲料和饮水，通过消化道感染，当喂饲腐败不洁的饲料或鹌鹑舍阴暗潮湿、长期环境条件差时，易诱发本病。多种禽类均易感，鹌鹑易感性最高，呈地方性流行。

1. 症状

病鹌鹑发病呈急性或慢性经过。急性死亡病例见不到明显症状，病程稍长的成年鹌鹑发病后精神萎靡，行动迟缓，呆立，闭眼，背腰，羽毛蓬松，食欲初减后废绝，消瘦，喜饮水，由干粪变为下痢，初期白色，后期土红色，最后衰弱而死，病程 5～10 天，不死者转为慢性，体质逐渐衰弱。幼鹌鹑发病，急性往往不见症状而突然死去；慢性呈水泻，稀粪白色水样，病后期衰竭而死。

剖检可见整个肠壁，尤其十二指肠，出血性炎症变化，有许多处呈凹陷的溃疡，肠壁有明显出血点，盲肠有黄色或灰黄色小坏死病灶。

2. 诊断

本病的病变具有特殊性。确诊需镜检，取病死鹌鹑肝脏坏死灶做触片或压片，革兰氏染色后见大肠杆菌可确诊本病。

3. 防治方法

加强饲养管理，搞好鹌鹑舍、饲料饮水和用具的清洁卫生，及时清除粪便，勤换垫草，发现病鹌鹑立即隔离治疗。治疗可用抗生素，如青霉素，成年鹌鹑每只肌内注射1万单位1次，早晚各1次；或用金霉素每只每天6毫克拌入饲料中喂服；也可用链霉素25克，放入4000毫升饮水中，让病鹌鹑连续饮25天；或用磺胺脒，每日用0.5克（片），分6次服用，第1次用量要加倍，每日早晚各1次，连服5天；也可用痢特灵（呋喃唑酮）按0.02%～0.04%比例拌入饲料喂服。对污染场地、舍笼和用具进行彻底消毒，控制本病的传播。

（七）葡萄球菌病

本病是由金黄色葡萄球菌引起的一种传染病。主要是因病原菌通常经损伤皮肤或黏膜的途径侵染易感鹌鹑而发病。环境不卫生诱发本病发生。

1. 症状

病鹌鹑精神不振，站立不稳，发热，食欲减退或废绝，缩成一团，羽毛蓬乱，翅膀下垂，反应迟钝，下痢，排除白灰色稀粪，少数拉青绿色粪，腿关节微肿，有的跛行，间有呼吸困难，病程一般2～4天死亡。

剖检可见胸部皮下呈暗紫色或黑红色，剥皮后胸肌、翅膀下、大腿内侧有点状出血斑；腹腔黏膜下有出血斑，肝微肿，有花斑，肾脏有少量出血点，心肌松软；少数腺胃乳头出血，十二指肠充血、出血，趾关节稍肿大，关节液较少。

2. 诊断

根据流行特点、临床症状和病变即可初步诊断。确诊需从病鹌鹑内部实质器官中分离到病原菌。

3. 防治方法

加强饲养管理，做好鹌鹑舍、食具、工具的消毒及清洁卫生工作。治疗：对轻症能食鹌鹑采取土霉素粉按200毫克/千克体重剂

量拌入饲料中投喂，连用 1 周，或配成 3/4 的复方磺胺-5-甲氧嘧啶溶液，自由饮服，连用 1 周；重症或用卡那霉素每只 4000 单位/天，分两次混饮，连用 3～5 天，或用庆大霉素 2000 单位/千克体重，混饮，1 天 2 次，连用 3～5 天。

（八）曲霉病

本病的病原体为烟曲霉和黄曲霉。霉烂变质的饲料是主要传染源；也可通过呼吸道吸入霉菌孢子，引起肺和气囊感染，故又称曲霉菌性肺炎。本病主要危害 2 周龄内雏鹌鹑，发病率和死亡率都高。

1. 症状

病鹌鹑精神委顿，双目紧闭，毛松垂翅，弓背，喜光怕冷，聚堆，呆立，食欲废绝，口渴多饮，下痢，排出灰褐色稀粪，特征性症状是呼吸困难，伸颈张口呼吸，常窒息而死。少数病鹌鹑出现头向后仰、摇头、运动失调等神经症状。

剖检可见肺、气囊有大小不一的灰白色或浅黄色结节，甚至形成霉斑，其内容物呈乳酪样。

2. 防治方法

平时要加强饲养管理，禁用发霉饲料喂鹌鹑，不用发霉潮湿垫料，保持鹌鹑舍通风、清洁，防止环境污染，种蛋孵化器要进行严格消毒。发现病鹌鹑及时隔离治疗。治疗用制霉菌素每只每天 1 万单位左右分 2 次拌料喂食，连喂 5 天；也可用克霉唑，每只雏鹌鹑用 0.01 克拌料喂食，连喂 5 天，并配合在饲料中加入 0.02％的土霉素、金霉素、四环素等。

（九）球虫病

鹌鹑球虫病主要是由艾美尔属的多种球虫引起的一种寄生原虫病，主要通过食入侵袭化卵囊而感染。各种龄期的鹌鹑均易感，尤以幼鹌鹑的敏感性为高。

1. 症状

病鹌鹑精神沉郁，羽毛松乱，缩头拱背，怕冷扎堆，消疲，食

欲不振，排出黄褐色带血稀粪。

剖检：病变主要见于肠道，明显肿胀，呈暗红色，肠黏膜充血、点状充血、分泌物增多，有血性内容物或坏死物。

2. 诊断

本病的症状和病变有一定特征性，据此可做初步诊断。采集肠内容物检查其粪便中有球虫卵囊或病变肠黏膜制片镜检见球虫卵囊可确诊本病。

3. 防治方法

加强饲养管理，所用的器具洗刷干净后用3％热甲醛皂液喷洒消毒。发现病鹌鹑及时隔离治疗，治疗时将磺胺二甲基嘧啶按0.2％比例拌入饲料或溶解于饮水中喂服，连喂4～5天，严重病鹌鹑可连喂2～3个疗程。抗生素用青霉素8000～10000单位/只混饮，连用5～7天。治疗期添加维生素 K_3 1毫克/只、鱼肝油10毫克/千克饲料。

（十）鹌鹑啄癖症

鹌鹑啄癖症包括啄鼻、啄羽、啄蛋、啄肛、啄趾等。本病发生原因较复杂，主要由于饲养条件不良，温湿度不适宜，通风不好，光线太强，饲养密度过大，鹌鹑舍不卫生。日粮不足使鹌鹑处于饥饿状态，日粮配合不当，赖氨酸、蛋氨酸、亮氨酸和胱氨酸含量不足，或日粮中缺乏某些矿物质、微量元素和维生素 B_2、维生素 B_6 等均可引起啄癖症。

1. 症状

鹌鹑啄癖症包括啄鼻、啄羽、啄蛋、啄肛、啄趾等。

（1）啄鼻　病鹌鹑相互啄鼻，致使鼻端破伤出血，鼻道发炎，炎性分泌物阻塞鼻腔，呈现呼吸困难，精神、食欲欠佳。

（2）啄羽　病鹌鹑神态不安，时而啄自身羽毛，时而啄其他鹌鹑的羽毛，甚至背部、尾部羽毛被啄光，皮肤裸露。

（3）啄蛋　母鹌鹑产蛋后，自己立即啄食，或被其他鹌鹑抢啄食，尤其产薄壳蛋或软壳蛋时，抢食更为严重。

（4）啄肛 病鹌鹑相互啄肛，致使肛门破伤出血，严重者引起泄殖腔及肛门发炎，或发生溃烂，病鹌鹑疼痛不安。

（5）啄趾 病鹌鹑时而啄自己的趾，时而啄其他鹌鹑的趾，使趾破伤出血，甚至发炎、溃烂，呈现跛行或卧地不起，食欲不佳，烦躁不安。

2. 防治方法

在 1～9 日龄时断喙，可防止啄癖发生。啄鼻鹌鹑应加强饲养管理，保持饮食卫生，日粮要充足，饲料中增加蛋白质饲料或鱼粉等。啄羽鹌鹑应隔离饲养，改善环境卫生，调整饲养密度。在病鹌鹑饲料中，每只鹌鹑每天喂给 0.3 克天然石膏粉或 0.3～1 克硫化钙或按日粮的 0.2％ 加入蛋氨酸，或在被啄鹌鹑的身上涂抹煤油或柴油，以防啄羽。啄蛋鹌鹑要保证供给全价饲料，日粮中添加适量蛋白质、骨粉或贝壳粉。将 1～2 个软壳蛋及少许蛋壳用柴油浸泡后放入笼内，可使有啄蛋癖的母鹌鹑很快改变恶癖。为防止啄蛋，可以将鹌鹑笼子底部做成坡式，使产下的蛋自动滚出。对啄肛鹌鹑应及时调整饲料，适当降低饲养密度，在饲料中加蛋白质饲料，将脱肛鹌鹑取出隔离饲养，啄伤处涂上紫药水或四环素软膏，同时注意补充动物性蛋白质饲料，如鱼粉、血粉等；或每 50 千克饲料中添加硫酸亚铁 10 克、硫酸铜 1 克、硫酸锰 2 克，连喂 10～15 天，疗效良好。啄趾鹌鹑应在饲料中添加必需的氨基酸及维生素，破趾及时治疗，鹌鹑舍保持清洁卫生，防止感染。

六、鹧鸪常见疾病防治

（一）新城疫

新城疫是由副黏病毒属的新城疫病毒引起的高度接触性、急性、烈性传染病。病鹧鸪和带菌鹧鸪是本病主要传染源。本病主要通过污染的空气、饲料、饮水、用具及排泄物经呼吸道和消化道感染。所有禽类均可感染。20～140 日龄鹧鸪感染率较高，死亡率也

高。2 年以上龄鹧鸪感染率低。一年四季均可发生，春秋两季最为流行。

1. 症状

主要特征是呼吸困难、下痢、神经机能紊乱、黏膜和浆膜出血。

（1）最急性型　突然发病，往往无任何症状死亡。

（2）急性型　精神委顿、羽毛松乱、离群、头缩于翅下、蹲伏于一隅。体温升高至 43.3～44.4℃，口腔和鼻腔有较多黏液，引起呼吸困难、废食、大量水泻、脚软，部分病鹧鸪有头扭曲等神经症状，病程 2～5 天死亡。

（3）亚急性和慢性型　多发生于病后期，病初症状基本同急性型，病程稍长，口腔黏液增多，有的呼吸困难。产蛋的病鹧鸪产蛋率下降，产软壳蛋和薄壳蛋，最后停产。有的有神经症状，最后体温下降呈昏迷状死亡。

剖检：嗉囊壁有溃疡，腺胃肿胀，腺胃、肠道充血、出血，心、肝、脾、肾有不同程度出血点和斑，尤其在心冠沟部有针尖大出血点，外膜和内膜均有出血点。

2. 诊断

根据本病发病流行情况、临床症状和病变可做初步诊断。确诊：需在实验室进行病料接种鹧鸪胚绒毛尿囊腔和红细胞凝集试验等确定本病。

3. 防治方法

本病无特效治疗药物，因此必须在平时加强饲养管理，搞好清洁卫生和检疫，定期消毒及免疫接种，鹧鸪出壳时如发现病鹧鸪应及时火焚或深埋。发现本病应立即隔离病鹧鸪，鹧鸪舍及用具必须进行彻底消毒。鹧鸪出壳后，7 日龄第 1 次用新城疫Ⅱ系弱毒冻干苗 1∶1 无菌水进行滴鼻。30 日龄时进行第 2 次疫苗低毒力活疫苗接种。方法是先断水 2～3 小时，再用鸡新城疫Ⅰ系弱毒冻干苗兑水饮用即可（药品标签上有说明），也可肌内注射。

（二）传染性支气管炎

传染性支气管炎是由禽传染性支气管炎病毒引起的一种急性、高度接触性传染的呼吸道疾病，可引起雏鹧鸪发病和死亡。成年蛋鹧鸪感染后会降低产蛋量。在特种经济禽类中，雉鸡、火鸡、乌鸡、鹌鹑等均可感染发病。各龄易感禽均可感染发病。

1. 症状

病初仅见轻微呼吸道症状及排出少量白色粪便。随着病情的发展，病鹧鸪表现为精神委顿，羽毛松乱，翅膀下垂，怕冷堆集，食欲下降或废绝，但饮欲增加，伸头、张喙，呼吸难、咳嗽、气喘，流鼻涕和眼泪，产蛋产量下降，产软蛋及畸形蛋，蛋白稀水样，最后衰竭而死。

剖检可见气管、支气管、鼻腔有浆液性、卡他性或干酪样的渗出物，产蛋雌鹧鸪腹腔内出现液状卵黄物质，输卵管也发生病变。

2. 诊断

本病早期症状似其他呼吸道病，难以诊断。病后期根据流行特点、临床症状和病变特征可做初步诊断。确诊：需在实验室进行病毒分析鉴定以及血清检验确定本病。

3. 防治方法

本病无特效治疗药物。预防本病应加强日常饲养管理，搞好卫生消毒，并进行疫苗接种。

（三）黑头病

黑头病又称组织滴虫病或盲肠肝炎，病原是一种很小的组织滴虫，多藏于盲肠虫的卵内。盲肠虫是雉科禽类本身的一种寄生虫，可随肠内容物排出体外。几乎所有的刺线虫卵内都带有这种原虫，由于有虫卵的保护，故能在鹧鸪体外存活半年以上。雏鹧鸪易感染，本病多发于2周龄内的雏鹧鸪，发病率和死亡率很高；成年鹧鸪也可感染，大多为隐性感染，能够传播和携带病原。

1. 症状

病鹧鸪精神不振，拱背，羽毛蓬松，两翅下垂，怕冷聚堆，嗜睡，食欲减退，下痢，多排白色水样或褐色糊状稀粪，身体瘦弱。如不及时治疗，10天左右即可衰竭抽搐而死。

剖检可见主要病变见于消化系统。小肠黏膜发炎，肠壁菲薄，肠腔内充满含气体的淡黄色液体内容物；盲肠肿大，内含黑色黏糊状粪便；肝表面小点出血并散布小黄白色坏死点。

2. 诊断

根据发病情况、临床症状和病变特征可做初步诊断。确诊需将病鹧鸪嗉囊和小肠内容物制备湿涂片，弱光下低倍镜检发现虫体。

3. 防治方法

预防本病应从两方面着手：一方面是加强饲养管理，注意卫生消毒，保持鹧鸪舍的干燥，特别是地面干燥清洁；另一方面是平时要注意驱除鹧鸪体内的组织滴虫。治疗本病用硝基呋喃或呋喃唑酮（痢特灵）0.04％混于饲料中喂给，连喂1周。甲硝哒唑或二甲硝唑对本病有一定的防治效果。

（四）大肠杆菌病

本病是由致病性大肠杆菌引起的一种急性败血性传染病，本病除经蛋传染感染和经呼吸器官感染以外，还能经口感染。饲养管理不当，如舍饲密度过大或通风不良，再加之粪便污染是造成本病流行和与其他疾病并发的原因。

1. 症状

病鹧鸪精神不振、羽松垂翅、呆立一隅、食欲减退或废绝。本病主要以肠炎和下痢为特征，粪便多呈糊状，白色水样带黏液性稀粪，且有气泡。脱水消瘦，病程2～4天。

剖检可见腺胃黏膜、肠道充血、出血，肝稍肿、瘀血，心包积液，有散在性灰白色小点状坏死。

2. 诊断

根据本病临床症状和病变特征可做初步诊断。确诊需在实

验室进行病原的分离及致病性试验，必要时还需进行血清学
鉴定。

3. 防治方法

引进种鹧鸪要严格进行检疫，杜绝传染病病原的侵入。引进后
要加强饲料管理和舍笼的清洁卫生与消毒，饲养密度要合理。要及
早发现本病，及早隔离和治疗。治疗时常用氟哌酸按 0.01%～
0.02%比例拌料，连喂 5～7 天；或在饮水中投入 0.03%～0.04%
庆大霉素，连饮 5 天。在使用上述药物的同时，在饲料中加入
1%～2%已捣碎新鲜大蒜，疗效更佳。

（五）鹧鸪传染性法氏囊病

鹧鸪传染性法氏囊病又称传染性腔上囊病，是由传染性法氏囊
病毒引起的一种传染病，该病毒侵害幼禽免疫中枢器官——腔上
囊。病禽带病毒散布，通过消化道，经由空气和直接接触传播，多
发生于幼鹧鸪。

1. 症状

病鹧鸪精神沉郁、羽毛松乱、两翼下垂、怕冷聚堆、低头嗜
睡、厌食、下痢，排出白色米汤样稀粪，肛门周围羽毛污秽。病后
期虚脱衰竭死亡。一般病程 3～4 天。病程稍长也能数日内康复，
但生长停滞而成为僵鹧鸪。

剖检可见病鹧鸪法氏囊充血、水肿，囊内充满黏液或血液，间
见干酪状物；腿肌与胸肌出血，呈斑状或条带状；肾肿大苍白，尿
酸盐增多。

2. 诊断

根据突然发病，突然发病率高而死亡率低，结合法氏囊（腔上
囊）的典型病变可做出诊断。确诊需在实验室进行病原分离或血清
学鉴定。

3. 防治方法

本病目前尚无有效治疗药物。平时应加强饲养管理，注意饲料
的全价性并增加多种维生素添加量，并注意搞好环境卫生与消毒。

对易感群进行疫苗接种，目前国内外已有多种弱毒疫苗可供选用，接种疫苗是控制本病的有效方法。发现发病鹦鹉迅速隔离，采用传染性法氏囊病高免血清（或卵黄抗体）早期治疗有一定效果。对感染的鹦鹉场舍和用具进行彻底消毒。

（六）鹦鹉克雷伯氏杆菌病

克雷伯氏杆菌病是一种人畜共患病，而近几年发现成为发生于鹦鹉的一种新病，多发生于10～30日龄的幼鹦鹉。

1. 症状

最急性型病鹉无明显症状突然死亡。急性型病程稍长，病鹦鹉精神沉郁，羽松垂翅，闭目呆立，嗜睡，眼鼻分泌物增多，呼吸急促，频率加快，食欲减退或废食，腹泻，排出白色、褐色焦油样稀粪，失水衰竭死亡。

剖检可见肺瘀血水肿、出血，有肺炎实变区；肠腔内黏液增多；肾瘀血肿大、点状出血，肾小管及输尿管内充满灰白色尿酸盐。

2. 诊断

根据发病情况、临床病症及病变可做初步诊断。本病需在病原学的实验室进行确诊。

3. 防治方法

平时加强对育雏期鹦鹉的饲养管理。保持饮水清洁卫生，并注意喂给全价和营养平衡的日粮，在日粮中还应适当添加维生素C和多种维生素，以增强鹦鹉的体质和抗病能力。多种抗菌药物对本病有防治效果，如青霉素、链霉素各1万～2万单位/只肌内注射，连注3～5天；或庆大霉素2万单位/只混饮，或1500～2500单位/只肌内注射，连注3～5天；也可用磺胺类等药物，都有一定的治疗效果。

（七）球虫病

球虫病是肠道感染艾美尔属的一种或多种球虫（寄生于鹦鹉体内小肠及盲肠上皮细胞内）引发的一种原虫病。拥挤、潮湿、卫生

条件差、饲养管理不善的鹧鸪场最易造成球虫病的流行。幼鹧鸪最易感染，发病率和死亡率都很高。同时，此病对成年鹧鸪的增重和产蛋能力也有很大影响。南方地区鹧鸪感染无明显季节性，一年四季均有发生。

1. 症状

病鹧鸪精神不振，羽毛蓬松，缩颈呆立一旁，翅下垂，嗜睡，反应迟钝，食欲明显减退，并排泄黄褐色或污秽黄色糊状或水样稀粪，恶臭。患盲肠球虫病鹧鸪拉血粪，呈棕红色或鲜红色；患小肠球虫病鹧鸪临床上无血粪，只拉黄白稀粪，感染后 5～7 天内病鹧鸪昏迷抽风而死。年龄较大者病程拖长，可以转为慢性，间歇性下痢，病鹧鸪逐渐瘦弱，大大影响增重和产蛋。

剖检主要可见十二指肠充血，有斑点状不规则出血点，盲肠红肿，切开肠管可见肠壁增厚、发炎；小肠球虫主要使小肠前段肿胀，肠壁发炎、增厚。

2. 诊断

根据发病鹧鸪日龄、临床病症和病变可做初步诊断。确诊需取粪便或剖检死鹧鸪，取病变肠段黏膜镜检，见有大量球虫卵囊和裂殖体可确诊本病。

3. 防治方法

采取网养或笼养，加强饲养管理，搞好鹧鸪舍、笼及饲、饮具的卫生和消毒，保持鹧鸪舍地面干燥及通风良好，勤清粪并将鹧鸪粪堆积发酵处理。对尚未发病者，定期用防球虫病药物预防，如饲料内掺喂克球粉、氨丙啉等抗球虫药。治疗时可在饲料中加入磺胺-5-甲氧嘧啶或复方新诺明，饮水中加入青霉素，连用 3～5 天。严重者连喂 3～5 天后停药 3～4 天，然后再连喂 1～2 个疗程。

（八）体外寄生虫病

鹧鸪的体外寄生虫有羽虱、螨和蜱 3 种，危害普遍多见于前两种。

1. 羽虱

羽虱属于节肢动物门昆虫纲食毛目的外寄生虫，因寄生部位的不同有头虱和羽干虱两种，靠咬食羽片、皮屑维持生命，因而使鹧鸪羽零乱、脱落、残缺不齐，皮肤损伤出血，精神不安，贫血消瘦，生长受阻。

防治方法。预防羽虱必须经常保持笼舍和鹧鸪体清洁，定期给它们沙浴。在沙子里拌入适量杀虫药，发现鹧鸪虱尽早隔离。用除虫菊粉遍撒于羽毛之间，数次以后即可杀灭鹧鸪虱；或用高效灭百可（即10％氯氰菊酯，为低毒、较安全的杀虫剂）10毫升混匀于10千克水中，用喷雾器喷洒于羽毛上（雏鹧鸪禁用）。用杀虫药剂应严格控制用量，以防中毒。

2. 螨

虫体不超过2毫米，白天隐栖于笼内垫草和墙壁的缝隙中，夜间爬到鹧鸪体上吮吸血液，吸血后虫体呈红色，故称为红螨。温暖潮湿的气候最适宜螨的繁殖，吸血后使寄主不安、贫血、生产下降，对雏鹧鸪的危害尤为严重。

防治方法。笼舍要清洁、通风干燥，经常用消毒药消毒灭螨。如用敌敌畏烟熏可起灭螨的作用。用市售的灭螨药按比例杀死鹧鸪体外的螨。应用杀螨药物要严格控制药量，以确保病鹧鸪的安全。

（九）曲霉菌病

本病主要是由烟曲霉和黄曲霉引起的一种呼吸系统疾病。发霉的垫草或饲料是主要传染源。大小鹧鸪均可发生，通过呼吸道吸入霉菌孢子。各龄期的鹧鸪都可感染发病，但幼鹧鸪最敏感。该病多发生于南方春夏多雨季节。

1. 症状

病鹧鸪精神沉郁、羽毛松乱、缩颈闭目、食欲减退明显，主要出现呼吸道症状，常张口呼吸，眼分泌物增多，少数病例失调，倒地仰卧。多数病鹧鸪窒息死亡，少数病鹧鸪有神经症状，如摇头、

头后仰、运动失调。

剖检可见主要病变在呼吸道，肺表面和实质内散布黄色或灰白色粟粒或绿豆大小结节和斑块，质坚韧，切面呈同心圆结构，其中心呈干酪样坏死并有大量菌丝体。

2. 诊断

根据发病情况、临床症状及病变可做诊断。确诊需取病变组织制备压片，镜检发现霉菌菌丝体和孢子可确定本病。

3. 防治方法

加强饲养管理，及时清除发霉饲料和垫草，保持室内干燥透光。治疗可用制霉菌素混料，每千克饲料 100 万单位，连用 7 天。

（十）雌鹧鸪秘卵与脱肛

种雌鹧鸪秘卵原因很多，主要是由于鹧鸪营养不良、缺钙或鸪体过于肥胖或年龄较老等原因使子宫平滑肌收缩力降低引起蛋产不下所致。

防治方法。加强饲养管理，喂全价日粮，体质瘦弱造成输卵管机能异常或细菌感染引发输卵管炎而发生秘卵。发现秘卵可将一些加有抗生素的矿物油涂于泄殖腔内，也可涂些红霉素软膏（最好深入到可以触及蛋壳为止），然后用手轻轻将蛋挤出。若雌鹧鸪秘卵严重产不出蛋来，不可强行人工把蛋挤出，以防把产道挤破，造成严重感染引发炎症死亡。

雌鹧鸪产蛋脱肛的原因也很多，主要是由于产蛋期过早，体质瘦弱或过肥，饲料中粗纤维太多或太少，维生素 D 不足，或雌鹧鸪产蛋大，滞留时间长或患子宫内膜炎症等引起。雌鹧鸪肛门、输卵管的阴道部、子宫部外翻，易受感染或被其他鹧鸪啄食致伤。

防治方法。应当针对不同病因及早预防。治疗时，将病鹧鸪肛门附近的污秽羽毛剪去，用高锰酸钾温水或金银花 10～15 克煎汤洗擦患处；也可在消毒后采用肛门环缝合。如系子宫外翻，其内有蛋，可以挤出或压碎后取出，经消毒后再送入鹧鸪笼。另外，适当

控制喂料量，以减少排泄。

（十一）鹧鸪感冒

鹧鸪的感冒多见于寒冷季节，室内温差变化较大，使鹧鸪突然受寒着凉所引起。

1. 症状

精神委顿，羽毛蓬乱无光泽，咳嗽，流鼻涕，若不及时治疗并发其他疾病，也会造成死亡。

2. 防治方法

加强饲养管理，寒冷季节室内温差不能变化过大，并要注意育雏室的通风换气。治疗可用 0.01～0.02 克阿司匹林或安乃近混于饲料中，连喂 3 天。严重时可用土霉素 0.04%～0.08%混于饲料中连服 3 天，或注射青霉素 5000～10000 单位/只。

七、孔雀常见疾病防治

（一）孔雀新城疫病

孔雀新城疫是由新城疫病毒引起的一种急性、烈性、败血性传染病。病状主要特征是呼吸困难、腹泻、神经机能紊乱以及黏膜和浆膜出血。病孔雀和带毒孔雀是主要传染源，病原污染饲料、饮水用具等，通过消化道和呼吸道而传染。各种龄期均有发病，死亡率很高。

1. 症状

本病分为最急性型、急性型和慢性型 3 种类型。

（1）最急性型　发病急，病程短，常无特异性症状而突然死亡。

（2）急性型　病禽病初羽毛松乱，精神沉郁，呆立一隅，垂头缩颈，闭目垂翅，体温升高至 43℃ 以上，食欲减退或拒食，渴欲增加，口流黏液；下痢，排出黄白色或黄绿色稀粪；少数呼吸困难，发出特殊"咯咯"声。多数病后期出现神经症状，头颈震颤、

头颈转圈、运动系统失调、瘫痪、体温下降。病程 2～4 天，最后衰竭死亡。

（3）慢性型　多由急性型转变而来，进行性消瘦，表现为颈、翅、腿麻痹，转圈、活动共济失调，最终死亡。也有本病耐过康复孔雀，但少数有神经症状后遗症，失去饲养价值。

剖检可见病死孔雀腺胃内面乳头突起的尖端或黏膜上有小出血点，有的形成十二指肠直肠出血，肠黏膜尤其是盲肠起始部常有纤维素样坏死。心冠脂肪状出血，部分肝脏瘀血肿大。

2. 诊断

根据本病流行情况、临床症状和病变可做出初步诊断。确诊需在实验室进行病毒的分离鉴定和血清学试验检查。

3. 防治方法

本病目前尚无有效治疗药物。预防本病除加强饲养管理，保持清洁及消毒等预防措施以外，宜选用毒力较弱的新城疫Ⅱ系疫苗进行接种。发现本病及时隔离，早期注射高免血清及抗体制剂有一定疗效。并采取封锁、检疫等措施，病死鸟要做无害化处理，舍用具及垫草应彻底消毒。

（二）孔雀沙门杆菌病

孔雀沙门杆菌病是孔雀常见的细菌性传染病，是由多种不同血清型的沙门杆菌引起的一种急性败血性传染病。病鸟和带菌鸟是主要传染源，亦能经种蛋垂直传播。各龄期孔雀都有易感性，但对雏孔雀的危害特别严重。当雏孔雀感染沙门杆菌导致败血症后死亡率很高，而成鸟则多呈慢性或隐性感染。

1. 症状

幼孔雀感染发病后，往往呈败血性急性经过，死亡率很高。

急性型病孔雀羽毛松乱，精神委顿，呆立一隅，怕冷，垂头缩颈，两翅下垂，嗜睡，姿态异常，呼吸困难，喘息，食欲不振或废食，渴欲增强，体温升高达 43℃ 以上，常有腹泻，排白色或黄白色稀粪，糊状，污染肛周羽毛，黏糊状粪便干涸后堵塞肛门，以致排粪困难，发出尖叫声，最后衰竭死亡。

慢性型病孔雀精神沉郁，食欲下降，生长发育不良，繁殖率下降，有间歇性下痢。

剖检典型病变见肝脏肿大、质脆，呈绿棕色或古铜色，表面可见散在性灰白色粟粒大病灶；脾肿大瘀血；肠有卡他性出血性肠炎，间有溃疡灶；心包炎和腹膜炎；肺质变实。雌孔雀卵巢卵泡变形，卵膜充血、出血。

2. 诊断

根据本病流行情况、临床症状和病变可做出初步诊断。确诊需在实验室从实质器官如心脏和肝脏中分离到沙门杆菌。而且血清学的检查有助于进行活体诊断。

3. 防治方法

加强饲养管理，保证环境卫生能有效控制本病发生。并对饲料和饮水进行消毒处理。在雏鸟饲料或饮水中加适量预防本病的治疗药物。如可用呋喃唑酮（痢特灵）0.04％混饲 7 天，或用土霉素0.1％～0.2％混饲 5～7 天。严重病鸟可用庆大霉素每千克体重 1万单位。

（三）巴氏杆菌病

本病又称禽霍乱、禽出败，是由禽多杀性巴氏杆菌引起的一种急性、败血性传染病。病禽鸟和带菌禽鸟是本病的主要传染源，主要经过呼吸道和消化道传染，主要呈现败血性病症。后备孔雀死亡率和发病率均很高。本病一年四季均可发生，但以高温潮湿季节易发生流行。

1. 症状

病鸟最急性发作无明显症状，突然死亡。多数病鸟表现精神委顿，缩颈闭眼，羽毛松乱，发热、厌食，口排黏液性流出物，下痢，粪便呈灰白色、黄绿色或绿色，有的呼吸加快、张口伸颈，少数患鸟鼻窦、跗关节发生肿胀，病程较短，多在 2～3 天内死亡。

剖检可见肺瘀血水肿，气管内黏液增多，喉部黏膜间有点状出

血；心外膜和心冠脂肪点状出血；肝肿大，散布针尖大小的黄白色坏死；肠卡他性出血。

2. 诊断

根据本病流行情况、临床症状和病变可做出初步诊断。确诊需在实验室进行病原的分离鉴定和实验动物发病试验。

3. 防治方法

加强饲养管理，搞好环境卫生和消毒，妥善处理病死孔雀与污染物，并用禽霍乱弱毒菌苗进行接种。治疗可用灭败灵2毫升加青霉素5万单位/只，肌内注射，连续3天，同时以0.1%～0.2%土霉素混饲，连用3～5天；严重病例需采取静注补液等对症治疗措施。

（四）链球菌病

链球菌病是由非化脓性链球菌引起的一种急性败血性或慢性细菌性传染病。病鸟和带菌鸟是本病主要传染源，主要通过消化道和呼吸道途径感染。饲养密度过大、卫生条件差、气候闷热潮湿可诱发本病，各龄期孔雀均有易感性，但以幼孔雀发病较为严重，一年四季均可发生。

1. 症状

最急性型无明显病状突然死亡。孔雀发病后的主要表现为食欲不振乃至拒食，口渴。急性病例表现为精神萎靡，呆立毛松，体温高达43℃以上，排便频繁，排出绿褐色或淡黄色的水样便，极度萎靡，严重者呼吸困难，肛门绒毛被严重污染，最终死亡。

剖检：病死孔雀极度消瘦，脱水，脾脏肿大，肝、肺、心出现萎缩，肝被膜下的实质中可见黄色斑点，胆囊肿大，腺胃、肌胃有轻重不同的卡他性炎症，黏膜充血，盲肠扁桃体增大，滤泡有出血点。

2. 诊断

根据本病流行情况、临床症状和病变可做出初步诊断。确诊需在实验室进行。病原检查，采病料涂片，经革兰氏染色，可见短链状球菌，有荚膜。在SS培养基上呈露滴状，圆形，无色，透明，闪光，隆起菌落。在血清肉汤中，液体上部透明，底部有绒毛状沉

淀物。该病原能发酵葡萄糖、乳糖、蔗糖、山梨醇等，均产酸不产气，不发酵甘露醇、海藻糖、鼠李糖、伯胶糖、肌醇及木糖。靛基质试验阳性，美蓝还原试验阴性。在 pH 9.6 和 6.5% 肉汤中均不生长。

3. 防治方法

加强饲养管理，平时注意保持饲养场地的清洁卫生和消毒，隔离病孔雀，饲料及饮水中加入多种维生素和口服补液盐。治疗本病可用多种抗菌药物，如氨苄、青霉素，也可用链霉素或卡那霉素或庆大霉素等 810 单位/千克体重，1 天 2 次混饮，同时用磺胺二甲嘧啶 0.8%～1% 拌饲料喂，连用 5～7 天，连续治疗 1 周便可康复。

（五）孔雀马立克氏病

本病是由马立克氏病毒引起的一种传染病。鸡和野鸡是主要传染源。本病主要发生于鸡，其他多种禽鸟亦能感染发病，孔雀也能感染发病。

1. 症状

病鸟精神委顿，头颈低垂或偏向一侧，两肢无力，往往蹲伏在地，不能行走，逐渐瘫痪，有时见脚一只向前一只向后延伸。体温升高，食欲废绝，饮水减少，下痢排出白色稀粪，消瘦，急性病程 2～3 天，最后衰竭死亡。

剖检可见病鸟坐骨神经、腋臂神经丛的神经都有不同程度的水肿，增粗，呈灰白色，神经干横纹消失。肝脏肿大，有灰白色的坏死灶；脾脏肿大，有结节。

2. 诊断

根据典型临床症状和病变可做出初步诊断。采取羽髓含血样品与鸡马立克氏病阳性血清做琼脂扩散试验，见阳性反应可确诊本病。

3. 防治方法

目前本病尚无特效治疗药物。主要是平时加强饲养管理，采取各种综合性防疫措施，及时对新生雏鸟用鸡马立克氏病疫苗免疫接种，但免疫期和免疫力效果不够理想。目前，采取在雏出壳待羽毛

干后即接种鸡马立克氏病二价或三价疫苗。发现本病流行时，应及时采取隔离和局部封锁，彻底消毒以控制疫情蔓延。对病死鸟做无害化处理，并对病鸟的舍、饮食用具及运动场地进行彻底消毒。

（六）曲霉菌病

本病是由烟曲霉菌、黄曲霉菌、黑曲霉菌等多种霉菌引起的一种真菌性疾病。本病发生往往是因孔雀接触环境中霉菌菌丝孢子而感染，主要通过污染空气经呼吸道或饲喂霉变的饲料和垫料潮湿发霉等经消化道感染，也有经皮肤、黏膜伤口感染。主要危害幼鸟。一年四季均可发生，梅雨季节极易暴发。

1. 症状

病雏鸟精神委顿，羽毛松乱，垂头、闭目、呆立，食欲减退或废食，饮水量增加，张口伸颈、呼吸困难，摇头甩鼻内分泌物，有的发生眼疾。后期下痢，排出灰白色或黄绿色稀粪，少数病例有神经症状，体重减轻。多数出现症状后1周内因呼吸极度困难而窒息死亡。成年孔雀病状轻微。

剖检可见主要病变在呼吸系统。气管及支气管渗出物增多，肺有肉样病变，表面有突出的灰白色或灰黄色针尖大小至粟粒大小颗粒状结节。气囊上面也有结节，结节中心有坏死灶。肝肿大、质脆，表面有灰白色或淡黄色结节。肠道有卡他性炎症；脾肿大，有黄白色尿酸盐沉积；脑膜瘀血。

2. 诊断

根据本病病史、临床症状和病变可做初步诊断。确诊可采取肝病变组织制成压片，上加1滴氢氧化钾溶液，盖上玻片，镜检发现菌丝体孢子确诊本病。

3. 防治方法

加强饲养管理，妥善保存饲料，供给新鲜全价日粮，经常更换潮湿发霉的垫物，注意搞好饲养场地及周围环境的清洁卫生和消毒。治疗可用6000～7000单位/只制霉菌素混饲，并在饮水中加入0.5%碘液或1:3000硫酸铜溶液，1天饮水2次，连用3～5天。

（七）球虫病

孔雀球虫病是由艾美尔属的多种球虫寄生引起的一种常规寄生原虫病，各生长阶段的孔雀均可发病，主要侵害雏鸟。地面平养较离地网养者多见。

1. 症状

病鸟精神沉郁，眼闭呆立，羽松垂翅，怕冷聚堆，减食善饮，下痢，排褐色糊状恶臭粪便，有时呼吸困难。

2. 防治方法

预防要加强饲养管理，主要搞好卫生消毒工作，勤扫粪便并及时堆积发酵处理，舍内要保持通风，地面平养应改为网上饲养或笼养育雏，控制饲养密度可控制本病的发生。治疗可用青霉素 5 万～10 万单位/只，每天肌注 1 次，连用 3～5 天；严重病例 10 万～15 万单位/只，混饮，1 天 2 次，连用 3～5 天。在投药治疗期间，饲料中添加维生素 K_3 1～2 毫克/只，鱼肝油 10～20 毫升/千克饲料。

（八）组织滴虫病

组织滴虫病是由组织滴虫所引起的原虫性寄生虫病，由于患病后血液循环障碍，病禽头部呈暗黑色，所以又称黑头病。该病的主要特点是盲肠和肝脏形成坏死性炎症，蓝孔雀进入育成期后对该病最为敏感。目前，该病已成为孔雀养殖业的主要疾病，已经造成很大的经济损失。

1. 症状

病孔雀表现为精神不振，采食减少，羽毛蓬松，两翅下垂，行走无力，卷缩发呆，发病初期排出带有泡沫的淡黄色稀粪，混有血丝，中后期经常排出灰色粪便，有的下痢，恶臭。病孔雀开始体温较高，死前体温下降，闭眼、嗜睡。病程一般为5～15 天。

剖检可见病死孔雀大多有以盲肠发炎和肝脏表面圆形坏死灶为主的典型病变。肝脏肿大，质脆易碎，表面有大小不一和数量不等的圆形灰白色或黄色坏死灶，小如米粒，大如绿豆或黄豆，

坏死灶中央凹陷，边缘呈现锯齿状稍隆起或散在性存在或相互融合，成大片坏死区。胆囊肿大，胆汁浓稠，呈黄绿色，病变轻微的仅出现肝脏稍肿大，表面有散在的灰色针尖大小或环状坏死点。肝细胞呈灶状坏死，病变中心的肝细胞坏死和崩解，在坏死灶的外周有大量圆形或椭圆形组织滴虫，并有数量不等的单核细胞和淋巴细胞浸润，肝小叶中央静脉内有大量大小不等的圆形淡红色的组织滴虫。盲肠多见双侧显著肿大，为正常的 3～4 倍，直径达 3 厘米左右，肠壁肥厚，呈香肠状，肠腔充满不洁的干酪样渗出物，形成凝固栓子，阻塞整个肠腔。剥离栓塞物可见盲肠壁变薄，黏膜及肌层有出血性炎症变化。黏膜上皮细胞变性，坏死，脱落，黏膜表面出现由脱落的上皮、红细胞、白细胞、纤维素肠内容物混合而成的团块，固有层腺上皮多数变性、坏死溶解，固有层高度充血和出血，并有大量异嗜性粒细胞、淋巴细胞和单核细胞浸润，黏膜表面和固有层中可见大量圆形或椭圆形淡红色的组织滴虫。

2. 诊断

从病变孔雀的盲肠栓塞物和肠壁之间刮起少量肠内容物于烧杯中，滴加温生理盐水搅拌使之均匀，吸取上清液 1 滴，置载玻片上，迅速置 400 倍显微镜下检查，发现呈钟摆样运动的圆形虫体即可确诊本病。

3. 防治方法

将发病的孔雀隔离治疗；笼舍进行火焰消毒及化学药物（百毒杀等）消毒；口服特效抗滴灵，同时饮百毒清，肌注青霉素，以上药物每天 2 次，对于严重者，应口服补液盐和多种维生素，7 天为一疗程，隔 3 天再用特效抗滴灵巩固一个疗程，对未发病的孔雀用同样的方法预防。应当引起注意的是组织滴虫对外界的抵抗力并不强，但可包藏在异刺线虫卵中长期存活，当易感动物吞噬了含有异刺线虫的食物后，组织滴虫逸出，致使发病。所以，圈舍内要经常用消毒剂消除虫卵，还要注重对异刺线虫的驱除。一般使用左旋咪唑即可。

八、鸵鸟常见疾病防治

（一）新城疫

新城疫是由副黏病毒科副黏病毒属的新城疫病毒引起的一种高度传染性传染病。病鸵鸟的分泌物和排泄物带病毒，可经空气、饮水、用具及饲料传染，所有年龄的鸵鸟均可感染，但以1周龄以下幼鸵鸟最易感染，本病传播不受季节影响。

1. 症状

新城疫根据病程分为最急性型、急性型和慢性型。

（1）最急性型　未见任何症状而突然死亡。

（2）急性型　精神不振，垂头缩颈，垂翅，发病初期体温升高，食欲减退或废绝，排出黄绿色或黄白色稀粪，时有少量血液，呼吸困难，伸颈张口，有黏液自鼻孔流出，并发出"咯咯"声，有时出现神经症状，腿翅麻痹，颈略弯曲，病程1～4周死亡。

（3）慢性型　早期症状为颈部无力，颈部肌肉抽搐，歪头。随着病情的加重，头部下垂，随后表现为共济失调，站立不稳，头部水肿。

剖检可见全身浆膜、黏膜出血，呼吸道发炎，气管和肺有渗出物，腺胃黏膜水肿，心包、泄殖腔出血。

2. 诊断

根据发病情况、临床症状及病变可做初步诊断。确诊可采集病料在实验室鉴定，用鸡胚做成纤维细胞培养物进行病毒分离鉴定确诊本病。

3. 防治方法

本病目前无特效治疗药物，主要平时加强饲养管理和搞好清洁卫生和消毒，因雏鸵鸟对新城疫易感，在雏鸵鸟9～14日龄时需接种新城疫Ⅱ系疫苗，经3周加强免疫1次，然后每月接种1次（注：此免疫程序仅限于雏鸟期）。日常饲养管理工作中细心观察雏

鸵鸟的活动情况、精神状况、饮食和粪尿情况，按"早、快、严、小"的原则，使疫病尽快得到控制，疫雏发病早期得到及时隔离。治疗用高免血清的血凝抑制抗体，效价在 1∶128 以上时用大剂量有一定疗效；或用效价在 1∶128 以上的高免卵黄抗体也有一定疗效。严重病鸵鸟淘汰，对病鸵鸟进行无害化处理，并对鸟舍环境、用具等进行彻底消毒。

（二）梭菌性肠炎

本病主要是由韦氏梭菌和鹌鹑梭菌引起的一种以坏死性肠炎和肠毒血症为特征的传染病。患病和带菌动物的分泌物和排泄物污染饲料、草地、土壤等，是重要病源，主要通过消化道、呼吸道甚至皮肤感染。饲养管理不善，卫生条件差可诱发本病。各种年龄的鸵鸟均可感染，而幼鸵鸟更易感染发病。

1. 症状

病鸵鸟表现为羽毛松乱，精神萎靡，体温升高，两翅和头下垂，食欲减退，有时下痢，病后期衰竭、麻痹、站立不起，病重者发病 8～13 天后死亡。多数转为慢性型而逐渐痊愈。

剖检可见腹部膨胀，肠管鼓气，肠壁菲薄，黏膜出血，并间有溃疡灶，甚至有弥漫性坏死灶或覆有伪膜，并混有水样或血样黏液。肝脏土黄色有坏死灶。脾脏充血肿大，有出血点和坏死灶。

2. 诊断

根据临床症状和病变特征可做初步诊断。可采集病料在实验室进行各项检查，综合分析判断确诊本病。

3. 防治方法

改善鸵鸟的饲养管理条件，日粮中添加新鲜清洁的富含粗纤维的青饲料，搞好饲料和饮水清洁卫生和消毒，并注射疫苗或用高免血清做紧急接种。治疗可采用单价或多价梭菌高免血清，育成鸵鸟每只 3～20 毫升，成鸵鸟每只 20～25 毫升，皮下注射，24 小时后重注 1 次。

（三）鸵鸟沙门杆菌病

鸵鸟沙门杆菌病是重要的蛋媒疾病之一。沙门杆菌对卵泡具有

亲嗜性，经蛋垂直传播是最主要的途径，在孵化时可引起比较敏感的雏鸵鸟群大批死亡。

种鸟感染后一般不出现外表症状，但可长期带菌，受污染的种蛋在孵化的后期多出现死胎，有的啄壳后死亡，且在出壳后的两周内发病率和死亡率较高，常见于第 6 天和第 10 天之间；随着日龄增长，鸵鸟的发病率和死亡率逐渐降低，一月龄以上的鸵鸟很少因感染沙门杆菌死亡。

1. 症状

鸵鸟沙门杆菌病引起鸵鸟发生肝炎和肠炎（常常发现鸵鸟纤维素性浆膜炎、纤维素性坏死性肠炎和结肠炎），患病鸵鸟精神沉郁，食欲下降或废绝等。

胚胎在孵化器内死亡或雏鸵鸟在孵化后几天内发病死亡是经蛋感染或在孵化器内感染引起。病雏临床表现为羽毛不整，精神委顿，有的排出绿色或白色粪便，个别鸟粪便附着于肛门附近，形成"粘肛"，或在取暖灯、红外线烤灯等下打堆，病程稍长就产生虚弱、消瘦、脱水。育雏舍和出雏器中的蛋壳内有白色分泌物和特异气味。

剖检啄壳后死亡的鸟胎 4 只，7 日龄的雏鸟 7 只，14 日龄的雏鸟 11 只。其中主要变化为脐带炎、脐孔闭合不全、卵黄吸收不良，外观呈黄绿色，内容物稀薄；肝脏肿大，质脆，有的呈条纹状出血，有的呈灰白色，甚至整个呈泥黄色的坏死灶；脾脏肿大，充血、出血；肾脏瘀血；肠道有出血性炎症。

2. 诊断

根据流行特点、临床症状和剖检变化初诊为鸵鸟沙门杆菌病，进一步进行实验室细菌分离鉴定。

（1）镜检　取病死鸵鸟的肝脏涂片，染色，镜检发现两端稍圆的细杆菌，革兰氏染色呈阴性。

（2）细菌分离培养　将病死鸵鸟肝脏接种于麦康凯培养基，经37℃ 24 小时培养，出现圆形菌落，直径不同，一般为 1～2 毫米，呈分散状，细小光滑，均一完整，隆起湿润，无色透明，边缘整齐。

（3）纯培养　挑取麦康凯培养基上的单一菌落，接种肉汤培养基，进行 24 小时增菌纯培养后，出现没有菌膜和极少沉淀的均匀一致浑浊。

（4）生化鉴定　将培养 8 小时的肉汤培养物分别接种五糖发酵管。经 24 小时培养后，该菌分解葡萄糖、麦芽糖、甘露醇并产酸产气，不分解乳糖和蔗糖。

（5）确诊　根据上述系列综合诊断为鸵鸟沙门杆菌病。

3. 防治方法

应用磺胺类药物、抗生素、呋喃类药物对鸵鸟沙门杆菌病进行防治，效果不明显。应用草药对鸵鸟沙门杆菌病进行防治收到明显效果。

其方剂主要有效成分为：金银花、黄芪、黄苹、蒲公英、大青叶、板蓝根、柴胡、淫羊藿、鱼腥草、连翘、荆芥、防风、破故纸、甘草、青蒿等。多种草药按比例混合，将混合后的草药粉碎，按一定比例添加于饲料中，以 15 天为一个疗程，连续饲喂 2～3 个疗程。喂药时间：种鸟在开产前一个半月左右；雏鸟在出壳第 5 天。喂药期间不加任何西药，可添加高效多种维生素、含硒微量元素等饲料添加剂。

（四）鸵鸟巴氏杆菌病

鸵鸟巴氏杆菌病由巴氏杆菌引起。

1. 症状

病鸟表现为精神不振，羽毛松乱，眼睛闭合，卧地不动或站立不稳。常有剧烈腹泻，粪便开始是水样和带白色，后变为绿色，并有黄色或褐色的黏液，有时排血便，肛门附近羽毛粘有粪便。体温升高达 45℃以上，口渴，饮水量增加，常张口，呼吸加速，常把头贴至墙壁，发出"咯咯"声。口有黏性分泌物流出，鼻腔分泌物增多。随病情加重，卧地不起，呼吸困难，死前常拍打翅膀或痉挛。

剖检可见全身性充血、瘀血和出血。皮下、腹部脂肪、腹膜有针尖至针头大小的出血点。心冠沟脂肪、心包膜有点状出血；气管

内黏液增多，有出血点；肺瘀血出血；肝脏肿大，色淡，稍硬、质脆，呈黄棕色，肝表面有数量不等的灰白色针尖大小的坏死点及针尖大到芝麻大出血点；十二指肠及小肠中段出血，内容物黏稠并呈鲜红色；雌鸟卵巢出血，腺胃乳头出血。

2. 诊断

根据流行病学特征、临床症状和剖检病变可做初步诊断。确诊需要在实验室用以下方法进行。

（1）涂片镜检　取病死鸟心血、肝、脾制成涂片，分别以革兰氏和瑞氏染色后镜检，可见涂片中革兰氏阴性、两极浓染的卵圆形小杆菌，瑞氏染色呈明显的两极着色。

（2）细菌培养　无菌操作采取病死鸟的肝组织为病料，接种于麦康凯培养基和鲜血琼脂培养基上，经 37℃ 培养 24 小时后观察：在麦康凯培养基上未见细菌生长；在鲜血琼脂培养基上见有灰色、湿润的露珠样的菌落生长，不溶血。用该菌落涂片，革兰氏染色镜检，结果同（1）。

（3）生化试验　分解葡萄糖、蔗糖、果糖，不能分解麦芽糖、乳糖、鼠李糖；明胶液化，靛基质、石蕊牛乳无变化。

（4）动物试验　取病死鸟肝、脾组织用无菌生理盐水制成 1∶10 混悬液，以每只 0.3 毫升接种于 5 只小白鼠腹腔内，48 小时内死亡 3 只，2 只存活不食，气喘。取死亡小白鼠的心血、肝、脾、肾涂片或触片，革兰氏染色、镜检，见两极浓染的球杆菌。

（5）药敏试验　该菌对氟苯尼考、恩诺沙星、环丙沙星、阿莫西林高敏，对强力霉素、氨苄西林中敏，对卡那霉素、庆大霉素、土霉素、青霉素低敏。

据以上结果，诊断为鸵鸟多杀性巴氏杆菌病。

3. 防治方法

重新换舍，在进鸟前进行彻底清扫，用生石灰消毒。饲槽、水槽、用具等均用 3% 苛性钠消毒，然后再用清水冲洗待用。换上厚 30 厘米的新垫草。以后每天清扫一次粪便和更换一次垫草，饲具每天消毒一次。按育成鸟日粮的配方，配制全价混合料，代谢能

11.30 兆焦/千克，粗蛋白质 17.7%，钙 1.12%，磷 0.75%；日饲喂量精料 1.5 千克/只，青饲料 2.5 千克/只。重症的鸵鸟单独饲养，立即肌内注射阿莫西林 10 毫克/千克体重，每日 2 次，连用 3 天。其余的鸵鸟在饲料中拌入氟苯尼考 200 毫克/千克，饮水中加入环丙沙星原粉 100 毫克/升，连用 5 天。同时，在饮水中加入多维葡萄糖维生素。

（五）鸵鸟痘病

鸵鸟痘病是由禽痘病毒引起的一种接触性传染病，主要以皮肤痘疹而后结痂脱落或在口腔黏膜或喉黏膜有纤维素性坏死炎症，常形成假膜（称禽白喉）为特征。病痘鸵鸟和带毒鸵鸟是主要传染源。该病病毒主要经呼吸道飞沫或皮肤接触传播。吸血昆虫和节肢动物均为该病的传播媒介。各种年龄的鸵鸟均可感染，主要侵害雏幼鸵鸟。一年四季均可发生，但以春秋两季为多发流行期。

1. 症状

根据病毒侵害和病变发生部位不同分为皮肤型、黏膜型和混合型 3 种。其中以皮肤型禽痘最多见。

（1）皮肤型　在鸵鸟身体无毛或少毛区如眼睑、头、颈、泄殖腔、翅内侧及腿等部位出现大小不同的痘疹，很快成为小水泡，逐渐形成结节样病变，随后形成褐色痂皮。3～4 周后脱落，形成凹陷，少则几个，多则密布头部。有痘病的雏鸵鸟具有精神不振，食欲减退，生长停滞等症状，一般死亡率低，易康复。

（2）黏膜型（又称白喉型）　病变发生于口、鼻、咽喉等部位黏膜上。被感染的黏膜表面形成不透明稍突起的小结节，结节扩大变成黄色干酪样的白喉性膜。眼部感染后眼睑充血和肿胀，眼分泌物增多，有的发生眼盲。口咽、食道和气管发炎，出现圆形黄色斑，覆有伪膜，随后结痂，由此发生呼吸困难，病鸟张口、伸颈、摇头和咳嗽。严重病例窒息死亡。

（3）混合型　即皮肤和黏膜同时被侵害，出现综合症状，病情重，死亡率高。

剖检可见主要病变在皮肤无毛和少毛部有痘疹、脓包、溃斑、结痂、黏膜痘灶见于口咽喉，气管多数覆有伪膜；严重病例肝、脾、肾肿大。

2. 诊断

皮肤型禽痘临床症状容易诊断。黏膜型禽痘需在病变部位的上皮细胞内找到特异性包涵体确诊本病。

3. 防治方法

本病目前尚无特效治疗药物。平时预防除搞好环境卫生，定时对舍、活动场地及所有器具等消毒外，对4～6周龄健康雏鸵鸟接种种禽痘弱毒疫苗。通常采用对症疗法。皮肤型禽痘先用1％高锰酸钾溶液擦洗发病部位，随后剥离痘痂，再涂上碘酊或龙胆紫等。眼部肿胀用2％硼酸溶液冲洗后滴上5％蛋白银溶液或金霉素眼膏。白喉型禽痘轻剥离假膜，用高锰酸钾溶液冲洗后涂上碘甘油。

（六）胃肠梗死

本病主要是由于对幼鸵鸟饲养不当引起的，如喂饲过于粗硬的青饲料，鸵鸟采食过多的难以消化的茎秆粗纤维或沙砾及其他异物而造成胃肠部有硬块阻塞。

1. 症状

病初病鸵鸟精神沉郁，离群呆立，眼半开半闭，食欲下降，表现为不爱吃饲料，营养不良，排粪少而干结，呈羊粪状，吞入较多难以消化物，食欲废绝，虽有啄食动作，但不停地摇头并将食物从嘴里甩出，颈部时见弯曲呈"S"状；触摸胃部有膨大硬块，腹壁紧张度增加，腹围增大。

2. 诊断

根据病史、临床症状和触诊检查可确诊胃阻塞。

3. 防治方法

平时要加强饲养管理，对幼鸵鸟饲喂鲜嫩易消化的营养丰富平衡的日粮、青饲料，且少喂多餐，禁喂茎秆粗纤维过多难以消化的饲料及异物，同时加强运动。治疗本病首先要少喂或停喂1～2天，

改喂易于消化的饲料。药物治疗可喂服液体石蜡或果导等。在灌服泻剂后，轻柔按摩胃部和腹部，每次数分钟，然后轻赶鸵鸟活动30分钟左右，每天2～3次。严重病鸟给予输液，如葡萄糖生理盐水；难以用药物治疗者可以在病鸟胃部采用外科手术疗法切开肌胃取出硬块，清除阻塞物后缝合，术后应加强护理。

（七）"X"形或"O"形腿

1. 症状

出雏器空间太大或底部太滑以及运动场太滑，可造成幼鸵鸟两腿过分分开，或幼鸵鸟增重过快，腿部承受重量增大，造成腿部变形进而形成"X"形或"O"形腿。

2. 防治方法

加强饲养管理，要控制幼鸵鸟的增重速度，保证饲料的营养平衡，出雏器和运动场使用防滑材料，防止造成幼鸵鸟腿部损伤。用夹板固定病鸟两腿的跗趾骨，以辅助复位。

（八）外伤

幼鸵鸟生长过程中碰撞围栏或相互碰撞以及突然挤在角落里互相踩踏等可造成损伤。

1. 症状

病鸵鸟主要表现精神不振，受伤部位肿胀，对受伤部位过分关注，走路姿势不正常。

2. 防治方法

平时要对幼鸵鸟精心管理，受伤部位消毒以后擦红花油、正骨水、云南白药等。严重受伤必要时注射抗生素。腿部损伤变形的鸵鸟应用胶带绑扎以助其姿势恢复正常。

九、乌鸡常见疾病防治

（一）乌鸡新城疫

乌鸡新城疫俗称鸡瘟，是由副黏病毒引起的一种急性败血性传

染病，该病具有高度传染性，病鸡的血液和分泌物及粪等都含有大量病毒。该病通过病乌鸡和健康乌鸡直接接触，由消化道或呼吸道传染。宰杀病乌鸡的污水及病乌鸡使用过的食具、饮器等都能传播疾病。该病一年四季均可发生，多发生在春秋两季，发病急，死亡率高。雏乌鸡发病多为急性发作，死亡率最高。

1. 症状

该病自然感染的潜伏期为 2～7 天，有最急性型、急性型和慢性型之分。

（1）最急性型　突然发病，常见不到明显症状，除少数病乌鸡精神不振有些呆立，多数病乌鸡突然倒地死亡。

（2）急性型　主要表现为体温升高达 44℃（正常乌鸡体温 40.5～42℃）精神萎靡，羽毛松乱，头缩尾垂，闭眼打瞌睡，不爱活动，废食，鸡冠和肉髯变成黑紫色，呼吸困难，常伸头张嘴呼吸，并发出"咯咯"的叫声，嗉囊里有积液并排出酸臭的黏液，口鼻流液，排黄绿色或灰白色恶臭粪便，最后体温下降，昏迷死亡。病程 2～5 天。

（3）亚急性或转为慢性型　病乌鸡表现出神经症状，如头颈下垂或向一侧扭转或后仰，有的伏地转圈，有的行走转圈或倒退，有的翅膀及腿部麻痹瘫痪不能站立，有的腹泻。亚急性病程可达 10 天以上，多数死亡；少数病乌鸡自愈转为慢性，但后遗神经症状数日不愈，逐渐消瘦衰竭死亡；也有逐渐恢复为健康乌鸡的病例。

剖检病死乌鸡消化道出现卡他性出血，尤以腺胃黏膜肿胀，常有大小不等出血点或浓稠黏液，腺胃黏膜乳头出血。盲肠和直肠黏膜条纹状出血。慢性型可见纤维素性坏死点。在呼吸道、鼻腔、喉头和气管积有污秽黏液，其黏膜充血和出血。肺有时积瘀血或水肿。心冠脂肪有细小如针尖大的出血点。

2. 诊断

根据流行病学、临床症状和病变做出初步诊断。确诊需要进行病毒分离和血清学实验。

3. 防治方法

该病目前尚无确实有效的治疗药物。如果已经发生鸡瘟疫可以

采取紧急防疫接种的方法。另外可以试用以下两种对症防治方法：①取 1 粒巴豆（3～5 只瘟鸡用量），去壳研碎后加入适量糖蜜拌入饲料内喂服，1 日 3 次，连喂 3 天；②痢特灵 1 份，黄连素和明矾各半份，一起研碎混合均匀后加水灌服，每千克体重日用量 5 毫克。

（二）乌鸡禽霍乱

乌鸡禽霍乱又称出血性败血症，是由禽多杀性巴氏杆菌引起的一种急性败血性传染病。主要传染源是带菌的家禽。传播途径是由病禽带菌的排泄物、分泌物污染饲料、饮水、用具或场地，经过消化道或呼吸道传染。夏秋季鸡舍不卫生，阴湿或家禽营养不良等均易促使发病。禽霍乱发病急、病程短、死亡快，而且发病率高，危害性大。鸡、鸭、鹅等都可感染。

1. 症状

按病程长短分为最急性型、急性型、亚急性型和慢性型四种。

（1）最急性型　病鸡几乎看不到任何症状就突然倒地很快死去；有的病禽则是晚上进笼进窝前吃食，次日晨就在窝笼内死亡。

（2）急性型　病鸡先精神委顿，不爱活动，缩头弯颈，闭眼呆立，食欲减退至废食，口渴，羽毛松乱，双翅和尾下垂，体温高达 43～44℃，口、鼻有浆液性黏液流出，排出黄灰白色或淡绿色稀粪，鸡冠和肉垂呈暗红色或紫黑色，肉垂肿胀，呼吸急促，张口伸颈，摇头，一般 1～3 天后死亡。

（3）亚急性或慢性型　大多数出现在流行后期，是由急性型转为慢性型。表现为病禽久痢不止，消瘦，关节肿胀和化脓，跛行或不能行走，鸡冠和肉垂肿大变硬，有的病鸡因鼻流黏液和喉部积蓄分泌物而影响呼吸。病鸡常到几周后死亡，或不死但成为带菌者。

剖检病死的鸡内脏，可见肝肿大，肝表面散布许多针头大小的灰白色和灰黄色坏死点。

2. 诊断

根据流行发病情况、临床症状和有一定特征性病变可做初步诊

断。确诊需要进行病原体的分离鉴定和实验动物发病实验。诊断时应与鸡伤寒等相区别。

3. 防治方法

用喹乙醇，按每千克体重 1 次投服 20～30 毫克，或灭败灵按每千克体重肌内注射 2～3 毫升，1～2 次。严重病例可用抗生素疗法，如用土霉素或四环素，用量可按每千克体重 100 毫克肌内注射。成鸡体重 1.5 千克以上，肌内注射 100 毫克。如用磺胺药物治疗，常用磺胺噻唑和磺胺二甲基嘧啶等药物，按饲料总量的 0.5% 加入饲料中或饮水中混合 0.1%，连喂 3～4 天。

（三）乌鸡马立克氏病

该病又名鸡麻痹病，是乌鸡的一种病毒引起的传染病。病原为一种含 DNA 的疱疹病毒。病鸡与带菌鸡为主要传染源，病鸡的排泄物和分泌物中可含病毒，能够污染饲料、饮水和环境。易感鸡通过直接或间接的接触而感染。主要传播途径为空气、垫草，有些鸡通过脱毛、换毛、皮屑和周围环境污染而传播。一般以 3～4 周龄雏乌鸡自然感染发病，多发生于 1～5 周龄小乌鸡。乌鸡对该病易感，以 1 日龄雏乌鸡最为敏感，随着鸡龄增长易感性降低。

1. 症状

按病变发生和临床症状可将该病分为神经型、眼型、内脏型和皮肤型四种。

（1）神经型　表现为运动障碍或失调，先一肢或两肢发生不全麻痹，1 只脚伸向前 1 只脚伸向后呈劈叉姿势。轻者步态不稳，重者伏地不能站立；有的病鸡头部下垂或颈部歪斜，有的病乌鸡出现嗉囊麻痹或扩张以及呼吸困难；有的病乌鸡有拉稀症状等。

（2）眼型　由于眼球虹膜受损以致丧失对光线的调节能力，瞳孔收缩，仅留一个针头大小的小孔。

（3）内脏型　呈急性型。病鸡表现精神沉郁，不食，突然死亡。

（4）皮肤型　起初表现为翅垂、头垂、颈歪，随后局部皮肤毛

囊形成小结或瘤状物。此外，乌鸡患病后体重减轻，出现极度消瘦及腹泻等症状。

剖检主要病变见于内脏器官。腺胃肿大，胃壁增厚而内脏变小，腺胃乳头有小结节样肿胀或溃疡。肝强度肿大，表面有大小不等的灰白色肿瘤结节。内部可见神经粗肿，有单个或多个淋巴性肿瘤病灶。

2. 诊断

根据流行病情况、临床症状和病变可做出初步诊断。诊断时应与法氏囊病等相区别。确诊需进行病理组织学检查和用标准马立克氏病阳性血清进行琼脂扩散试验。

3. 防治方法

该病目前尚无特效的治疗药物，主要做好卫生工作和加强检疫。我国已初步研制成功火鸡疱疹病毒冻干疫苗，可用于预防该病，1～3周龄雏鸡皮下注射稀释疫苗0.2毫升，免疫期5个月。

(四) 乌鸡禽伤寒

乌鸡禽伤寒是由沙门杆菌引起的一种败血性传染病。病源主要有病鸡和带菌鸡，其粪中有病菌，会污染饲料、饮水、用具、土壤、垫草等。病菌主要经消化道和眼结膜等途径感染或鸡蛋通过孵化传染给雏鸡。苍蝇、野鸟也能传播该病。多发生于3周龄以上的成鸡。

1. 症状

该病潜伏期4～5天。病鸡表现为精神委顿，羽毛松乱，离群独栖，不爱活动，继而头翅下垂，鸡冠和肉垂苍白，败血性鸡冠肉垂呈红黑色，头垂常肿热，不食、口渴、体温升达43～44℃，排出淡黄色或绿色稀粪，一般经过2～3天死亡，多的可达5天。病后期急性不死的转为慢性，表现精神不振、食欲减退、生长发育不良，有不同程度的腹泻、消瘦等症状。多见于成年病鸡，病程延续达数周，少数死亡。产蛋量减少或停止。

剖检急性病例通常无明显病变。病程较长的病例，内脏可见肝

脾肿大，充血，棕黄色带绿色。亚急性和慢性病例肝呈古铜色，有灰白色坏死点，胆囊扩张，有慢性卡他性肠炎症。肾脏肿大、充血，有时见有黄色斑点。心包发炎，心包膜增厚与心脏粘连。

2. 诊断

根据流行发病情况、特征性症状和病变可做初步诊断。诊断时与鸡白痢、副伤寒相区别。确诊需进行实验室检查。

3. 防治方法

用痢特灵研末，在饲料中加入0.01％～0.04％或饮水中加入0.01％～0.02％。或每千克饲料中加入氟哌酸100～200毫克，连用3～5天。或用磺胺二甲基嘧啶0.5％添加于饲料中和0.1％混合于饮水中，每日1次，连喂5～7天。严重病例可用卡那霉素，小鸡每只每日1毫升，中年鸡和成年鸡每只每日2～4毫升，分成两次进行肌内注射。早期治疗轻症病例用20％大蒜浸出液拌料喂服，小鸡每只每次0.5～1毫升，中年鸡每只每次2～6毫升，每日2～3次，连喂几天有效。新鲜马齿苋捣烂取汁拌料喂服也有疗效。

（五）雏乌鸡白痢病

雏乌鸡白痢病是雏乌鸡最常见的一种急性、败血性传染病。病源是沙门氏菌。该病的主要传染源是病鸡和带菌鸡的排泄物，经消化道和呼吸道传染。患病公鸡的睾丸、精液和成年母鸡的卵巢、输卵管等处都含有病菌，可以通过配种和蛋传染。若对雏鸡饲养管理不当，鸡舍养鸡密度过大、过于拥挤，育雏室内的温度过低或过高，舍内场地潮湿、环境污秽，饲料养分不足，都能诱发该病。该病在2周龄以内的雏鸡中最为流行，多发生于孵出不久的雏鸡。死亡率较高，20～45日龄的病鸡呈亚急性经过；成年鸡为慢性或隐性感染。

1. 症状

雏鸡发病呆立，精神委顿，蜷体畏寒，常堆挤在一起，沉郁和昏睡，翅膀下垂，出现下痢，排出粉白色或淡黄、淡绿色稀粪，并污染泄殖腔周围的绒毛或粪便堵塞泄殖腔。病鸡后期呼吸困难衰竭

死亡。多发生于出壳1～2周的雏鸡。成年鸡通常不出现明显症状，也有少数表现沉郁、厌食、鸡冠和肉垂苍白，常有腹泻，病程1～5日，一般死亡很少。

剖检可见主要病变在肠、脾和肝脏。可见卡他性肠炎，盲肠肿胀，肠壁增厚，黏膜充血、出血和脱落，可见干酪样灰白色盲肠芯；脾肿大；肝表面散布白色小坏死灶。

2. 诊断

根据流行病学、临床症状和病变可做初步诊断。诊断时应与鸡伤寒、副伤寒相区别。确诊需进行病原菌的分离和鉴定。

3. 防治方法

用呋喃唑酮（痢特灵）研末后按0.01％～0.04％加入饲料中喂服，连喂1周。或用20％大蒜汁1份，加5份清水，每只病鸡滴服0.5～1毫升，每天3～4次。严重者用庆大霉素1万单位/千克体重或卡那霉素20～30毫克/千克体重肌内注射，连用3天。或用土霉素或四环素，用量可按每千克体重100毫克肌内注射，大群鸡治疗时，可在每千克饲料中添加土霉素4～7克，连喂5～7天。或用磺胺增效剂（DVD）与磺胺甲基嘧啶，按1：5混合，再将此合剂按0.02％与饲料混合喂鸡，一般雏鸡每天用合剂5～20毫克，有一定的防治效果。

（六）乌鸡传染性法氏囊病

乌鸡传染性法氏囊病又叫腔上囊炎，是法氏囊炎病毒引起的一种急性高度接触性传染病。其特征是排出白色稀粪，法氏囊肿大，浆膜下有胶冻样水肿液。该病主要侵害3～5周龄雏鸡的体液免疫中枢器官——法氏囊；法氏囊已退化的成年鸡发生隐性感染。每年4～6月是该病多发季节。该病传染快，流行广。

1. 症状

该病潜伏期为2～3天。鸡群中有少数病鸡初调头啄自己的肛门，这可能是法氏囊痛痒之故。多数病鸡出现减食，羽毛松乱，无光泽，缩颈，嘴插入羽毛中或用嘴撑地打盹等现象。病鸡间接性排

出白色水样或米汤样的稀粪，法氏囊肿大，损伤，肌肉出血；严重者法氏囊呈紫黑色，病程多在 1 周左右。不死的病鸡日后生长不良，抵抗力明显下降，极易感染其他疾病。

剖检可见特征性病变：法氏囊肿胀，内有黄色干酪状或奶样物。黏膜褶皱有出血点或斑。个别病例可见法氏囊中呈紫黑色，整个腔中充血，出血似葡萄样，病鸡腿部、腹部及胸部肌肉常见出血条纹或出血斑；肾肿呈褐红色；胃的乳头周围常见出血；泄殖腔黏膜常见出血；盲肠、扁桃体常见肿大、出血。

2. 诊断

根据该病流行特点、临床症状和病变可初步诊断。诊断时应与新城疫、马立克氏病、鸡白痢相区别。确诊需进行实验室诊断。病变简易实验室诊断时采用琼脂扩散实验。

3. 防治方法

发病初期或同群尚未发病的健康乌鸡，全部注射法氏囊病高免血清卵黄抗体 0.5～1 毫升进行紧急预防和治疗，能收到良好的效果。若疑有细菌性疾病并发症感染，可适当使用抗菌药物，如选用庆大霉素或氨苄青霉素，同时添加多种维生素。也可用禽菌灵粉拌料，每千克体重 0.6 克/天，连用 3～5 天。

（七）乌鸡痘

乌鸡痘是由禽痘病毒引起的一种急性、热性、接触性传染病。患禽脱落的禽痘痂皮是主要传染源。传染途径为消化道、呼吸道和损伤的皮肤黏膜。蚊子等血吸虫也是传播该病病毒的媒介。一年四季均可发生，但以秋冬两季最易流行。传播快，发病率高，特别是鸡群密度过大，鸡舍通风不良，卫生条件差及日粮中维生素含量不足时更易发病。

1. 症状

该病自然感染的潜伏期为 4～10 天。根据该病发病部位分为皮肤型、黏膜型和混合型。

（1）皮肤型　皮肤型是常见的病型，多发生于幼鸡，此型鸡痘

似皮肤，尤其是头部皮肤，两翼内侧腿脚和泄殖腔孔等处出现痘疹，初期有灰白色麸皮状覆盖物，并很快变成小结节，由灰白色变为灰黄色，经1～2天后，结节互相融合形成棕褐色大结痂。

（2）黏膜型　多发于青年鸡和成年鸡，症状主要是口腔咽喉黏膜发生纤维素状坏死性炎症，常形成一层黄白色豆腐渣样的假膜，称"白喉型"鸡痘。患鸡采食困难，张口呼吸。

（3）混合型　病鸡头部皮肤出现痘疹，同时口腔发生白喉样病变，病鸡体重减轻，败血性鸡痘严重病例可致死亡，但很少发生。

剖检除可见体表皮肤和口腔黏膜出现白喉样病变，还可延伸至气管、食道和肠道。肠黏膜有小点出血，肝、脾、肾常肿大，心肌有时呈实质性变性。

2. 诊断

根据该病流行特点、临床症状和病变可做出初步诊断。诊断时应与新城疫病相区别。确诊需采集病料在实验室由琼脂扩散试验等进行病毒的分离与鉴定。

3. 防治方法

该病可采用对症治疗法。皮肤型鸡痘，用消毒镊子剥离患部痂膜，伤口涂抹碘酒或龙胆紫。黏膜型鸡痘可将口腔和咽部的假膜斑块用小刀小心剥离后涂抹碘甘油（碘化钾10克，碘片5克，甘油20毫升，混匀后加上蒸馏水100毫升）。剥下来的痂膜烂斑要集中烧掉。眼内的肿块用2%硼酸溶液冲洗消毒。为了防止继发感染，除局部治疗外，每千克饲料加土霉素2克拌料，连喂5～7天。

（八）禽流感

禽流行性感冒简称禽流感，是由A型流感病毒引起的禽类传染病，主要发生在鸡、鸭、鹅、鸽子等身上。按病原体的类型可分为高致病性、低致病性和非致病性三大类。高致病性禽流感因传播快、危害大，被世界卫生组织列为A类动物疫病，我国将其列为一类动物疫病。禽流感的自然感染过程复杂，传染源较多，主要是其他种类的家禽，如鸭、鹅、野外野生禽类，特别是迁徙性的水禽，也有其他动物。中国禽病专家认为候鸟过冬迁徙可能是亚洲禽流感传播的原因。禽流感病毒存在于禽和感染禽等消化道、呼吸道和禽体脏器组织中，病禽的分泌物、排泄物（特别是感染禽能从粪便中排出大量病毒，污染一切物品，如饲养管理器具、设备、蛋盘、蛋筐、受精工具、动物、饲料、饮水、垫草、衣物）、运输车辆等均可成为病原的机械性传播媒介。禽流感的发病率、病死率以及临诊表现受多种因素的影响。它们既与禽的种类和易感性有关，又与病毒株的毒力有关，还与禽的年龄、性别与环境因素、饲料管理状况有关。饲养管理不当、鸡群状况不良等环境因素可使病情加重，发生并发感染，可使病死率上升。禽流感一年四季均可发生，多数发生在冬、春季节，由于阳光下禽流感病毒只能存活 24～48 小时，随着天气转暖，光照充足，气温升高，禽流感疫情将逐渐趋缓。毒株的影响较为突出，高致病力的毒株引起的禽流感流行病死亡率高达 100%。

1. 症状

该病的潜伏期为 3～5 天，高致病力毒株感染的潜伏期较短。急性型禽流感病鸡病程很短，常没有表现任何症状突然死亡。一般病程较长的可见病鸡精神委顿，头及翅膀下垂，闭目呆立，羽毛松乱，不爱活动，冠、髯和眼周围呈黑红色，头颈水肿，眼结膜发炎、充血、肿胀。分泌物增多，鼻腔流出灰色或红色渗出物，口腔黏膜有出血点，脚鳞出现紫色出血斑。有时出现腹泻，粪便呈灰绿色或红色。病后期出现神经症状，头、腿麻痹，有时摇动头部，企图甩出黏液，或发出特殊的叫声，抽搐，最后极度衰竭，病鸡临死前呈昏迷状态，体温急剧下降至 35℃ 以下，急性型禽流感病鸡死亡率很高，有时达到 100%。中、低致病力毒株感染的病鸡常缺乏特征性的临床症状，常以呼吸道症状、产蛋率及孵化率下降为主要特征，如咳嗽、喷嚏、张口呼吸，并有呼吸啰音、流泪、流鼻涕，汁干后阻塞鼻孔，加重呼吸困难，后期病鸡眼潮红肿大，并出现甩头现象。病鸡群有少数死亡。产蛋病鸡有轻度张口呼吸等呼吸困难症状，产蛋率下降，蛋壳褪色，沙壳蛋增多，也会产生畸形蛋，甚

至完全停止产蛋。

禽流感主要表现在腺体出血，并且有脓性分泌物，肌胃也有条状出血。十二指肠淋巴滤泡肿胀，但没有出血点，主要表现是整个十二指肠弥漫性出血，肝脏肿大、瘀血，有的甚至破裂。肾脏肿大、出血。病禽气管出血严重，并且有黏液。腹膜、胸膜、心包膜、心外膜、气囊及卵黄囊均有出血、充血。产蛋母病鸡往往见卵巢萎缩和输卵管退化。高毒力禽流感感染的家鸡眼病变最为广泛，并在气囊、输卵管、心包囊或眼结膜上见到纤维素性渗出物，充满渗出液；在皮肤上可见鸡冠、肉垂及许多部位充血、水肿和出血。

2. 诊断

根据流行病学和临床表现可做初步诊断，主要根据实验室检测（选用细胞培养分离法、鸡胚接种分离法等进行病原的分离和血清学的检查）结果确诊。对该病的诊断应注意与鸡新城疫、禽霍乱和鸡传染性法氏囊病等相似症状相区别。

3. 防治方法

该病目前尚无特效治疗药物。抗生素仅可以控制并发的细菌和继发的细菌感染。目前治疗禽流感的有效药物主要是抗病毒类药物，如达菲，但必须在感染病毒后 48 小时内进行治疗，疗程 5 天，每天 2 粒。

（九）乌鸡麻痹症

乌鸡麻痹症，是由病毒引起的一种一肢或两肢发生麻痹的传染病，一年四季都能发生。随着年龄增长，乌鸡的发病率和易感性逐渐降低。其病原通过呼吸道和消化道传染。

1. 症状

病鸡表现为神经型、内脏型、眼型和皮肤型 4 种。一般症状为一肢或两肢发生麻痹，走路不稳，以后蹲伏，在地上不能走动。由于神经所受损害不同，有的表现两腿劈叉，翅膀下垂，头颈歪斜，嗉囊扩张，呼吸困难；有的发生瞎眼；还有的营养不良，消瘦，贫血，下痢，最后饥饿而死。

2. 防治方法

此病尚无防治方法，发现病鸡，立即隔离淘汰，彻底消毒；成年鸡与雏鸡分开饲养，严格隔离；定期接种火鸡疱疹病毒疫苗；定期驱虫，以提高抗病力。

（十）乌鸡曲霉菌病

乌鸡曲霉菌病又称乌鸡霉菌性肺炎，是由多种霉菌引起的呼吸道疾病，该病病原主要是曲霉菌属的烟曲霉菌、黄曲霉菌、黑曲霉菌等，均属需氧菌。在适宜的温度下，饲料20～30小时就会形成白色绒毛状菌落，后变为淡绿色、蓝绿色以及黑色，菌落成熟后随风飘扬，菌体被健康乌鸡吸入或食入，就会感染曲霉菌病，多种家禽都可以感染，特别是幼乌鸡的鸡舍通风不良、拥挤、潮湿及营养不良条件下，最易感染。夏季是各种霉菌繁殖生长的旺季，更是家禽曲霉菌病流行危害最严重的季节，尤其是幼雏的发病率和死亡率高。

1. 症状

乌鸡感染后表现为食欲减退，生长停滞，发育不良，逐渐消瘦衰弱，贫血，鸡冠呈苍白色，常拉白色稀粪，羽毛蓬松，翅膀下垂，闭眼，缩颈，站立于一隅，有的病禽呼吸困难，呈胸腹式呼吸，气管有啰音；后期不食，下痢，昏迷而死。病程：急性者7天左右死亡，慢性者1～2个月。

剖检急性中毒乌鸡，最显著的症状是肝肿大，色泽苍白，有出血斑点。亚急性和慢性中毒者肝硬化，胆囊肿大，常充满稀薄的胆汁；肾稍肿，呈苍白色；胰腺常见出血点；胸部皮下及肌肉常见出血；小肠黏膜可见卡他性炎症。

2. 诊断

根据该病流行特点、临床症状、剖检变化综合分析饲料、垫料等情况可以做出初步诊断。确诊需进行实验室检查。

3. 防治方法

（1）草药疗法　鱼腥草100克，蒲公英、羊乳各60克，筋骨

草、桔梗各 20 克，研磨混饲（100 只 10～20 日龄雏乌鸡用量）。

（2）西药疗法　①用制霉菌素治疗，用量：雏禽每 100 只 50 万单位，每日 2 次，连服 2 日；②0.5％～1％碘化钾每只每次 3～8 毫克，每日 3 次，连服 2～3 天；③1：3000 硫酸铜溶液，每只每次 4～6 毫升，连服 3～5 天。

（十一）乌鸡球虫病

乌鸡球虫病是由艾美尔属球虫（有 40 多种，虫体很小，成虫寄生于小肠和盲肠黏膜上）引起的。鸡球虫从感染、幼虫发育到成虫需要 35～55 天。在大群饲养情况下，球虫病时常影响鸡的发育，甚至引起大批的死亡。常发生于 2～4 月龄的鸡，雏鸡和 3 个月以下的青年鸡被寄生球虫时数量往往较多。蛋鸡极易患寄生虫病。成年鸡多属轻度感染，多为带虫者。

1. 症状

鸡小肠内有大量大型线虫寄生时，病鸡表现为精神委顿，行动迟缓，食欲减退，羽毛松乱，翅膀下垂，鸡冠苍白，黏膜贫血，消化机能障碍，下痢与便秘交替发生，有时稀粪中带有血黏液。病鸡生长不良，逐渐消瘦，最后瘦弱死亡。成年鸡一般不呈现症状，严重感染时出现腹泻黏膜，贫血和产蛋率下降。若球虫大量积聚可堵塞肠道，造成肠穿孔，且易患腹膜炎而死亡。

剖检：患鸡肠黏膜有出血、小结节及肠炎等变化。在肠腔内有鸡球虫寄生。肝有瘀血，鸡体消瘦。

2. 诊断

根据临床症状和剖检在肠腔内有球虫体寄生及用直接涂片法和浮卵法在鸡粪中发现鸡球虫卵即可确诊。

3. 防治方法

（1）验方疗法　①烟草粉（烟叶烤干碾成粉末），按饲料量的 2％均匀搅拌于饲料中让鸡自由采食，每天 2 次，连喂 7 天，1 月后再重复驱虫 1 次；②使君子 1 粒碾成粉末均匀混料，供 2 只鸡用，每天 1 次采食；③用硫黄 5 克（8 只鸡用量）均匀拌料喂服。

（2）玻璃注射器连接一条7～9厘米长的细胶管（或人导尿管），由体外将细管插入嗉囊内注射纯品汽油，按每千克体重3～4毫升，治疗应在早晨家禽空腹时进行。

（3）西药疗法　西药抗球虫药物较多，乌鸡球虫病用氯苯胍治疗对多种鸡球虫病有疗效。该药毒性较小，剂量为每千克体重用33毫克，混料给药。急性球虫病暴发时每千克体重用66毫克，1～2周后改用每千克体重33毫克。用氯苯胍喂鸡时，鸡蛋和鸡肉会产生异味，因此，在鸡屠宰前5～7天要停药。

（十二）乌鸡蛔虫病

乌鸡蛔虫病是因禽蛔科、鸡蛔虫属的蛔虫寄生于乌鸡小肠内而引起的疾病。雌虫在鸡体小肠内产卵后，卵随鸡的粪便排出体外，在外界适宜的温度（20～25℃）和湿度条件下发育成内含幼虫的感染性卵。乌鸡采食被感染性卵污染的饲料、饮水等而受到感染。幼虫在鸡消化道内由卵壳内释出，钻入十二指肠黏膜进一步发育，到17～18天时幼虫又回到鸡肠腔内发育成熟，交配产卵。从感染开始到发育成成虫需约35～55天，虫体寿命约9～12个月。该病3月龄以下的青年鸡易感性较强，5～6月龄乌鸡有较强抵抗力。

1. 症状

乌鸡肠道内有少量蛔虫寄生时，一般不见明显症状，蛔虫变成大型线虫且寄生数量较多时出现症状。病鸡表现为精神萎靡，常呆立不动，羽毛松乱，翅膀下垂，鸡冠发白，黏膜贫血，鸡体消瘦，发育不良，食欲减退，下痢与便秘交替发生，有时稀粪中带混血黏液，鸡体逐渐衰弱而死。成年乌鸡多属轻度感染，一般不表现症状，多为带虫者，严重寄生蛔虫时，也会出现腹泻贫血，母乌鸡产蛋减少。

剖检常见病鸡尸体明显贫血、消瘦，肠黏膜充血、肿胀、发炎和出血；局部组织增生，蛔虫多拧集，在肠内阻塞肠道。

2. 诊断

该病根据乌鸡粪中发现自然排泄出的虫体或镜检病鸡粪便检出

蛔虫卵即可确诊。

3. 防治方法

(1) 中药疗法　用使君子 1 粒，研成粉；或用槟榔 5 克，石榴皮 25 克，共煎水早晨空腹灌服（两只鸡 1 次用药量）。

(2) 西药疗法　①驱虫净，每千克体重 40～50 毫克，混拌，1 次喂服；②驱蛔灵，每千克体重 0.2 克，将药物研碎均匀拌入饲料，1 次喂服，让鸡自由采食；或用丙硫苯咪唑（抗蠕敏片），每千克体重 0.2 克。

（十三）乌鸡螨（疥螨虫）

乌鸡螨（疥螨虫）又称禽螨、红螨、灰螨及栖螨，是属于蛛形纲的家禽体外寄生虫，虫体一般为 0.3～1 毫米。

1. 刺皮螨

刺皮螨又称红螨或栖架螨，吸血后体长 1.5 毫米，背板为一整块。虫体呈椭圆形，体前部有 4 对肢，虫体原是灰红色，吸血后体内含有吸吮的血液，所以外观呈红色。白天潜于墙壁，笼架的缝隙中，产卵繁殖，夜晚爬到鸡体上叮咬刺皮吸血，每次 1 个多小时，吸饱后离开。当鸡受到大量刺皮螨侵扰和吸血，日渐消瘦、贫血。幼鸡发育受阻，失血严重时可引起死亡。成年母鸡产蛋量减少。鸡刺皮螨是鸡体常见的一种螨。

2. 突变膝螨

突变膝螨又称鳞脚螨，虫体很小，雄虫长 0.195～0.200 毫米，雌虫长 0.408～0.440 毫米，近似圆形，腿极短，表皮上具有明显的条纹。寄生于成鸡的脚趾的鳞片下皮肤深层产卵繁殖，不离开使患部先起鳞片，皮肤增生而粗糙，外观上使脚极度肿大，裂缝流出大量炎性渗出液，干燥后形成一种灰白色的痂皮，好像附上一层石灰，因而又称石灰脚，如不及时治疗可引起关节炎、趾骨坏死，从而发生畸形，病鸡行走困难，影响其采食、生长、产蛋。鸡对鳞脚螨感染力不强。

3. 林禽刺螨

林禽刺螨又称北方羽螨，成虫形态似鸡刺皮螨，虫体呈长椭圆

形，背板呈纺锤形。从幼虫生长到成虫均寄生附在鸡体上吸血，严重感染时使羽色变黑，肛门周围皮肤结痂皲裂。严重感染的鸡贫血、消瘦，失血严重甚至死亡。幼鸡生长发育受阻，母鸡产蛋量减少。

4. 脱羽膝螨

成虫形态呈球形，常生长于鸡羽毛根部，危害多在夏季，引起寄生部位剧烈瘙痒，致使鸡自啄大量羽毛。

防治方法：①将鸡体寄生螨脚泡入温热肥皂水中，将痂皮泡软，除去痂皮，或用小刀刮去结痂后涂上 20％硫黄软膏，间隔数天用药 1 次，能很快痊愈。②大群用药浴法治疗。将病鸡脚泡入0.1％敌百虫溶液中 4～5 分钟，间隔 2～3 周后，可再药浴 1 次，能很快痊愈。③药物灭螨：a. 灭鸡突变膝螨，先将病鸡患脚放入0.2％三氯杀螨醇药液中浸泡 4～5 分钟；b. 用 0.1％乐杀螨溶液涂擦患部，或用 2％碳酸软膏涂擦患部，每天 2 次，连用 4～5 天。

（十四）鸡羽虱

鸡羽虱是鸡体表常见的体外寄生虫。寄生于鸡体表的羽虱有多种，常见的鸡羽虱主要有头虱、羽干虱和鸡大体虱 3 种，以头虱和大体虱对鸡危害最大。头虱雄虫长 2.43 毫米，雌虫长 2.6 毫米，多寄生于鸡的头颈部，虱的口器紧紧吸附在鸡的头颈部皮肤上，对雏鸡危害最严重。羽干虱雄虫长 1.7 毫米，雌虫长 2 毫米，多寄生在羽毛的羽干上，主要是羽毛的羽枝和羽小枝。鸡大体虱长 3～4毫米，主要寄生在鸡的肛门下面，有时在胸、背和翅膀下部，吃羽毛的小枝和皮肤的表皮，有时损伤血管吮吸血液。鸡羽虱在鸡体上发育过程包括卵、若虫和成虫 3 个阶段。雌虫产的卵常集合成块黏着在羽毛基部，经 5～8 天孵化成若虫，在 2～3 天内经 3～5 次蜕皮变为成虫。若鸡舍小、潮湿、饲养密度过大，羽虱可直接通过互相接触传播，一年四季均可发生，以冬季较为严重。

1. 症状

鸡羽虱主要啮食鸡的羽毛和皮屑。严重感染时，可引起鸡的痒

觉，因啄痒而使皮肤损伤、脱毛，鸡群骚躁不安，体重减轻，消瘦贫血，雏鸡和肉鸡生长受阻，往往由于鸡体寄生虱过多，体质衰弱而造成死亡。

2. 防治方法

（1）土方灭虱　①烟叶水：干烟叶 50 克用开水 1 千克浸泡 2 小时后用烟叶擦鸡全身以擦湿为度，不可擦得太湿太久，否则容易中毒。②用 1%～2% 的洗衣粉水溶液洗涤鸡体，有脱去虫体体表蜡质、堵塞气孔的作用，可使虫体迅速窒息死亡。此法杀灭鸡虱效果好，同时还具有安全、洗涤鸡体污垢、保持清洁卫生的好处。③用棉球蘸白酒涂擦鸡虱寄生部位皮肤，3～4 次可根治。④鸡身上的虱子较多时，也可将樟脑粉少许撒入鸡的羽毛中，效果更佳。

（2）沙浴灭虱　在鸡的运动场上挖 1 个 30 厘米的浅池。沙池内放 0.05% 蝇毒磷，5% 硫黄粉或 3% 除虫菊粉，将鸡放入池内，任其进行沙浴，也可戴上手套将药沙在鸡体上搓浴。

（3）药浴杀虱　常用的药剂有 1% 的氟化钠、0.5% 的马拉硫磷、0.1% 的敌百虫溶液等，将药液装入水缸或大锅内，先浸透鸡体，再捏住鸡嘴浸一下鸡头，然后将鸡提起，待鸡身上的药液干后再将鸡放开，以免鸡啄叼羽毛而中毒，最后将剩余药液喷洒鸡舍。还可以用 2.5% 的溴氰菊酯或灭蝇灵 4000 倍液对鸡体进行药浴或对鸡舍进行消毒。

（十五）乌鸡嗉囊炎

乌鸡嗉囊炎是嗉囊卡他性炎症，乌鸡嗉囊黏膜表层的炎症。发病后嗉囊长大而柔软，故又称"软嗉症"。由于饲养管理不当，鸡采食过于粗糙和不易消化的饲料或因采食腐败、发酵和变质的饲料以及有刺激性、腐蚀性物质或采食饲料停滞在嗉囊内发酵后产生刺激从而引起炎症。加之肉用仔鸡饲养期短，觅食力强，很易过食，此外，一些疾病也诱发该病。多发生于 2～7 日龄雏鸡，青年鸡、成年鸡发病较雏鸡少。

1. 症状

病鸡表现为食欲不振，头颈伸直，咽下困难，由于嗉囊内饲料

发酵产生气体使嗉囊膨大而柔软，其中充满气体和液体，有的出现呕吐。触诊柔软而有弹性，呈半流质，并有痛感；食欲降低或废绝，多静卧一角，常从鼻孔及口中排出恶臭或酸臭的气体或液体。严重者食欲消失，鸡冠发紫，垂翼站立，频频张口，呼吸极度困难，由于消化紊乱，营养障碍而死亡。如病鸡延长为慢性，嗉囊常膨大而下垂。如发病时间长，有毒气体被吸收，就会产生鸡体中毒，并出现全身症状，病鸡呼吸困难最后麻痹窒息而死。

2. 诊断

触诊鸡嗉囊膨大，充满气体、液体，柔软即可确诊该病。

3. 防治方法

（1）用大蒜 1～2 小瓣，加酵母片 0.5 克，大黄苏打 0.15 克，共研末喂服，1 日 2 次，连服 2～3 天。如嗉囊充满气体，可针刺嗉囊放气，减轻症状。排出嗉囊内容物。将人用导尿管（气体胶管也可）从病鸡口腔经食道插入嗉囊，再通过胶管注入 0.2% 高锰酸钾液 200 毫升，轻轻揉捏嗉囊后，让鸡头朝下，拔出导管，反复 2～3 次。当嗉囊内容物和冲洗液排出完毕后，喂给少量土霉素片（半片至 1 片），如加喂酵母片效果更佳。停食 1 天后，再给少量易消化的饲料。

（2）西药疗法　①用土蒜 1 瓣，土霉素 0.25～0.5 克（大鸡），灌服。②用磺胺脒 0.1～0.25 克，碳酸氢钠 1 克，木炭末 1 克，内服。

（十六）乌鸡嗉囊阻塞

乌鸡的嗉囊阻塞又称嗉囊扩张或硬嗉病，俗称"大嗉子鸡"。该病主要是鸡过分采食切得不碎的青饲料，纤维过长或含粗纤维的饲料或采食鸡毛、垫草等难以消化的干硬饲料，这些饲料集聚于嗉囊内而不能排入腺胃，嗉囊过于扩张，无力收缩，内容物不能向下运送，容易形成嗉囊阻塞。大小鸡都可得此病，此病常发生于幼鸡，雏鸡由于消化机能不健全更易发生。

1. 症状

硬饲料在嗉囊积存过多，不能运送下去，使嗉囊膨大且坚硬，

手触嗉囊内容物有坚硬感，嗉囊内充满水和气体，常从口内吐出一种腐败的气体，阻塞物太多时腺胃和小肠全部阻塞，影响食物的运转、消化吸收，长时间不消化，病鸡精神委顿，不愿活动，翅垂，病鸡吃不下饲料，生长受阻，如不及时治疗，病情发展，由于嗉囊膨大，呼吸道和大血管受到压迫造成呼吸困难，鸡冠因缺氧而发紫，也能造成死亡。

2. 诊断

根据触诊，鸡嗉囊膨大且坚硬、长时间不消化即可诊断该病。

3. 防治方法

①一般阻塞从口腔灌入 2～3 毫升植物油或 2～10 毫升白醋，或灌入嗉囊内，然后用手将嗉囊向食道下方揉嗉囊硬团，使其破碎运转，使停滞的食物向下运转。②用注射器（去针头）将温开水（生理盐水更好）直接注入嗉囊中，然后倒提鸡，使其头朝下，轻轻按摩嗉囊，使积食和水从口腔排出，反复进行直至积食排出为止。③严重病例进行手术治疗：方法是在嗉囊内侧切口部位先拔毛洗净，用酒精消毒。避开血管将皮肤纵切开口 2～3 厘米，然后于皮肤切口错开位置将嗉囊切开，用镊子将堵塞物慢慢夹出，再用 0.1％食盐水或 0.1％高锰酸钾溶液冲洗，最后用缝衣针和丝线将嗉囊壁和皮肤用连续法缝合，缝合后创口涂上 2％碘酊，并涂抹鱼石软膏，防止污染，促进伤口愈合。手术后半天内，禁食禁水，然后饲喂易于消化的饲料。适当多喂青绿饲料，五天后可拆除缝线，病鸡很快恢复正常。

（十七）乌鸡胃肠卡他病

乌鸡胃肠卡他病是由多种致病因素引起的一种消化道疾病。该病多继发于患嗉囊疾病的鸡，以下痢为特征。饲养管理不良，如喂的饲料、饮水不洁、腐败霉烂、冰冻的饲料或因喂料过多、过少、喂不易消化的饲料或鸡舍阴湿或寄生虫病都是发生该病的诱因。

1. 症状

病鸡表现为精神委顿，常离群伏卧，羽毛松乱，食欲不振，病

鸡嗉囊膨大、下痢不止，排出白色液样稀粪，以后常排绿白色样粪便，重症病鸡排粪失禁，肛门松弛，病鸡会继发肠炎，迅速衰弱消瘦，高度脱水而死亡。剖检可见肠胃黏膜表面急性浆液性或黏液性炎症；腺胃、肌胃并混有未消化的饲料、黏液。

2. 诊断

该病根据临床症状、剖检变化常可做出诊断。

3. 防治方法

①磺胺类药物疗法：可用磺胺脒，按 1％ 的比例混在饲料中喂服或磺胺甲基嘧啶每只按 0.05 克混在饲料中喂服。②顽固下痢用 1％ 的硝酸银一羹匙灌服。

（十八）乌鸡肠炎

该病主要由饲养管理不当，鸡舍环境卫生条件差，饲喂霉败变质饲料，青饲料过多或饲料不卫生，或缺乏沙砾所引起。饲料或天气突变，鸡体食物中毒或患有某些寄生虫，如球虫、蛔虫、绦虫等，均可诱发该病。该病多发生于 2～3 周龄雏鸡。

1. 症状

病雏鸡精神萎靡，低头缩颈，闭目、羽毛松乱无光泽，两翅下垂，食欲减退或废绝，腹泻，排出白色、黄绿或棕色稀粪，常黏附肛门周围羽毛，最后衰竭死亡。成年鸡发病后体弱无力，行动迟缓，嗜睡喜卧，食欲减退，口渴，腹泻，排出黄白色稀粪，沾污腹下羽毛，母鸡产蛋量显著减少或停止产蛋。剖检可见病鸡的肠黏膜发生急性炎症，侵入黏膜下层、肌层和浆膜。

2. 诊断

该病根据临床症状鸡腹下排出的稀粪及病理变化即可做出诊断。

3. 防治方法

①验方。饲料中加入木炭末。②西药疗法。及时对鸡群用 0.02％ 链霉素饮水或按每 100 千克饲料加 6 克链霉素拌料，连喂 1～2 周，或用盐酸土霉素按每千克饲料加 0.05～0.1 克，1 天 2

次，连喂2～3天。或在饲料中加入5～10克磺胺二甲基嘧啶粉。也可在饲料中拌入氟哌酸粉，按每千克体重10毫克1次喂服，每天2～3次，连喂2～3天。

（十九）乌鸡腹水综合征

禽腹水又称肝淀粉样病变，是由多种因素引起的一种综合征，它以明显腹水、肝脏病变、肺充血水肿为特征。若日粮中某些营养缺乏或摄食量大，饲养密度过大，通风不良、舍内含二氧化碳或一氧化碳浓度过高，饲料缺乏维生素E、硒以及某些消毒药剂用量不当而中毒等均可诱发禽腹水。该病多发生于2～3周龄、生长发育较快的肉禽。冬季5～6月龄内禽易发。

1. 症状

病初期，病禽精神沉郁，行动迟缓、蹒跚，常蹲伏，嗜睡，食欲减退或废绝，个别鸡排出白色鸡粪，继后腹水量增加，腹部胀满下垂，用手触摸腹部软如水袋状，有明显波动感，呼吸困难。病程较短，常在腹水出现后1～2天死亡。剖检可见病死禽腹腔内有大量透明、淡黄色积液，肝脏高度肿大变硬，呈紫红或微蓝紫色，表面附有一层灰白色或淡黄色胶冻样薄膜，胸腔、心包积液，并有淡黄色薄膜状胶冻样渗出物，心脏表面有白点状小病灶。肺瘀血、水肿，肾脏充血、肿胀。

2. 诊断

根据病鸡腹水量增加，腹部胀满下垂，触摸腹部软如水袋状，有明显波动感，结合剖检变化可做诊断。

3. 防治方法

目前该病尚无理想的防治方法，一旦发生腹水症，难以治愈，但下列措施对该病具有缓解作用。①减少饲料中盐的含量，可口服肾利尿药物，对早期病禽有一定治疗作用。②添加0.5％～1％维生素C，每千克饲料加1毫克维生素E和0.05毫克硒。③选用一些广谱抗生素，以防止继发细菌性感染。

（二十）乌鸡中暑

中暑是日射病与热射病的统称。由于家禽没有汗腺，在高温季节，乌鸡常大群饲养，密度大，过于拥挤；鸡舍潮湿、闷热，通风不良，或在炎热夏天，禽群长时间在烈日暴晒下放牧，容易致病。夏季长途运输，车船中鸡群过于密集拥挤，散热困难，也可发生该病，可造成大批家禽死亡。

1. 症状

乌鸡中暑后发病急，多群发，病情剧烈，食欲减退或废绝。病鸡体温升高，而后降低，呼吸急促，张口喘气，口渴饮水量增加，重症则不饮水。烦躁不安，两翅抬起，羽毛蓬松、战栗、痉挛，继而精神沉郁，站立不稳，倒地和昏迷，在短时间内死亡。热射病尸僵剖检可见心外膜、大脑、脑膜或脑颅内出血，全身静脉瘀血。尸僵缓慢，血液凝固不良。日射病尸僵剖检可见脑膜充血或点状出血，大脑充血、水肿，并有不同程度出血。

2. 诊断

该病在炎热季节根据乌鸡发病情况、临床症状，结合剖检可做初步诊断。

3. 防治方法

（1）针刺疗法　用消毒的缝衣针刺破禽左翅下静脉管（翼脉穴），流出黑血。严重中暑者针刺趾静脉放血数滴，2～3小时可愈。

（2）验方　如轻度中暑，竹叶、石膏、绿豆、芦根加水煎熬放凉后拌饲料喂服。或喂人丹，大鸡3粒，小鸡1粒或十滴水1滴。

（3）草药疗法　用薄荷、甘草、滑石各2.5～3.0克，食用。或麦冬、甘草各3克，淡竹叶12克，共煎水，再用生石膏30克碾碎后加适量纯水后与以上药液混合，每鸡每日服3次，每天1～3克，治热射病。用白香散：白扁豆（生）140克、香薷120克、藿香120克、滑石80克、甘草40克共研末拌于饲料中喂，每只鸡饲喂1克。雏鸡酌减。用消暑散：葛根140克、薄荷140克、淡竹叶120克、滑石60克、甘草40克共研末拌于饲料中喂。每只成年鸡饲喂1克。雏鸡酌减。用生石膏50克、鲜芦根100克、藿香20克、佩兰15克、青蒿15克、薄荷10克、鲜藕叶100克，水煎去

渣，用药水拌料或饮水（100 只鸡用量）。

（二十一）乌鸡恶食癖

乌鸡恶食癖是指鸡啄羽癖、食肉癖、啄趾癖和啄蛋癖等，导致鸡体组织严重残缺不全，甚至死亡。引起鸡恶食癖的原因较复杂，受多种因素影响。由于鸡嘴尖锐，饲养管理不当，如日粮配制不合理，饲料中缺乏蛋白质、特别是必需氨基酸和日粮中矿物质如钙、磷等不足，微量元素不足，盐类缺乏和某些维生素等缺乏，粗蛋白、钙、磷比例不当，缺乏某种必需氨基酸或日粮中粗纤维含量过低，或因鸡舍里通风不良，光照太强，舍饲场地过小，密度过大，舍内湿热造成闷热，过于拥挤而不能活动或意外受伤诱发恶食癖。产蛋箱不足，捡蛋不及时，蛋壳太薄，导致蛋破，母鸡啄食破蛋后养成恶食癖；喂饲时间间隔太长，早晚不定，料、水不足，造成鸡饥、渴、胀，也会发生啄癖。此外，如鸡体换毛、皮肤创伤和出血，或直肠、输卵管脱垂，体外感染寄生虫的刺激，羽毛脱落等都是引起啄癖发生的原因。

1. 啄羽癖

在产蛋鸡的盛产期尤其当年的高产鸡群最易发生。在一个鸡群中，一旦发生互相啄食羽毛，不久扩大到鸡群，使禽羽蓬乱，甚至尾毛及肛门周围羽毛被啄光，皮肤裸露，严重影响雏禽发育、生长、健康和母鸡产蛋。应在日粮中添加微量元素；在鸡舍内增放粗沙、蚯蚓粪等；减小鸡群密度，适当放出活动，增加日光浴；啄伤鸡只要隔离并涂擦紫药水即可。

2. 食肉癖

这是一种常见的恶食癖，和笼养鸡的胱氨酸、半胱氨酸、维生素 B_{12} 缺乏有关，同鸡群互相攻击发生伤害，甚至死亡，尸体被吃掉。该病在雏鸡阶段要加以预防。

3. 啄趾癖

常由于趾胫部感染螨和其他寄生虫而引起发痒、刺激和疼痛，自病鸡自啄以后，其他鸡互相啄食脚趾，引起脚趾出血或跛行，严

重的可将脚趾啄食。

4. 啄蛋癖

多见于产蛋高峰期，常因日粮中钙和氨基酸缺乏而引起，平时喜啄石灰墙、废蛋壳等异物。一旦产的软皮蛋被踩破或窝内衬垫物不够松软等以致鸡下的硬壳蛋破碎使鸡吃到破碎蛋，母鸡产蛋后就会互相啄食鸡蛋。

防治方法：

(1) 断喙法　当雏鸡生长到 7～14 日龄时剪除喙部（嘴尖），到 70 日龄后修喙 1 次，生长到 10～20 周龄时再剪嘴尖 1 次，断喙可以防止鸡只互相啄肉、啄肛、啄羽、啄蛋，还能提高饲料利用效率，减少饲料浪费。方法是：嘴尖用切嘴器进行修剪。如无切嘴器可用电烙铁代替。方法是：准备一块长 60 厘米，宽 20 厘米，厚能使鸡嘴从孔中伸出切除部分为准的木板，在木板中央钻 1～2 个直径为 0.3～0.4 厘米的小椭圆孔（雏鸡嘴能伸出为准）。烙铁烧红后，3 人 1 组，1 人将小鸡嘴固定在小孔上，1 人拿烧红的烙铁，烙去 1/3 即可。每只鸡用 2～5 秒，每小时处理 400～500 只小鸡。最好采用一种电动去喙器，但不可去喙过多，妨碍啄取食物。断喙注意事项：断喙前断喙器须清洁消毒，防止烙铁交叉感染。鸡嘴切烙得过长或烙得时间过久，都会烧伤嘴和舌头，破坏嘴部的组织，使鸡触痛而不能饮水和吃饲料，在断喙后，槽内饵料必须增加厚度，由于断喙伤口使鸡有痛感，若槽内料浅会增加鸡痛感，并在 500 克饲料中加维生素片 K_3 1 片，接着从断喙后 5～10 天每升水中加 0.5 克广谱抗生素，同时断喙后不能断水。

(2) 对症治疗法　①食羽癖可能由于饲料中缺硫造成，饲料中可添加石膏粉，每只鸡每日 0.5～1 克。②有些恶食癖是饲料中缺少食盐而引起的，如啄肛、啄羽，可在饲料中加入 1‰～2‰ 的食盐，饲喂 1～2 天，不能长期饲喂，以防中毒。

(二十二) 母乌鸡迷抱症

母鸡就巢性俗称抱窝，是母鸡正常的生理活动，乌母鸡就巢性

强，母鸡每产蛋 10 多个或 20 多个后进窝抱蛋 1 次。这一生理特征称为"抱性"，因为母鸡产一定数量蛋以后，由于下丘脑中催乳素释放激素增加，而催乳素释放抑制激素与促性腺激素释放激素减少，从而导致促卵泡激素、孕激素、雌二醇、孕酮水平的下降和催乳素的大量增加，再通过血液循环作用于卵巢和丘脑下部的体温调节中枢，从而抑制卵巢的发育和体温的变化，血液循环加快，体温升高后进窝就巢。

1. 症状

母鸡就巢常常伏在窝内不肯出来，停止产蛋、被毛松乱、抱蛋而卧并发出"咯咯"叫声等一系列就巢行为。我国有的地方品种蛋鸡常常发生抱窝恋巢现象，尤其是乌鸡抱巢性强，而意大利的来航鸡和我国一些高产蛋鸡不发生迷抱性现象。如果母鸡迷抱恋窝时间太长，造成多日不产蛋，使产蛋量受到影响，必须给母鸡催醒抱窝。

2. 防治方法

（1）针刺疗法　用毫针刺脚底穴位（即脚趾底中心稍靠前方处，左右各一穴），针刺时从右下向上斜刺皮肤，轻轻转动 1 分钟，并用鸡翎穿透鼻隔，鸡毛留在鼻上，刺激母鸡使其非常不安，经常用爪去抓羽毛，从而使它抱不成窝。

（2）验方疗法　把抱窝母鸡放置于光亮处，晚上鸡笼用电灯光照，并将笼放在通风处降低鸡温，使抱鸡抱不成窝。并捆缚翅膀，用绳悬吊在树上，既能束制它行动，又能降低体温，促使它醒抱。或用清凉油涂抹在母鸡脸上（注意不能抹入眼内），母鸡受到刺激不安也能醒抱。把抱窝鸡放入公鸡群内，让公鸡追逐，同时生活环境改变，它必须通过新的活动来适应新的环境和鸡群，也能促使其醒抱。也可给抱鸡灌服胡椒 10～15 粒，60 度白酒 1～2 毫升或醋 10 毫升，1 次灌服，每日 1～2 次，连服 3 天。热天把抱鸡用竹笼装好，放入盛冷水的盆中，猛淹之或以水浸过鸡脚，再用冷水喷淋，或直接浸浴，1 日 3～4 次，以降低体温，促进醒抱。

（3）草药疗法　用大黄、冰片做成面糊喂鸡。或用黄柏、黄

芩、大黄、栀子各 15 克，蒸浓汁，过滤。肌内注射 5～10 毫升，每日 1 次，连续注射 2～3 天。

（4）西药疗法　在母鸡初抱窝的晚上，喂去痛片 0.5 克或喂安乃近 1 片或复方阿司匹林 1 片，1 日 1 次，连服 2～3 日。或喂盐酸麻黄素片（每片含 25 毫克），母鸡开始就巢的晚上喂 1～2 片，次日晨再喂 3 片。也可喂雷米封药片，每次服 1 片，如果醒抱不见效再服 1～2 片（以上药物均可用 1 汤匙冷水送服）。或注射黄体酮 50 毫克，每只母鸡每天 1 次，连注 2～3 次。也可胸肌注射丙酸睾丸激素，按抱鸡每千克体重 125 毫克，必要时，1～2 日后补加剂量再做第 2 次注射。白天母鸡不抱窝应停止用药。用药物促使母鸡醒抱效果显著，但要控制用药剂量。若用药量过大可能发生中毒危险。

（5）电感应刺激疗法　用 12 伏低电压刺激抱鸡。电极一端放入鸡口腔内，另一端接触鸡冠叉，触电前在鸡冠上涂上盐水，然后通电 10 秒。经过数次刺激后，母鸡可醒抱。

（二十三）母乌鸡产畸形蛋

有的母乌鸡产出异常的蛋。常见的有无黄小蛋（俗称鬼蛋）、双黄蛋、蛋中蛋、虫蛋、变形蛋、软壳蛋等。母鸡产软蛋主要原因是母鸡长期舍饲，喂单一饲料，饲料营养不全面，体内缺乏钙、维生素 D_3 或钙、磷比例失调，或母鸡产蛋太多，或母鸡产生应激反应，因受到惊吓而增加输卵管的蠕动速度迫使鸡蛋通过子宫的时间缩短，没有来得及盖上蛋壳就提前产出软壳蛋，也有病理方面的原因，如母鸡胃肠功能紊乱或输卵管发炎、子宫内蛋壳分泌腺失常，虽然有充足的钙，但不能制造蛋壳等都能产出软壳蛋。

1. 无黄小蛋

无黄小蛋是指比正常蛋小与鸽蛋大小相似的蛋，群众称为"鬼蛋"。这种蛋内多数无蛋黄，而常有异物，如寄生虫卵、小血块、脱落的黏膜组织、凝固的蛋白等。异物落入输卵管后使输卵管的蛋清分泌部受到刺激而分泌蛋清、壳膜、蛋壳，包裹着异物就形成了

无蛋黄的"小蛋"。

2. 双黄蛋

双黄蛋是指一个蛋壳中含有两个卵黄的蛋，比普通单黄蛋个头大些，双黄蛋的两头一样圆，不像单黄蛋一头圆一头尖。形成双黄蛋的原因是两个蛋黄在鸡体内同时成熟或前后相继成熟，成熟时间相近，以致两个卵黄从卵巢同时通过输卵管而相遇，同时被蛋白、壳膜和蛋壳包在一起，就形成特别大的双黄蛋并产出体外。双黄蛋的蛋壳都有一个棱，因为鸡下蛋时其个头比较大，要停一下，然后再继续，所以蛋壳上就留下一道棱。由于双黄蛋的蛋形比较大，产蛋鸡容易造成输卵管破裂或肛门撕裂等。

3. 蛋中蛋

可能是因为蛋形成后尚未产出时，产蛋鸡受到惊吓和某种生理反常现象，引起输卵管突然收缩发生逆蠕动，促使已形成的蛋又被推回输卵管的上端，以后在下移时，在输卵管恢复正常后，又按照蛋的形成过程重复被蛋白、壳膜、蛋壳等物包裹一次，因而形成蛋中蛋。母鸡产这种蛋困难，容易发生难产。

4. 虫蛋

鸡蛋中有虫是因输卵管内的寄生虫如前置吸虫脱落，或蛔虫由泄殖腔钻入输卵管，进入鸡蛋内被蛋白、壳膜、蛋壳包在一起，故虫就在鸡蛋之中。

5. 变形蛋

因输卵管生理功能失常，产生过圆、过长和扁形的蛋等，这些都属畸形蛋。

6. 软壳蛋

母鸡产出的蛋软壳，仅由一层薄膜包裹。主要是由于鸡的日常饲料中缺乏钙和维生素 D 制壳原料或钙、磷比例失调所致，多发生于产多的高产母鸡，或母鸡产生蛋壳的蛋壳腺机能不正常，不能分泌制造蛋壳原料钙质形成蛋壳。也有鸡产蛋时突然受到惊吓，蛋通过母鸡子宫时间缩短，蛋在子宫中蛋壳未成熟即被产出体外而形成无壳蛋。

防治方法。加强饲养管理，平时在饲料中供给充足的钙、磷和维生素 D。如贝壳粉、骨粉、青饲料等任产蛋鸡采食，以保证母鸡有足够制造蛋壳的原料；同时给鸡充分的阳光照射，利用紫外线将7-脱氢胆固醇转变为维生素 D_3，母鸡产蛋时要保持环境安静，避免母鸡产蛋时受到干扰惊吓。此外，要定期驱除前置吸虫、蛔虫。经常产出畸形蛋的母鸡要予以淘汰。

（二十四）乌鸡食盐中毒

食盐是鸡体维持正常生理活动不可缺少的成分。但乌鸡过量摄入含盐量高的鱼粉或其他富含食盐的副产品等饲料，可引起中毒性疾病。有时摄入食盐并不过量，但饮水不足也可能引起中毒。成年鸡的耐受力比雏鸡强，雏鸡对食盐极为敏感。如雏鸡饲料含盐量达0.7％，成年鸡达1％时，则引起明显口渴和粪便量增多；如雏鸡饲料含盐量达1％，成年鸡达3％时，则能引起中毒死亡。按鸡体重每千克口服食盐4克，可很快致死。

1. 症状

鸡食盐中毒症状程度随摄入食盐量多少和持续时间长短有很大区别。病鸡属较轻微中毒，表现为极度口渴，饮水增多，嗉囊扩张，口鼻流黏液性分泌物；粪便稀薄或混有稀水。严重中毒，病鸡精神委顿，食欲废绝，渴欲强烈，无休止地饮水，鼻流黏液，嗉囊肿大，下痢，两脚软弱无力，步态不稳，或前后平伸，或瘫痪，呼吸困难，有时出现阵发性痉挛，头颈前伸，肌肉抽搐，最后衰竭死亡。剖检病死鸡或重病鸡，可见腺胃黏膜充血，小肠呈出血性肠炎。有的皮下组织水肿，腹腔和心包积液，肺水肿，脑膜血管充血扩张，肾脏和输尿管有尿酸盐沉积。瘫痪病鸡一只或两只脚肿胀瘀血。

2. 诊断

该病根据病鸡病前日粮中含食盐过多并结合临床症状及病理变化可做出诊断。

3. 防治方法

对病鸡停喂含食盐过多的饲料，充分供饮清水，严重中毒时要

严格控制饮水，饮水过多反而促进食盐吸收和扩散。以致症状加剧。可以用以下药物治疗：①保护胃肠黏膜可内服黏浆剂鸡鞣酸蛋白 0.2～1 克；②镇痉可内服溴化钙 0.2～1 克或肌内注射 25％硫酸镁 5 毫升；③强心剂可皮下注射 25％尼可刹米 0.2～1 毫升；④为了恢复体内盐平衡，用 5％氯化钾溶液，按每千克体重 0.2克，分数点皮下注射。

（二十五）乌鸡亚硝酸盐中毒

引起乌鸡亚硝酸盐中毒的常见因素主要是乌鸡吃了过多含有硝酸盐的白菜、萝卜叶、韭菜、菠菜等青绿饲料。青绿饲料保存不当，腐烂变质，在细菌作用下，菜里的硝酸盐还原成亚硝酸盐；或加工调制不当，如蒸煮不透，没有搅拌，煮后闷在锅内或容器内加盖，在 40～60℃条件下再闷数小时青菜等青绿饲料含有的硝酸盐也会形成亚硝酸盐。亚硝酸盐为有毒物质，被吸入血液后将正常的血红蛋白氧化成高铁血红蛋白，失去携带氧的功能而引起中毒。

1. 症状

乌鸡由于过多的亚硝酸盐中毒后表现为缺氧，口腔黏膜、冠及髯发紫，呼吸困难，抽搐卧地不起，突然窒息死亡。剖检可见腹部膨胀，血液凝固不良，呈酱油色。肝、脾、肾瘀血，均呈黑紫色。嗉囊和肌胃内有酸臭味并放出大量气体。嗉囊黏膜大面积充血。气管与支气管充满白色或淡红色泡沫样液体，肺水肿、瘀血。严重患病鸡往往来不及抢救治疗即行死亡。

2. 诊断

该病根据病鸡病前食物、饲喂青饲料史、临床症状、病理变化即可诊断。

3. 防治方法

验方疗法主要有：①轻度中毒时，用甘草 50 克，绿豆 50 克，煎水拌料或灌服；②用洗胃、导泻疗法可加速胃肠内容物排出，以减少对亚硝酸盐及其他有毒物的吸收，再供饮 5％葡萄糖，饮水3～5 天；③1％～2％美兰溶液静脉注射，美兰酒精配法是取美兰

2克，溶于10毫升5％酒精中，加生理盐水90毫升混合而成，每千克体重0.1毫升，严重病例重复注射1次；④严重中毒喘急时肌内注射0.1％盐酸肾上腺素溶液0.1～0.2毫升，强心肌内注射10％安纳加2毫升。

（二十六）乌鸡有机磷农药中毒

有机磷农药是一种神经毒物。有机磷酸酯类化合物，在农业生产上使用较为广泛的有机磷农药有1605、1059、3911、敌敌畏、敌百虫、乐果等。乌鸡对有机磷农药特别敏感。鸡等禽类误食被有机磷农药污染的饲料和饮水就可引起中毒，造成鸡群死亡。中毒原因是有机磷农药进入机体后，有机磷脂类与体内胆碱酯酶相结合，使酶失去活性，不能水解乙酰胆碱，导致乙酰胆碱在体内蓄积过多而中毒。

1. 症状

鸡误食有机磷农药后突然发病时急性中毒病情急剧。常常见不到任何症状突然死亡。鸡中毒后表现为兴奋不安，运动失调，瞳孔缩小，有的流泪、频频摇头、从口中甩出食物，并从口角流出大量泡沫的涎液，频频出现吞咽动作，拉稀粪。严重时呼吸困难，口腔黏膜、冠和肉发绀，频排稀粪，两肢麻痹，步态不稳，全身颤抖，下痢便血，最后昏迷倒地和抽搐而死亡。剖检胃内容物有大蒜气味，胃肠黏膜充血、出血，甚至溃疡，肝肾肿大，质脆。

2. 诊断

根据鸡病前食物和接触有机磷农药、临床症状和呼吸道分泌物以及呼出有机磷所带有的特殊大蒜味的臭味即可做出诊断。必要时，可将病鸡嗉囊中的食物送往化验室，进行毒物检查。

3. 防治方法

① 针刺疗法。中毒初期针刺冠顶（鸡冠顶上冠齿的尖端，以第一冠齿为主）和翼脉（两翼部1～5根主羽翼的羽囊中）穴放血。使其立即脱离中毒环境，终止毒物继续吸入。

② 鸡中毒初期趁其嗉囊内食物尚未入肌胃时向嗉囊灌入少量

温水，然后立即将病鸡头朝下，排出嗉囊内容物和水。嗉囊内容物难以排出或病情严重者需施行嗉囊切开术，取出其内容物。

③ 验方疗法。用绿豆 9 克，捣烂，加水适量，1 次灌服。有机磷经皮肤中毒可用 5％石灰水或肥皂水彻底洗涤（敌百虫要用清水洗刷数遍），但不用热水或酒精擦洗。除敌百虫外，可用 2％～4％碳酸氢钾溶液、肥皂水或清水反复洗胃。洗胃后喂给大量活性炭并用硫酸镁导泄。若深度昏迷者则不用硫酸镁，应改用硫酸钠。眼部沾染用 2％碳酸氢钠或生理盐水清洗。

④ 草药疗法。用甘草 33 克煎汁冲滑石粉 6 克，供 20 只鸡服用，或用黄柏、黄芩各 50 克，甘草 40 克煎水，另用绿豆 100 克磨浆，混合用滴管灌服或拌料。连翘败毒散：甘草、金银花、连翘、栀子、泽泻、猪苓、荆芥、薄荷、桔梗、牛蒡子各 50 克，加入大黄、芒硝各 250 克，加水煎浓汁，候凉灌服。

⑤ 西药疗法。用药物解毒，用解磷定注射液，每只成年鸡注射 0.8～2 毫克。如中毒严重同时配合注射硫酸阿托品 0.1～0.25毫克，可多次反复使用，直到症状消失为止。

⑥ 对症疗法。如增强肝脏解毒机能可静脉注射 25％葡萄糖注射液 20～30 毫升或维生素 C 葡萄糖注射液 5 毫升；维护心脏机能用 20％苯甲酸咖啡因做皮下注射，成年鸡每次 0.5 毫升，雏鸡每次 0.1～0.2 毫升。如兴奋不安，腹痛时用水合氯醛 1～2 克配成10％溶液直肠灌注。

（二十七）乌鸡磷化锌中毒

磷化锌是一种高毒灭鼠药。乌鸡群在灭鼠地区放养时，常误食磷化锌灭鼠药毒饵或磷化锌污染的饲料而引起中毒。鸡每千克体重误食 7～15 毫克磷化锌即可中毒死亡。

1. 症状

乌鸡误食磷化锌毒饵或污染的饲料中毒后常不出现中毒症状而死亡。急性中毒在 1 小时内病鸡精神沉郁，羽毛松乱，口角流涎，口渴腹泻，共济失调，中毒后期病鸡呼吸困难，冠呈紫黑色侧向一

侧，头颈屈向背后部，两脚外伸，惊厥抽搐而死亡。剖检消化道可嗅到其内容物有磷臭味（似大蒜味），并可见肝脏有严重病变。

2. 诊断

该病根据病鸡接触磷化锌史结合临床症状，剖检病变消化道，嗅其内容物有磷臭物等即可做出诊断。

3. 防治方法

中毒病鸡用 0.1％的高锰酸钾溶液洗胃，内服 0.1％～0.5％硫酸铜溶液催吐解毒。对磷化锌中毒时间不长的病鸡采取切开嗉囊取出含毒食物，缝合后涂上碘酒，过 2～3 天可愈。对磷化锌中毒严重未能及时抢救的病鸡难以治愈。

十、野鸭常见疾病防治

由于野鸭为水禽，多在野外沼泽、河湾中放养，很少与不洁的物体接触，所以很少发病。但在人工驯养条件下，野鸭变得比较娇嫩，同时接触家禽机会多，容易染上疾病。驯养野鸭等水禽应以预防为主，避免发生疾病。

（一）鸭瘟

鸭瘟又名"大头瘟""鸭病毒性肠炎"，是由鸭瘟病毒属疱疹病毒科单纯疱疹病毒Ⅰ型引起的一种急性、高度致死性、病毒性传染病。该病由直接接触、消化道感染，也可通过交配、呼吸道和眼结膜等途径感染得病，各周龄的水禽鸟均可感染。成年野鸭发病率和死亡率很高，尤其是产蛋野鸭及水禽鸟较易感。1月龄内，特别是20日龄雏野鸭及雏水禽鸟发病率较低。

1. 症状

野鸭等水禽鸟患病后精神委顿，离群独处，羽毛松乱，双脚麻痹，行动迟缓，不爱活动，体温高热稽留，可上升至 42.5～44℃；食欲减退或拒食，而渴欲旺盛，腹泻下痢，粪便呈白色、绿色或灰绿色，泄殖腔周围羽毛被粪便沾污，泄殖腔黏膜充血、出血或水

肿，部分头颈肿大；严重者黏膜外翻，有黄绿色假膜形成，眼黏膜充血、水肿；后期瘫痪不起，体温降至常温（41.5℃）以下，呼吸困难。病程2～5天即死亡，患病的幼野鸭及幼水禽鸟临死前有明显的神经症状。雌野鸭产蛋量下降或产下畸形蛋。

剖检头颈肿胀者见皮下组织黄色胶样浸润。特征性病变是食道黏膜有纵向排列的灰黄色假膜覆盖或小出血斑点。剥离后食道黏膜留有溃疡斑痕。

2. 诊断

根据流行特点和临床症状及剖检病变特征可做初步诊断，确诊需要进行实验室病毒分离，以鉴定本病。

3. 防治方法

该病尚无特殊治疗药物，应搞好预防。不从疫区引进种苗和种蛋，新引进野鸭及水禽鸟应隔离观察2周以上，确定无疫情方可混群。野鸭群和水禽鸟3～4周龄时注射1次鸭瘟弱毒苗，免疫期可达1个月；水禽鸟注射接种，免疫期可达1年，种水禽鸟在开产前重复注射1次。若发现有病野鸭群需用2～4倍剂量的疫苗实施紧急免疫。发病初期用鸭瘟高免血清每只0.5毫克，有一定疗效。对病死的野鸭进行烧毁或深埋处理，并对棚舍设备进行彻底消毒。

（二）禽霍乱

野鸭禽霍乱病，又称鸭出血性败血症、鸭巴氏杆菌病，是由禽型多杀性巴氏杆菌引起的急性、败血性传染病。病鸭和带菌禽是主要传染源，病原体经排泄物和分泌物污染环境，经消化道和呼吸道途径侵染易感鸭。驯养野鸭对F型多杀性巴氏杆菌较为敏感，比一般家鸭发病率高。各种龄期野鸭均易感染，多发生于育成鸭和种鸭。气温较高、阴雨潮湿、天气骤变、管理不当、卫生条件差是诱发本病的因素。一年四季均有发生。

1. 症状

其流行病学临床症状均与家鸭霍乱病相似，病鸭发病急，先前无明显症状而在清晨发现死鸭；多数病鸭表现为精神委顿，离群呆

立，羽松翅垂，缩颈垂头，不活动，体温升高，渴欲增加，采食减少或不食，嗉囊积食，不吃食，拉绿褐色稀粪，腥臭，混有血液。口鼻流出少量黏液，呼吸困难，常摇头甩出喉头黏液，故又称"摇头瘟"。严重者瘫痪伏地，病程较短，12～24小时内死亡，较长的1～3天内死亡。

剖检最急性型见内脏浆膜小点出血，肝瘀血并有粉尘样细小黄白色坏死点。大多数病鸭典型病变可见皮下、腹膜脂肪小点状出血；肝肿大、瘀血，表面布满针尖大小灰白色坏死灶；十二指肠卡他性、出血性肠炎，内容物呈血性。肺瘀血，有出血性病变；心包积液，心冠脂肪及心外膜斑、点出血。

2. 诊断

通过流行病学、临床和剖检病变可以初步诊断。确诊可在实验室进行病原检查与鉴定。

3. 防治方法

加强饲养管理，在有本病的流行地区，野鸭群要定期注射霍乱菌苗。治疗常用磺胺喹噁啉，0.025%～0.05%喂饲，连喂3～5天，或用抗生素如在饲料中添加0.05%～0.1%土霉素或青霉素和链霉素各2万～3万单位/只肌内注射，或肌内注射庆大霉素、卡那霉素，每隔4小时1次，连用3～5天，疗效显著。也可每只按1.5千克体重计算，经口喂敌菌净（东北第六制药厂兽药分厂产，每片含30毫克）1.5片，1日1次，连续3天，对本病有满意的防治效果。

（三）野鸭大肠杆菌病

大肠杆菌既可以水平传播，也可以垂直传播。大肠杆菌感染的主要途径有外源性感染和内源性感染。外源性感染有水平传播跟垂直传播。水平传播有消化道、呼吸道、可视黏膜传播，其中主要是呼吸道传播。

1. 症状

主要引起鸭的脐炎、卵黄吸收不全、心包炎、气囊炎、肝周

炎、腹泻、败血症等，部分可引起关节炎、湿眼圈、皮下脓肿等。同时引起鸭减食、不化料、饲料报酬降低、生产性能下降。

2. 诊断

根据流行特点和临床症状及剖检病变特征可做初步诊断，确诊需要进行实验室病毒分离，以鉴定本病。

3. 防治方法

加强环境卫生与消毒。大肠杆菌是动物机体的常在菌，主要通过粪便排泄，及时清理粪便，做好消毒工作，可以减小环境中大肠杆菌的浓度，从而减少感染机会。消毒药要交替使用，因为有些细菌可以对消毒药产生耐药性，且遇到比较顽固的细菌，有些消毒药的药效达不到杀菌的作用，比如金碘等，由于挥发比较快，杀菌效果就不那么好。饮水的消毒一般采用氯制剂。但国外有报道称因为水的酸碱度问题，消毒不一定彻底，而在饮水中加入柠檬酸或醛固酮等，提高水的酸度，可以提高氯制剂的杀菌效果。

（四）雏野鸭病毒性肝炎

雏野鸭病毒性肝炎是一种小核糖核酸病毒群的鸭肝炎病毒引起的急性传染病。本病属于接触传染，通过呼吸道和消化道途径感染。各龄水禽鸟均可感染，但多发生于 3 周龄内的雏野鸭，尤其是 7～14 日龄野鸭发病最多，水禽鸟可感染带毒。本病死亡率与病雏野鸭日龄有关，1 周龄以内可达 95％，1～3 周龄达 50％，4 周龄以上基本上无死亡。

1. 症状

感染本病的潜伏期为 1～4 天，最急性病例发病突然迅速。病初表现为离群，精神呆滞，缩颈垂翅，嗜睡，下痢，排出绿色稀粪，粪中常混有脓状物。患病 12～24 小时后出现特异性的神经症状，病鸭全身抽搐，头向后仰，两脚痉挛无力，身体倒向一边。后期呼吸困难，立地抽搐，衰竭而死，死亡时仰头伸脚呈角弓反张姿态。耐过的幸存者多为"僵水禽鸟"。

2. 诊断

根据流行特点和临床症状及剖检病变特征可做初步诊断，确诊

需要进行实验室病毒分离，以鉴定本病。

3. 防治方法

应加强饲料管理，定期用10％石灰水或3％小苏打消毒场舍和用具。要用其弱毒疫苗进行主动免疫，或在发病初期用卵黄抗体进行紧急被动免疫。

（五）野鸭曲霉病

野鸭曲霉病又称真菌性肺炎，俗称鸭霉菌性肺炎，是由烟曲霉菌、黄曲霉菌、土曲霉菌和构巢曲霉等多种曲霉菌引起的一种呼吸道传染病。被曲霉菌污染的饲料和垫草是主要传染源。此外，该病亦可经被传染的孵化器传播。各种禽类对曲霉菌都有易感性，幼禽更易感染患病。

1. 症状

急性病雏鸭精神沉郁，羽毛松乱，闭眼嗜睡，食欲减退或废食，下痢，急剧消瘦。典型症状是呼吸困难、喘气，张口伸颈呼吸，口鼻常有浆液性分泌物流出。少数病鸭后期出现运动失调、倒地、仰卧和角弓反张等神经症状，病程2～3天内死亡。慢性型病鸭表现为食欲不振，阵发性喘气，下痢和消瘦，病雌鸭产蛋量降低。

剖检主要病变的呼吸器官，急性型病鸭的肺实质和气囊上出现灰黄色或灰白色、粟粒至绿豆大小的小结节，切面呈同心圆样结构，中央呈干酪样坏死，并有大量菌丝体；上呼吸道黏膜充血，渗出物增多。病程较长的可见支气管肺炎，肺实质和气囊上出现大量灰黄色结节或灰绿色霉斑。

2. 诊断

根据本病病史调查情况，结合临床症状及典型呼吸系统的病变可做初步判断。确诊需在实验室检查病鸭肺病变部位的霉斑，压片后镜检霉菌的菌丝体即可确诊本病。

3. 防治方法

注意育雏室的通风干燥、清洁卫生，防止饲料、垫料霉变。雏野鸭进舍前应对鸭舍、笼、用具和地面进行彻底消毒。治疗本病用

制霉菌素，6000～8000 单位/只，混饲，连用 3 天。同时在每升饮水中加硫酸铜 0.5 克疗效更佳，亦可用灰黄霉素 300～500 毫克/只，口服，每日 2 次，连喂 3 天，也有显著疗效。

（六）野鸭球虫病

野鸭球虫病是由艾美尔和泰泽属的球虫寄生于野鸭肠道引起的一种寄生原虫病。病野鸭球虫具有明显的宿主特异性。病野鸭或带虫鸭是主要传染源。寄生球虫卵囊随宿主粪便排出，通过鸭粪便污染的饲料、饮水、土壤或用具传播。各龄期野鸭均可发病，15～50 日龄雏野鸭最易感。

1. 症状

病野鸭表现为精神沉郁，缩颈呆立，羽毛松乱，渴欲增加，食欲减退或废食，腹泻，排出暗红色或咖啡色稀便，带血，病程 3～4 天内死亡。慢性病例无明显症状，间有下痢，成为携带球虫的传染源。耐过的病野鸭生长发育受阻。

剖检可见典型病变是病野鸭的小肠肿胀，呈暗红色或红紫色，黏膜上弥布针尖大小的出血斑点，部分黏膜上覆盖一层谷糠麸状或奶酪状黏液，肠内充满淡红色或鲜红色黏液状内容物。菲莱氏温扬球虫的致病性不强，仅见回肠后部和直肠轻度充血。

2. 诊断

根据流行病学临床症状做出诊断。确诊需在实验室刮去病变处黏膜涂片，瑞氏染色后置高倍镜下观察发现大量球虫裂殖体可确诊本病。

3. 防治方法

平时加强饲养管理和环境卫生消毒，定期清除粪便、污物，并堆沤做无害化处理，避免鸭粪污染饲料和饮水。野鸭舍保持通风、干燥。治疗常用磺胺嘧啶 0.4% 混饲，或 0.1%～0.2% 混饮，连喂 3～5 天。或磺胺-6-甲氧嘧啶 0.1% 浓度混饲，连喂 3～5 天，也可用 0.02% 复方新诺明混饲，连喂 3～5 天。

第四章

观赏动物常见疾病防治

一、金鱼常见疾病防治

金鱼常常由于水中细菌和寄生虫的危害发生种种疾病。金鱼发病原因主要有饲养管理不好引起水质不良，换水不够或换水温差太大，饵料不洁，喂食不当和气候等方面的影响及传染性和侵袭性病原感染等。常见的金鱼疾病及防治方法如下。

（一）鱼瘟

鱼瘟是金鱼夏天常见的一种病症。鱼瘟病原体是一种滤过性病毒，冬去春暖时，老鱼因长时间冬伏少动，阳光照射不足，体质衰弱，抗病力降低，病毒侵入鱼体。病毒的传播途径主要是消化道和呼吸道。

1. 症状

发病表现为精神不振，不喜欢游动，呼吸困难而死亡。

2. 防治方法

此病很难治，只有做好预防工作。每年开春季节，金鱼要经常晒太阳以增强体质，如遇到鱼瘟病，应尽快隔离或淘汰掉病鱼。

（二）白云病

白云病是由寄生的口丝虫或鞭毛虫、斜管虫引起的一种疾病。

1. 症状

体表各处附有一层白色被膜一样呈块状的薄雾物质，这是寄生生物迅速繁殖，刺激处的上皮细胞引起的皮肤分泌物增多的结果，小鱼患此病易死。

2. 防治方法

用高锰酸钾溶液 7 毫克/升洗浴病鱼，每次 10～30 分钟，当水温较低时也容易诱发白云病，可用 3％食盐水浸洗 5 分钟，再放回清水中，数天后反复进行。严重时可用 1％食盐水浸洗 1 小时。

（三）白点病

白点病又称小爪虫病，此病是由于小爪虫寄生于鱼体造成的，多发生于 3～5 月份。

1. 症状

病鱼表现为极不活泼，经常停留在水面。鱼体表的皮肤、鳍条或鳃丝出现白色状囊泡，小爪虫钻进表皮细胞内，生长发育形成液泡，大量存在时会侵及眼球各处。鱼患此病传染很快。

2. 防治方法

通常把病鱼放入大盆中用五十万分之一的医用甲基蓝溶液浸洗，在 21～26℃水温下长时间浸洗，也可以用小苏打洗澡法，让鱼在 0.5％～1％的小苏打水里自由游洗 10～15 分钟，每月游洗 1～2 次。在用药液水浴时，要注意小金鱼对药液的抵抗力比大金鱼弱，浸洗时间应适当缩短。

（四）水霉病

水霉病又名肤霉病，白毛病。此病主要是因为饲养过程中和在捞鱼时碰伤鱼体，或由寄生虫破坏皮肤，使水霉菌侵入伤口寄生而发病，鱼体瘦弱时也易感染此病。此病全年均可发生，早春晚秋流

行，通常在梅雨季节时较多。

1. 症状

水霉菌侵入伤口后，大量吸取鱼体内的养分而迅速繁殖生长，前期症状不明显，当肉眼能看到时，菌丝已向外大量繁殖，在鱼的体表可见白色绒状的菌丝（白色），染上此病的金鱼，动作焦躁不安，游动失常，行动缓慢，食欲减退，体表菌丝大量繁殖，皮肤黏液增多，组织坏死。严重时，白毛长满鱼体，以致死亡。

2. 防治方法

在发病季节每周用万分之一的食盐水泼洒池中，进行杀菌消毒可以防治此病。鱼体要有充分的阳光照射，换水时投入适量的食盐。捞鱼时避免鱼体被撑破或碰伤。治疗可用3％食盐水浸泡病鱼，每次洗浴30分钟，连续几次即可治愈。病愈的鱼要加强饲养管理，放在阳光充足的地方照射。

（五）竖鳞病

竖鳞病又称松鳞病，竖鳞病是金鱼的常见病，因水质恶化鱼体伤口感染水点状极毛杆菌所致。

1. 症状

病鱼鳞片局部或全身向外张开竖起，游动迟钝，腹向上，严重者2～3天即可死亡。

2. 防治方法

把病鱼放入等量的2％食盐水溶液和3％碳酸氢钠混合水溶液中浸洗10分钟，每日2次，2～3日即可好转。或在50升水中加入捣烂的蒜头250克，给病鱼浸洗数次，病情也可好转。严重病鱼注射青霉素，每尾4000单位。

（六）气泡病

气泡病由于水中溶解气体过多而引起，主要危害幼鱼。

1. 症状

鱼尾鳍吸附许多小气泡，影响鱼游泳及平衡。

2. 防治方法

发现病鱼，只要立即移入清水中饲养一段时间即可恢复正常。

（七）鱼虱病

此病是由鱼虱侵入鱼体和腮而引起的。

1. 症状

鱼虱寄生在鱼体上可刺伤和撕破表皮出血，伤口被微生物感染而引起死亡。病鱼在水中极度不安，食欲大减，鱼体消瘦，群集水面，或容器内边角处，此病常使病鱼逐渐死亡。

2. 防治方法

将鱼放入冷水中，鱼虱受惊后离开鱼体，然后重新换水，用福尔马林溶液按 500 毫克/升浓度药浴 30 分钟。严重感染的在池水中遍洒晶体敌百虫每立方米 0.25～0.5 克。

（八）腐皮病

此病是金鱼的常见疾病，鱼体受伤后被细菌感染所致，主要流行于夏、秋季。

1. 症状

病灶红肿，像打上的红印记，表皮腐烂，多在鱼体腹部两侧。

2. 防治方法

用新配的高浓度高锰酸钾溶液（1 毫克/升）擦洗后，用金霉素药膏涂抹患处，隔日 1 次，3～4 次即可治愈。

（九）烂尾病

烂尾病由黏球菌感染引起，一年四季均可发生。

1. 症状

病鱼尾鳍扫帚状腐烂。

2. 防治方法

用 3％食盐溶液浸洗患处，并全池泼洒漂白粉消毒，使池水漂白粉浓度为 0.7 毫克/升，隔日 1 次，3～4 次就可见效。

注：鱼池用药注意事项。泼洒药物：①正确计算水体积和用药

量，以防药量偏高或偏低；②先喂鱼，后泼洒药液，不用沉淀有颗粒状药液，以防鱼误食中毒；③选在晴天上午 9～11 时或下午 4～6 时泼洒药物；④泼洒药物应均匀，鱼浮头不可用药。酸性与碱性药物不可同时混合施用，溶解药物最好用塑料容器，以免降低药效。在投药饵前给鱼停食 1 天，药饵要准确计算药量。药饵投放在饵料台上，投喂量为平时投饵量的 75%～80%，在 12 小时内吃完。投药后 12 小时内观察鱼的动态，如有中毒应立即加注新水和急救。

二、观赏鸟类常见疾病防治

（一）新城疫病

新城疫是由新城疫病毒（黏病毒科副黏病毒属的禽副黏病毒）引起的一种急性、败血性和具有高度毁灭性的传染病。鹦鹉鸣禽及多种野生鸟都能自然感染。病毒存在于鸟体的所有组织、器官、体液、分泌物和排泄物中，随病鸟的分泌物和排泄物排出体外，经呼吸道和消化道等途径感染易感鸟。凡被病鸟的分泌物和排泄物污染的饲料、饮水、鸟笼、用具及运动场等，对传播本病起重要作用。病鸟所产的蛋亦可传播本病。本病在任何季节均可发生，但以春秋两季较多流行。

1. 症状

鹦鹉等笼鸟发病临床表现为暂时性下痢，眼鼻分泌物增多或表现为颈扭曲，一侧翅下垂，腿麻痹等神经症状。剖检一般无明显病变，也有表现在气管黏膜充血、出血，肠道无溃疡但胃肠淋巴组织水肿、出血和坏死，泄殖腔黏膜纽扣状溃疡。

2. 诊断

根据本病的流行临床症状与剖检病变一般可做出诊断。必要时可进行实验室诊断。

3. 防治方法

本病目前尚无特效的防治方法，在患病初期使用高免血清和高

免蛋黄液有一定的防治效果。应以预防为主，建立卫生防疫制度。新引进的鸟必须隔离 2 周以上，观察确认无病方可混群饲养，定期（初春、初夏和秋季冬初）用新城疫弱毒活疫苗滴眼鼻或喷雾接种。一旦确诊本病应及时隔离。病死鸟烧毁或深埋。鸟笼及食饮具须做严格的彻底消毒。

（二）马立克氏病

马立克氏病是由 β 群疱疹病毒中的马立克氏病毒引起的一种传染病，以外周神经发生淋巴细胞浸润和肿大，内脏器官、眼球及皮肤出现同样病变甚至形成肿瘤性病灶为特征。病毒在鸟体内以不完全病毒和完全病毒两种不同形式存在，前者在外界的生存力低，后者在体外存活时间较长。鹦鹉、金丝雀、鸽及其他鸟类均能感染本病。病鸟与带病毒鸟为主要的传染源。病鸟皮肤的羽囊上皮细胞内含大量的完全病毒，通过脱羽、换羽，皮屑和体垢污染周围的环境而经空气传播，经呼吸道而感染易感的鸟。

1. 症状

马立克氏病毒主要侵害宿主的淋巴组织，引起淋巴细胞的恶性增生，在内脏器官及周围神经组织出现病灶，使病鸟的神经、呼吸和消化等系统功能失调。患鸟精神不振，食欲下降，轻者步态不稳，重者鸟体消瘦衰弱不能站立，运动失调、步态异常。当臂神经受害时，病鸟头部下垂，颈部斜歪或可能出现失声、嗉囊麻痹或扩张以及呼吸困难，常有拉稀症状。剖检可见肝、脾、肾、肺、胰腺、胃、肠、性腺（特别是卵巢）等内部器官，以及外周神经中的腹腔、臂及坐骨神经丛呈灰白色或黄白色，水肿、纹理消失。

2. 诊断

根据本病的流行情况、特征性的麻痹症状、全身性消瘦及剖检可见的病变等可进行综合诊断。本病的确诊必须采取病鸟的周围神经（如坐骨神经）做组织切片检查。本病应注意与淋巴细胞性白血病相鉴别。

3. 防治方法

本病目前尚无特效治疗药物。应注重预防和进出口检疫，一旦

发现病鸟立即隔离淘汰。病鸟的羽毛带病毒多，应与病死鸟体一起烧毁或深埋，鸟笼和食饮具要彻底清扫并用福尔马林熏蒸消毒以后方可再用。

（三）鸟流行性感冒

鸟流行性感冒是一种黏病毒科正黏病毒属中的 A 型流感病毒引起的急性传染病。笼养鸟、野鸟和多种家禽均可感染，其中火鸡（吐缓鸡）、金丝雀和雀科中的鸣禽具有易感性。其他野鸟多呈隐性感染。多发于气候骤变的季节（春初秋末），尤其是多雨的时候。

1. 症状

主要为呼吸道症状，表现为咳嗽、喷嚏、呼吸啰音等。有的病鸟眼结膜红肿，鼻窦和面部肿胀。有的短期可以康复。剖检可见鼻窦炎、呼吸道呈卡他性炎和气囊炎。

2. 诊断

根据症状和流行的性质，结合剖检病变情况可以做出初步诊断。确诊需病原的分离鉴定和血清学试验的结果。

3. 防治方法

目前尚无疫苗预防本病。发现病鸟立即隔离于阴凉而清静的室内，封锁保护病鸟不受冷或风吹，饲料宜柔软而易消化。如有严重的呼吸困难予以淘汰，妥善处理病死鸟体，病鸟所污染的场地和食饮工具要彻底消毒。

（四）鸟痘

鸟痘是由痘病科的多种病毒引起的一种传染病。病毒大量存在于皮肤血液，内脏也有病毒的存在。本病毒对于干燥的抵抗力强，病毒的生活力可维持数月甚至数年。损伤的皮肤和黏膜是传染的主要途径，蚊、蝇、虱等亦能传播此病。自然界中约有 60 多种鸟均可自然感染，笼鸟多发生于鹦鹉、鸽、金丝雀、八哥等，一年四季均可发生，尤其是幼龄鸟在春夏吸血昆虫活动季节多见。

1. 症状

因鸟痘病的部位不同分为皮肤型、黏膜型和混合型 3 种。临床

症状有些差异。

（1）皮肤型　皮肤型的痘常在羽毛稀少的部分，如眼周、喙角、耳球、腿部和泄殖孔附近。初出现灰白色的小结节为小丘疹，其后结节数目发展很多，体积增加，发展为光亮、平滑、带黄色的水疱。相互融汇合成大的痘疣突出于皮肤的表面。如不发生继发性感染则成一广大而厚的痂块。最后痂皮可自行脱落。病程一般持续3～4周。病鸟表现为精神萎靡、食欲不振，严重者下痢、呼吸困难，发展到最后高度衰弱而死亡。

（2）黏膜型　病毒侵害口腔和咽喉黏膜。有时甚至波及眶下窦气管和食道的黏膜。初期出现黄白色的小结节，以后逐渐增大并汇合成一层黄白色干酪样的假膜覆盖在黏膜上。病鸟出现精神委顿和食欲不振等症状，病后期由于假膜增厚阻塞口腔和咽喉，导致病鸟吞咽和呼吸困难，最后不免窒息而死。

（3）混合型　同一鸟体的皮肤和黏膜受病毒侵害，同时出现上述两种类型的症状和病变，病灶范围扩大，出现明显的全身症状，死亡率较高。痘多发生于腿和趾，鸽体生痘也少见，如波及口角、气管，可能引起组织的坏死，致死率也较高。

2. 诊断

皮肤型和混合型的症状显而易见，不难诊断；如为单纯的黏膜型可与白色念珠菌病和维生素 A 缺乏症有类似的症状，易于混淆，区别诊断常有赖于兽医检验部门接种试验。

3. 防治方法

预防本病要加强日常的饲养管理，保持卫生环境，防止蚊、蝇、虱等吸血昆虫的叮咬，对敏感鸟接种弱毒疫苗预防效果显著。笼鸟一旦发生痘病应及时隔离治疗，剥除的痘假膜和干酪样物等要集中焚掉。病重者淘汰；死鸟深埋，防止扩散传染。发现鸟生痘应及时隔离进行对症治疗。皮肤型痘症用普通消毒剂（如高锰酸钾溶液）冲洗，细心剥除痘痂后可涂擦碘酊或龙胆紫；若口腔有假膜，小心剥除痘痂，然后涂上碘甘油；若眼部有病灶，先将沉着物挤出，用 2% 的硼酸水冲洗，再滴入 5% 弱蛋白银或氯毒素眼药水。

如混合型有全身症状，可口服抗生素治疗，并注意改善饲养和管理。饲料宜柔软而新鲜，并富含维生素，促进病鸟的康复。

（五）鹦鹉病（帕氏鹦鹉病和长尾鹦鹉雏鸟病）

1. 帕氏鹦鹉病

该病是由疱疹病毒引起的一种病毒性传染病，主要以突然死亡和肝脏坏死为特征。所有鹦鹉均有易感性。

症状：当鸟感染此病毒发病后突然死亡或发病后仅见精神委顿，羽毛松乱，下痢等症状，病程1～2天内死亡。剖检可见肝脏呈苍白色，多发性灶性或弥漫性坏死，斑点状出血等病变。

2. 长尾鹦鹉雏鸟病

该病是由乳多孔病毒引起的病毒性传染病。该病主要发生于长尾鹦鹉雏鸟（1～3周龄易感），以心肿大和心包积液、肝脏肿大常有坏死为特征。

症状：病鸟精神委顿、不活泼、食欲下降或完全废食、嗉囊肿满，病程1天，死亡率较高。剖检可见心包液明显增多，心脏和肝脏肿大，常有坏死。

根据感染鸟突然死亡和主要危害长尾鹦鹉雏鸟以及剖检病变可做初步诊断。确诊需将其肝脏、心脏、肾脏和上皮细胞送兽医检验部门做组织学、病理学检查或做病毒的分离鉴定，进一步诊断。

防治方法。上述两病目前尚无特效治疗药物。应以预防为主，如严格检疫制度，加强饲养管理，及时隔离病鸟，死鸟焚烧或深埋，鸟笼和食饮具消毒。

（六）禽霍乱

禽霍乱又名巴氏杆菌病，或禽出血性败血症，是一种由多杀性巴氏杆菌引起的急性败血性传染病。病菌常存在于禽鸟的呼吸道，在不卫生的环境中，阴雨潮湿或营养不良等可使鸟体的抵抗力下降，病菌即可通过污染的饲料和饮水侵入体内，经消化道感染，也可通过飞沫经呼吸道感染引起败血症。此时的鸟体组织、器官、体液、分泌物及排泄物中均含有病菌，成为传染源。多种家禽、笼鸟

和其他鸟都有易感性。巴氏杆菌抵抗力很弱，用普通的消毒物、阳光、加热、干燥可将其杀灭。

1. 症状

一般患最急性病的病程很短，突然发病死亡。病鸟精神不振，羽毛松乱无光，闭眼呆立，弓背缩头或头置于翅下，不愿活动，体温升高，食欲废绝，有渴欲，带有剧烈腹泻，粪便呈灰白色或黄绿色，呼吸困难，从口鼻流出黏液；病程较短，一般 1～3 天。慢性病例病初呈鼻炎症状，口鼻有较多的黏性分泌物，精神和食欲不振，羽毛松乱无光，逐渐消瘦、贫血，常有关节炎（多见于四肢关节），跛行。病程可延续数周。剖检可见：急性病例在鸟皮下组织、腹膜、肠系膜有大小不等的出血点，心包膜有大量出血，心包内积有渗出物，肝脏肿大呈黑红色，质脆，肝表面有针尖状大小不等的灰白色或黄色的坏死点，脾脏肿大瘀血，经常有肠炎变化；慢性严重病例除有鼻窦炎、肺炎、气囊炎或关节炎病变外，鼻腔及上呼吸道内积有黏稠分泌物。

2. 诊断

根据该病流行情况、临床症状、剖检变化即可初步诊断，确诊必须进行血液或内脏的细菌性检查和进行病原的分离培养和鉴定。

3. 防治方法

应加强饲养管理，除搞好卫生和定期消毒外，每年定期进行预防接种或饲喂抗生素饲料，能收到较好的防治效果。对病鸟及时隔离，选用青霉素、链霉素、氯霉素、土霉素、金霉素、四环素等抗生素，根据鸟体大小酌量进行肌内注射。也可用磺胺类药物如磺胺嘧啶钠、磺胺噻唑或磺胺喹噁啉等。

（七）鸟副伤寒病

鸟副伤寒是由沙门杆菌所引起的一种急性或慢性细菌性传染病。在自然环境中沙门杆菌对热及多种常用消毒剂敏感。多种笼养鸟、野鸟和家禽均可感染发病。主要危害幼龄鸟。

1. 症状

急性型病鸟畏寒卷缩，羽毛蓬乱，垂翅呆立，食欲减退，渴欲增加，下痢，粪呈绿色或黄绿色，开始粪呈粥状，后来为水泻样稀粪。慢性病鸟表现为羽松翅垂，消瘦，持续下痢，后期张口呼吸。精神极差。如不能及时治疗死亡率较高。剖检可见肝、肾、脾脏肿大，实质器官常有灰白色小结节样病变，并有眼膜炎、关节炎和肠炎病变。

2. 诊断

根据发病情况、临床症状及剖检病变可以做出初步诊断。确诊需请兽医检疫部门对实质器官中分离的病原体做出诊断。

3. 防治方法

加强饲养管理，保证饲料和饮水清洁新鲜及采取其他卫生措施，及时隔离病鸟，死鸟焚烧或深埋，鸟笼和用具消毒。治疗本病可选用抗生素（如土霉素、金霉素、卡那霉素等）、磺胺类（如磺胺嘧啶或磺胺甲基嘧啶）等药物，按鸟体大小酌定用量，可拌入饲料中投药，也可进行肌内注射。

（八）衣原体病

衣原体病是由鹦鹉病衣原体引起的一种急性病或慢性传染病。一般鹦鹉类鸟的衣原体病称为"鹦鹉病"或"鹦鹉热"。而非鹦鹉类鸟的衣原体病称为"鸟疫"。病原体主要通过呼吸道和消化道的途径侵入鸟体，使其感染发病，也可以通过直接接触而感染。自然感染多见于鹦鹉，幼龄鸟最易感染。衣原体对外界环境的抵抗力不强，常用消毒剂均可灭杀。

1. 症状

根据病程分为最急性、亚急性和慢性，在临床症状上差异很大。最急性病鸟未发现症状就突然死亡。急性病鸟精神委顿，垂目闭眼，有结膜炎和鼻炎症状，流泪流涕，食欲下降，随着病势发展至废食。慢性病鸟消瘦衰弱，呼吸急促，顽固性下痢，排出灰白色至铁锈色或黑色稀粪，后转白色水样腹泻。病程可长达20天以上。

剖检鸟体可见胸腹腔和内脏器官的浆膜、气囊膜有纤维素性炎症，表面常有纤维素性渗出物。实质器官也发生病变，如肿大和灶性坏死肠炎。

2. 诊断

根据本病的流行特点、临床症状和剖检病变可做出初步诊断。确诊需做病原分离鉴定。

3. 防治方法

加强饲养管理，搞好清洁卫生，尽量减少和消除致病因素。抗生素对鹦鹉衣原体有抑制作用，选用金霉素治疗，按用量拌入饲料中喂给或采用肌内注射疗法，连用1～2周。

（九）结核病

结核病是由结核分枝杆菌引起的人、畜、禽共患的一种慢性传染病。该病的特征是病鸟逐渐消瘦，在某些器官形成结核性内芽肿和干酪样坏死。观赏鸟和笼养鸟常因饲养者带菌而感染。病鸟是本病的主要传染源，常因病畜的粪便及气管分泌物等排出结核杆菌，污染周围环境而散播传染。一般呈散发。主要通过被污染的空气、经呼吸道感染或通过被污染的饲料饮水和口腔黏膜感染。少数也有经皮肤创伤感染。结核病一年四季均可发生。多数鸟均可感染，笼养鸟中以鹦鹉、金丝雀等具有易感性。饲养管理不良，鸟的笼舍阴湿污秽等均可促进本病发生。临床发病多见于成年鸟。

1. 症状

病情发展缓慢，腹腔血管结核常引起发育停滞，逐渐消瘦，下痢，精神不振等现象。发生肺结核时，则有干呕和呼吸困难、日渐消瘦、黏膜苍白等症状。骨结核多为单侧性。病鸟表现为跛行或垂翅，发展至严重瘫痪。剖检可见肝、脾、肺、肾及很多淋巴结有结核病变。结核病灶的特征为结节表面光滑、坚实、突起、呈灰色或灰黄色，较大的结节中心干酪样坏死或钙化，周围界限较明显。呈弥漫性增生者无明显的干酪样坏死。

2. 诊断

根据临床症状和病变组织涂片法或兽医检验部门进行病原的分

离鉴定等方法做出诊断。

3. 防治方法

做好卫生和经常性的消毒工作；鸟的粪便可堆积发酵消毒，严防病原散播。鸟应分开饲养，发现结核病鸟应隔离治疗。如发现鸟的尸体内脏有结核病变，应废弃深埋。临床确诊结核病鸟时应及时淘汰。如是优良品种可试用链霉素、异烟肼、对氨基水杨酸钠等药物进行治疗。

（十）鸟蛔虫病

鸟蛔虫寄生于鸟的消化道内，尤其是小肠内。蛔虫的种类较多。成虫长一般为5～10厘米。其雌虫体较大，雄虫较小，黄白色粗线状。虫卵呈椭圆形、灰黑色，卵壳较厚，可随粪排出体外，在适宜的环境中，经1～2周甚至5周发育成为含有侵袭性幼虫的虫卵。易感鸟啄食这种虫卵后而感染。笼养鸟中鹦鹉类和雀形目的鸟，尤其是小鸟最易受感染。幼虫出壳后直接钻入肠内发育为成虫。

1. 症状

鸟被轻度感染时，表现为精神委顿、羽毛松乱、翅下垂、消化机能障碍、下痢或便秘、生长发育迟缓、消瘦，甚至出现抽搐等神经症状。当虫体大量感染时，幼龄鸟有出血性肠炎和贫血现象，偶见泛发型肺炎症状。发展虫体可阻塞肠道而引起死亡。剖检可见肠道有大量炎性分泌物和肠壁上的虫体。

2. 诊断

对可疑患鸟的粪便用直接涂片法或漂浮法进行检查，查看是否有本虫卵。剖检病死鸟在肠道内找到虫体即可确诊。

3. 防治方法

本病应从搞好清洁卫生、管理好鸟粪着手。保持饲料和饮水清洁，在温暖季节每月用热碱水洗扫食饮具及消毒鸟笼。新进鸟要隔离一定时间并经粪检和驱虫。患鸟应隔离饲养，饲以全价饲料并进行驱虫。治疗选用噻咪唑或噻苯唑或枸橼酸哌嗪等驱虫药物，配制成0.025%水溶液代替饮水。投药后再投喂适量的液体石蜡等润滑

剂，以利排出虫体。

（十一）鸟绦虫病

鸟绦虫病是由一种或多种绦虫寄生于鸟消化道（小肠内）而引起的寄生虫病。虫体呈带状，扁平似粗面条，分为头、颈和体部，体分节似链条状，较尖细的一端为头部，有4个吸盘，还有8个小钩，借以附着在宿主的肠壁上。后端较长、大，为孕卵节，内含有大量的虫卵。成熟的节片能自行脱落，随粪便排出鸟体外，主要是虫卵。排出的虫卵被蚯蚓、蛞蝓、鱼类等中间宿主吞下后发育成囊虫，鸟食了中间宿主而被感染。虫体呈乳白色或淡黄色，大小差异很大，一般体长3～13厘米，宽5～8毫米。

1. 症状

鸟感染绦虫后，表现为食欲减退，或生长发育停滞，体质消瘦、贫血，羽毛无光泽，两翅下垂，腿脚虚弱，不愿走动，异嗜，常拉黄绿色稀粪，管理不善最后导致鸟体极度衰竭而死亡。剖检可见鸟肠道有不同程度的炎症且肠壁有寄生虫性小结节。

2. 诊断

鸟绦虫病可根据临床症状将可疑患绦虫病鸟的新鲜粪便用水洗沉淀集卵法，在显微镜下查虫卵；或清晨到鸟舍检查鸟粪，可见到粪中夹有绦虫孕卵节片和虫卵。剖检病死鸟的小肠，查到虫体即可确诊。

3. 防治方法

对患鸟的粪便进行无害化处理，特别是要控制笼鸟与中间宿主接触，每年定期驱虫。引入新进鸟，必须驱虫后才入笼放养。平常加强饲养管理，搞好鸟笼与周围环境的卫生。治疗可选用吡喹酮，按鸟每100克体重0.5～1毫克；或用中药槟榔煎剂等都有较好疗效。但由于鸟类绦虫的抗药性较强，因此难以将鸟肠内的绦虫彻底灭除，必须定期驱虫。

（十二）禽虱

禽虱属于食毛目的吸血昆虫，是鸟禽体表羽毛上常见外寄生

虫。该病多发生于冬季。禽虱的种类很多，如翅长虱、绒毛虱、羽虱等，接触传染用具或垫草也可传染。可侵害不同龄期的鸟，虱的寄生对鸟体刺激使病鸟生长发育受阻，虚弱，甚至引起死亡。

1. 症状

禽虱多寄生于鸟的头部、体躯和羽翅上，嚼食宿主的羽毛和皮屑，也吸取鸟体的营养，使鸟烦躁不安，不断用喙啄或用爪去抓瘙痒部位，使羽毛断折或脱落，甚至皮肤啄破出血，大量寄生时，引起鸟食欲减退，生长速度和产蛋率下降，使鸟体消瘦，甚至死亡。

2. 诊断

根据症状及细心检查鸟体羽毛，发现羽虱或虫卵即可确诊本病。

3. 防治方法

改善饲养管理，注意鸟体卫生，做好鸟笼、场地及其用具的消毒灭虱工作，如用80%敌敌畏乳油配制1：1000液喷洒场地；外进的鸟必须检查才能混群饲养。鸟羽虱可采用DDT沙浴法。方法是在沙浴槽内按10%比例加入DDT，使鸟只自行沐浴。温暖季节可用水浴法灭虱：用烟叶1份，水20份煮1小时，待凉后，用水溶液涂洗鸟身，效果良好。或用敌百虫溶液5毫克/升进行水浴5分钟，但仅适用于温暖季节。冬季可用撒粉法：氟化钠5份、滑石粉95份，混合均匀后撒在鸟的羽毛上，可杀死羽虱；或用2%除虫菊粉或3%～5%硫黄粉搓擦鸟体羽毛，但这些药物对虱卵没有杀灭作用，因此要每隔6～7天重复处理1次，以便彻底杀灭新孵出的稚虫。在杀灭鸟体虱的同时，还必须对病鸟脱落的羽毛、粪便、残余饲料及垫料、鸟笼及其周围环境进行消毒和灭虱。

（十三）皮下气肿

鸟的皮下气肿是一种散发性疾病，主要由于鸟特殊器官——气囊、肺、气管等呼吸道，在日常饲养管理过程中，操作或抓捕不当而受到损伤，空气进入皮下造成的。

1. 症状

一般鸟周身皮下气肿状如皮球样，触之有弹性，敲打如鼓。严重鸟体皮下均可气肿，全身皮肤明显膨隆。

2. 防治方法

加强日常管理，减少惊吓，各种操作或捕捉运动要轻，避免损伤。治疗主要是在积气部位反复穿刺放气和消炎。可用较粗的注射用针头刺破皮肤放出气体，一般即可恢复正常。若是由于骨折或其他严重创伤引起的皮下气肿，除按上法放出气体外，还需处理骨折或治疗创伤。

（十四）便秘

便秘是由鸟肠管的运动和分泌机能减退而引起的粪便干结、排粪不畅或停滞的疾病。该病常致肠管阻塞或不全阻塞。主要是由于饲养管理不当，日粮调配不当或长期饲养单调，缺乏青绿饲料和沙粒，纤维饲料过多，加上饮水不足，饲料中混杂有大量的泥沙或异物，饥饱不均，运动不足引起，或因患某些热性病和蛔虫病引起。

1. 症状

病鸟粪干，精神萎靡，腹部饱满，食欲减退或废绝，常做排粪姿势，起初可排出少量干粪粒，常附白色黏液，后期则停止排粪。病情严重有脱水及中毒明显症状，如不及时治疗，常引起死亡。

2. 防治方法

要加强饲养管理，注意饲料的合理调配，要求多样化，日常供给充分青绿多汁饲料，干硬饲料喂前要浸泡，含粗纤维多的饲料应粉碎，并保持充足的清洁饮水。发现笼鸟排粪干结应及时多喂青饲料和植物油，保证饮水。也可用滴管或带细管的注射器，将植物油或温肥皂水滴入病鸟泄殖腔内，反复灌肠 2～3 次即可达到通便的目的。用此法治疗无效的严重病鸟需补生理盐水或糖盐水适量；可做静脉或腹腔注射。

（十五）肺炎

本病为部分小叶群的炎症，称为小叶性肺炎和大叶性肺炎（也称纤维素性肺炎）。小叶性肺炎又分为卡他性肺炎和化脓性肺炎。该病主要是由饲养不当，鸟体热抗力降低，鸟受寒等因素引起，继发于感冒、喉炎、支气管炎等上呼吸道疾病。此外，吸入刺激性气体，误咽或灌服药物不当而使药液误入气管或支气管而引起异物性肺炎。

1. 症状

小叶性肺炎病初呈急性支气管炎症状，但其全身症状加剧，精神沉郁，不喜活动，嗜睡，头伸翅下，羽毛逆立，食欲不振或废绝，怕冷，体温升高，呼吸急促，气喘，肺炎区有的部位肺泡呼吸音减弱，有小水泡音和捻发音，有的部位肺泡呼吸音增强，张口呼吸。异物性肺炎时，呼出气恶臭，流出大量污秽而恶臭的鼻液。剖检死鸟，肺部瘀血肿胀，支气管炎肺实质内有散在性肺炎病灶，大叶性肺炎整个肺叶病灶增大。

2. 防治方法

加强饲养管理，保持鸟笼干燥温暖通风和适当光照，增强鸟体抵抗力，防止受寒感冒。治疗可用多种抗生素，如采用青霉素、链霉素或磺胺药疗法。

（十六）鼻炎

鼻炎是鸟类常见的上呼吸道疾病。气候骤变，忽冷忽热或长途运输，管理不善，营养不良等造成鼻黏膜及机体抵抗力降低，细菌和病毒乘虚而入引发此病。

1. 症状

鼻塞，呼吸困难，"呼呼"作响，异常痛苦，势如犬坐，鼻腔流出浆液性或黏液性或脓性鼻液。呼吸不畅，严重者张口呼吸，呼吸急促，咳嗽，体温升高，食欲减退。

2. 防治方法

加强饲养管理，冬季将鸟笼放在温暖处，防止寒风吹袭，合理

调配日粮，增强鸟体的体制和抗病能力。治疗前先用清洁纸捻细小清除病鸟鼻腔和眼内的分泌物，然后用1％的麻黄素溶液或植物油滴鼻。若有细菌性感染，可用适量抗菌药如抗生素或磺胺药物治疗。

（十七）软嗉囊病

软嗉囊病又叫嗉酸酵病，是鸟常见的消化道疾病，发病原因是鸟采食了发霉变质的饲料或不洁的饮水。有的鸟觅食能力强，很易过食，病鸟的嗉囊明显肿胀，病势更加严重。

1. 症状

病鸟表现为精神委顿，食欲降低，爱喝水，由于嗉囊内饲料发酵产气，嗉囊部明显肿胀，凸出颈部，触之柔软而有弹性，常从鼻孔和口中排出酸臭的气体和液体。严重者嗉囊肿胀厉害，反复伸直，呼吸极度困难，由于消化扰乱，营养障碍而死亡。如病期延长转为慢性，嗉囊常膨大而下垂，生长缓慢。

2. 防治方法

加强饲料管理，防止喂坚硬不易消化或发霉和容易发酵的饲料并防止毒物中毒。排除嗉囊内容物。将病鸟的后部抬高，头朝下，拨开鸟喙，同时轻轻按摩嗉囊，以排出嗉囊内的液体，继以细小软胶管的注射器将生理盐水注入嗉囊，冲洗其中的内容物2～3次，冲洗后用酵母片和乳酶生等消化药物，同时停食1天。并适当控制饮水，数天后才能正常喂给饲料。

（十八）肠炎

肠炎是笼养鸟因饲养管理不当，喂饲的饲料不洁、腐烂、发霉、变质或被有毒物质污染或饮水不洁而引起的一种消化道疾病。气候骤然变化，鸟体受寒着凉或突然改变饲料而引起鸟体抵抗力降低等因素均可触发本病。此外，多种疾病和寄生虫等，常损害肠黏膜及其深层组织以致出现肠炎症状。

1. 症状

鸟患单纯肠炎发病很急，病初精神沉郁，羽毛松乱，食欲大减

或者消失。便呈水样，黏液性和血痢，剖检死鸟可见肠有炎症。

2. 防治方法

合理饲养，防止喂给发霉、腐败、虫蛀、含泥沙、以及含有毒物的饲料。饲料搭配要适当，切勿突然更换饲料。加强管理，搞好清洁卫生，防止天气骤变着凉。治疗可酌情选用庆大霉素、氯霉素或卡那霉素及磺胺嘧啶等抗生素和磺胺类药物。同时注意供给充足洁净饮水。

（十九）鸟曲霉病

本病病原主要是曲霉菌属的烟曲霉菌、黄曲霉菌、黑曲霉菌及土曲霉等真菌，均属需氧菌。在适宜的温度下，饲料 20～30 小时左右就会形成白色绒毛状菌落，后变为淡绿色、蓝绿色以及黑色。菌落成熟后，随风飘扬，菌体被健鸟和家禽吸入或食入，就会感染曲霉病。多种笼鸟、野鸟和家禽吸入可以感染，特别是幼鸟，当通风不良，拥挤，潮湿及营养不良的情况下，最容易感染。特别是梅雨季节，夏季是各种霉菌繁殖生长的季节，尤其鹦鹉、八哥、金丝雀的幼鸟禽最敏感，各种年龄鸟禽都有易感性。

1. 症状

健康鸟禽感染后，表现为食欲减退，有渴欲，生长停滞，逐渐消瘦，衰弱，常拉白色稀粪，精神委顿，羽毛松乱，翅膀下垂。有的病鸟呼吸困难，呈胸腹式呼吸，器官有啰音，病程延长转为慢性、闭眼、缩颈、精神不振，后期不吃食，下痢。急性者 7 天左右死亡，慢性者 1～2 个月。剖检最显著的病变是肺呈黄色或灰黄色，并有大小不等的结节或斑块，有时可见于气管、支气管和气囊，偶尔见于胸腹腔、肝脏和肠浆膜。慢性病变在口腔内易剥离到黄色干酪样物。

2. 诊断

根据发病情况、临床症状及剖检病变特征即可初步诊断。确诊需请兽医检疫部门实验室检验。

3. 防治方法

加强饲养管理，每天清洗食饮具并在阳光下晒干，保证饲料

和饮水新鲜洁净，鸟笼要保持卫生，注意通风，严防饲喂霉败的饲料，用优质原料配制饲料或对发霉饲料和垫料进行消毒处理。治疗：饲料中需加制霉菌素，一般每 100 只幼鸟 1 次用 10～30 单位，每日 2 次，连用 2 天；或用 0.005％的硫酸铜饮水或用碘化钾饮水，每天 1 次，每次每只 1～2 毫克，连用 3 天，口服有一定疗效。

（二十）维生素缺乏症

维生素是维持机体健康和促进生长不可少的有机物质，维生素顾名思义就是"维持生命的要素"。维生素分为脂溶性和水溶性。脂溶性维生素包括维生素 A、维生素 D、维生素 E、维生素 K 4 种。水溶性维生素包括维生素 B_1、维生素 B_2、维生素 B_3、维生素 B_6、维生素 B_{11}、维生素 B_{12}、胆碱、生物素等。日粮中最易缺乏的维生素是维生素 A、维生素 B_1、维生素 B_2、维生素 D_1、维生素 E、维生素 K。青饲料中含丰富的维生素，野外生活的鸟一般不会缺乏维生素，但家庭笼养的鸟饲料中应补充维生素添加剂。

（二十一）维生素 A 缺乏症

该病多发生于幼鸟，尤以 6～7 周龄的幼鸟多见。发病原因主要是饲料调制和收藏不善，使饲料中缺乏维生素 A 原，冬春季节因青饲料不足多发此病。此外，鸡舍拥挤、光照和运动不足，矿物质缺乏及胃肠道疾病等，也都是促使发病的因素。

1. 症状

病鸟表现为瘦弱，精神委顿，幼鸟和青年鸟生长停滞，羽毛松乱，食欲不振，运动失调，皮肤黏膜苍白，有的病鸟发生鼻炎或眼睛干燥。成鸟饲料中缺乏维生素 A 原时，多呈慢性经过。病鸟无神，食欲下降，消瘦，无力，冠及肉髯苍白，步态不稳，常张开两翼维持平衡，站立时以尾支地，眼和鼻内有黏性分泌物，因而呼吸困难，伸颈，张口呼吸；上下眼睑往往黏着在一起，其分泌物逐渐变为干酪样物质，造成失明。其繁殖能力下降，母鸟产卵量及卵的

孵化率都显著降低，公鸟性机能减退，精液品质降低，从而影响繁殖。

2. 防治方法

经常在鸟饲料中加入富含维生素 A 原的胡萝卜，苜蓿、三叶草、黄玉米、小麦麸、菠菜、白菜及南瓜等饲料，并需增加光照时间。在饲料中及时给予富含胡萝卜素的青绿饲料，尤其是带有黄色的蔬菜，其含维生素 A 较丰富。治疗：发病的鸟，每只喂鱼肝油 0.1～0.2 毫升，每日 2～3 次；食肉的鸟类可以在一定时期加喂切碎的动物肝脏，可以在饲料中补加鱼肝油；如眼部疾患可用 3％ 硼酸溶液冲洗，每日 1～2 次。

（二十二）叶酸缺乏症

叶酸在植物绿叶中含量丰富，故得名叶酸。但叶酸不稳定，遇酸、加热、光照、长期蒸煮可被破坏。叶酸是合成核蛋白质所必需的，并参与胆碱、蛋氨酸和胸腺碱的甲基合成。叶酸还与体内造血作用有关，故又称抗贫血因子。叶酸在肝、苜蓿、麦麸、豆饼等中含量丰富，但玉米中贫乏，故玉米、鱼粉型日粮易发生缺乏。鸟类在人工饲养下长期单纯喂玉米易患此病。

1. 症状

雏鸟缺乏叶酸一般生长不良，皮肤粗糙，羽毛发育极差，有色羽鸟的羽毛色素消失，体羽不艳丽，头抬不起来，颈软，拉绿色稀粪，且恶臭，两肢、爪、喙苍白，常发生食羽癖，进而有贫血和骨短粗症。种禽缺乏叶酸时，产蛋率和孵化率下降，鸡胚呈现胫骨弯曲，下颚缺损，趾爪出血等。雏火鸡缺乏表现出特征性神经症状，翅下垂，颈僵直伸长，叫颈麻痹症，常在此症状出现 2 天后死亡。

2. 防治方法

绿色植物中叶酸很丰富，在日粮中多添加一些水果和绿叶蔬菜。对已发病比较严重的鸟应立即在饲料中加叶酸，每 10 克饲料中加 5 微克，其治疗效果较好。给病鸡可单独肌注叶酸 5～10 微克/只，严重贫血的鸡约在 4～7 天内恢复正常。

三、玩赏狗常见疾病防治

　　狗的抗病力强，一般在圈养期间只要科学饲养，合理搭配饲料，满足狗体正常发育的需要，防止喂给变质的饲料，同时要加强管理，做好清洁卫生和消毒工作，不要让狗与外界动物接触，并定期给狗驱虫和注射犬瘟热和狂犬病等传染病疫苗，防疫程序如表1所示，消除和切断疾病发生和流行的传染源，一般是不会发病的。如饲养管理不当发生疾病应及早发现治疗，以减少损失和促进病狗的早日康复。

表1　犬常见传染病免疫程序

疫病或疫苗	疫苗型	接种时间（周或月）					接种途径
		首次	第2次	第3次	再次接种	间隔时间	
犬瘟热	弱毒苗	6～8周	10～12周	14～16周	12月		皮下或肌内
	麻疹苗	6～10周					
狂犬病	弱毒苗	12周	64周		36月		肌内
	麻疹苗				12月或26月		皮下或肌内
犬传染性肝炎	弱毒苗	6～8周	10～12周	14～16周	12月		皮下或肌内
	灭菌苗						皮下或肌内
犬细小病病毒	弱毒苗 灭活苗	6～8周	10～12周	14～16周	12月		皮下或肌内
钩端螺旋体	灭菌苗	10～12周	14～16周		12月		皮下或肌内
犬副流感	弱毒苗	6～8周	10～12周	14～16周	12月		皮下或肌内
波氏杆菌	灭活苗	6～8周	10～12周	14～16周	12月		皮下或肌内
	弱毒苗	6周			12月		黏膜
五联弱毒疫苗	弱毒苗	幼犬断奶后接种3次，每次间隔2～3周；成年犬每年接种2次，间隔2～3周；怀孕犬于产前2周加强1次					肌内

　　注：五联苗为狂犬苗、犬瘟苗、犬副流感、流感性肝炎、犬细小病病毒五联弱毒疫苗。

狗的疾病很多，常见的狗传染病和普通病及其防治方法分述如下。

（一）狂犬病

狂犬病俗称疯狗病，是人畜共患最危害狗的传染病，几乎所有的温血动物都可感染。该病是由一种嗜神经性的病毒引起的一种接触性传染病。病毒在动物体内的神经细胞中形成特殊的包涵体，在病狗的中枢神经系统中的浓度最高，此外，还存在于唾液腺和唾液中，以及脾、肾、血液等处。本病以极度兴奋、狂躁、流涎、意识丧失和麻痹为特征，狂犬病毒绝大多数是由病畜咬伤而发生感染。各种家畜、猫及野生兽类是狂犬病主要的自然感染宿主，也有接触传染的可能。特别是偶有病狗唾液接触到被损伤的皮肤和黏膜时导致感染。不同品种、年龄和性别的狗均可发生本病。

1. 症状

本病的潜伏期长短不定，狗的潜伏期（从传染至出现最初症状）常为传染后的21～42天，其他肉食动物平均为2～8周。大部分在感染后的15～25天内发病，也偶见潜伏期延长。本病的症状按病情发展可以分为前驱期、兴奋期和麻痹期3个时期。

（1）前驱期　症状持续2～8天，病初出现举动异常，表现为意识模糊，神经应激性增高，反射机能亢进，易受惊或易激怒，喜藏暗处，拒绝供给食物，喜吃不易消化的东西，有时抬头站立，长久凝视畜主或向空中吠叫，常发现瞳孔散大。

（2）兴奋期　一般持续3～4天，病狗常无目的地奔走乱游，时常攻击同类动物和人畜，由于咽喉肌麻痹，吠声嘶哑，张嘴伸舌流涎，下颌、喉、尾肌肉麻痹，吞咽困难，口渴不能饮，眼睛向外斜视，见水表现恐慌。

（3）麻痹期　一般持续4～8天，病狗消瘦，精神高度沉郁，行动失调，身体其他部位也呈麻痹状态，如颌垂，张口伸舌，尾垂夹于两后肢之间，双眼视若无睹，逐渐不能行走，卧地，最后全身衰竭和呼吸肌麻痹而死。

2. 诊断

本病可根据典型症状做出初步诊断。确诊需做病理组织学检查、荧光抗体测定和动物感染试验。

3. 防治方法

养狗要预防本病，注射狂犬疫苗可预防发生本病。平时加强对狗管理，对一切新来的狗一定要实行 4 周的检疫期，并要禁闭观察 1 个月；在发生狂犬病的地区内，狗舍笼和食饮具必须彻底消毒，所有健狗用灭活苗和致弱的活毒苗预防接种。如果用弱毒苗预防接种，一般在 3~6 月龄进行 1 次，至 1 岁龄时再接种 1 次，以后至少每 3 年接种 1 次。如果用灭活苗，由于灭活苗的免疫期较短，在第 1 次预防接种后 3~4 周需要进行第 2 次预防接种，以后每年接种 1 次。对于经过免疫接种并确认在有免疫力的时期内被咬伤的动物，必须彻底消毒，仔细处理好伤口，然后再接种疫苗。

本病无特效治疗药物，发现有疑似的病狗必须隔离禁闭 1 周观察。若家畜被狂犬咬伤时，尽力挤出瘀血、不要止血，先用肥皂水冲洗，再用 0.1％升汞水、3％石炭酸、酒精、碘酒等消毒伤口，并做血清治疗和免疫接种。对已发病无治疗价值的狗必须及时扑杀、火焚或深埋处理，以防感染其他动物。犬场要严格消毒。

（二）犬瘟热病

本病是一种过滤性病毒引起的急性高度接触性传染病，病毒主要分布在病狗的鼻、眼分泌物以及唾液、粪便中，通过直接接触，病毒从消化道和上呼吸道黏膜进入机体，首先在颈部淋巴结和扁桃体中繁殖，约 3 天进入血液，1 周左右进入体内各器官、消化道、呼吸道上皮及中枢神经系统。犬科动物对本病毒的易感性很强，尤其是幼狗（4~6 月），感染率达 70％以上，老龄狗有一定抵抗力。水貂等鼬科动物也易感染，该病传染源为本病病犬，通过分泌物和排泄物污染饲料和饮水及食饮具而传染，也可通过呼吸道感染。一旦发病，死亡率较高。本病一年四季均可流行，寒冷季节多见。

1. 症状

本病潜伏期为 7～14 天。按病程分为最急性型、急性型、神经型和湿疹型 4 种。

（1）最急性型　病狗精神极度委顿、拒食，体温升至 41℃，数小时以后降至常温，不久昏迷，衰竭而死。

（2）急性型　病初体温升高至 39.5～41℃，3～4 天后降至常温，保持 1～2 天无热间歇后又出现体温升高，部分病狗衰竭死亡，也有出现鼻孔流液，继而眼睑干燥，并被脓状眼屎覆盖，呕吐黄色气泡水样物，粪便水样带血。

（3）神经型　精神反常、强制运动，强直性痉挛，运动失调，后肢麻痹或狂躁不安，尖叫，流涎，最后死亡。

（4）湿疹型　体温正常或略高（39℃），在胸、腹股内侧发生脓性皮疹，脓疱破后留下白点。剖检：肺充血，实变，脾脏肿大，肾脏出血，膀胱壁厚，黏膜出血，有脑膜炎变化。

2. 诊断

根据病史、病情流行和临床症状，可初步做出诊断。确诊需要通过病毒分离和特异性血清学诊断或荧光抗体法诊断。

3. 防治方法

预防本病定期进行犬瘟热疫苗免疫注射，幼犬 6～8 周龄进行第 1 次接种，13～15 周龄进行第 2 次接种。用犬温热高免疫犬血清或恢复期血清治疗，用 2～3 毫升，连用 3～4 天，为了防止继发细菌感染，同时肌内注射青霉素或磺胺类药物（呕吐禁用）缓解病情，严重者肌内注射胃复安 1 毫升。

（三）病毒性肝炎

本病是由一种犬腺病毒（属于 DNA 型）所引起的急性败血性疾病，本病以黄疸、贫血、角膜浑浊、体温升高为特征，具有高度传染性，可以通过直接接触病狗的唾液、呼吸道分泌物及粪便或被

污染的饮食工具等经口传染而发生本病。也有新生狗发病的，是由于胎盘感染所致。各种年龄的狗均可发病，1岁以下的小狗发病率较高。本病多发生于夏、秋季节。

1. 症状

本病除超急性暴发型病例数小时内突然痉挛死亡以外，一般潜伏期为4~9天。轻症表现为厌食、精神不振，眼结膜和鼻分泌物增多。严重病狗并伴有发热（40~41℃），粪干黑，尿淋漓呈深黄色，肝脏肿大，呕吐和腹痛症状，有的病例腹部叩有击水声（腹水），偶有体表黏膜黄染和腹泻。重病者出现兴奋、发生神经症状、昏迷、后肢瘫痪等而死亡。多数病愈狗可以康复，常出现一次性角膜浑浊，但也有发生永久性的损伤和视力丧失。剖检：肝脏肿大，胆囊、胸腺水肿，肾脏呈灰白色坏死，胃浆膜皮下组织、淋巴结、肝脏出血。

2. 诊断

本病根据病史和临床症状可做初步诊断。确诊需通过组织学检查发现肝细胞核内包涵体。

3. 防治方法

预防本病平时要加强饲养管理，搞好清洁卫生和防疫工作。疫苗常用种类是弱毒疫苗，1次接种，即可产生较长时间的免疫力，每隔半年至1年重复注射1次。也可用高免血清紧急注射，可预防在2周内接触过病畜的狗发病。病初发热期可用抗生素或犬六联血清进行特异性治疗，有显著疗效；病轻者采用静脉补液，50%葡萄糖溶液20毫升加生理盐水100毫升静脉注射治疗。为了防止继发性的细菌感染和有助于康复，并用四环素加维生素治疗。

（四）伪狂犬病

本病是由伪狂犬病毒（属于疱疹病毒）引起的急性传染病。本病发生于狗、猫、牛、猪和鼠，主要通过食物摄入病毒而发病，也可经皮肤伤口感染。发病死亡率很高。

1. 症状

除少数病狗呈超急性暴发 2 天以内死亡以外，大多数病狗出现以下症状：病初表现为不爱活动，喜睡或表现不安，有袭击动作，剧烈地抓面部、耳部或低头触地，也有触墙摩擦常导致皮肤和皮下组织擦伤和溃疡。个别病狗呈现呼吸困难，下痢和呕吐，头和颈部一侧水肿。病后期发生全身性痉挛而死亡。

2. 诊断

免疫荧光测定法可直接在脑和扁桃体等组织的抹片或冻切片中检出病毒，或用病狗脑和扁桃体等组织通过组织培养分离病毒。

3. 防治方法

本病目前无有效治疗药物。狗等动物感染发病后 100% 死亡。预防控制本病的发生最主要是防止饲喂来自流行本病地区的生猪肉，并注意经常用 0.1% 的火碱水对狗舍、运动场和食饮具进行消毒。

（五）犬传染性肝炎

犬传染性肝炎是犬的一种接触传染性病毒病，此病由 I 型腺病毒引起。主要通过与病犬或其传染物接触而传染。此外，外寄生虫也可作为传播媒介，常发生于 1 岁以内的幼犬，I 型病毒还可以传染给人。

1. 症状

暴发性发作常突然痉挛死亡；其慢性症状表现为精神委顿，食欲消失，体温为 39～40℃，抑郁，惊厥，呼吸急促，脉搏加快。眼结膜发炎，眼鼻有浆液性分泌物。此外有的出现呕吐，腹泻，扁桃体肿大，外表黏膜发炎。尿淋漓呈黄色，粪便干黑。病后期腹痛，腹圆增大，叩腹有击水声（腹水），肝脏肿大。个别严重病例出现昏迷、后肢瘫痪等神经症状。

2. 诊断

根据临床症状和剖检肝有明显病变，肝脏肿大，可做初步诊

断。此病临床上易与犬瘟热及中毒性肝炎混淆，应注意鉴别诊断。

3. 防治方法

平时加强管理，搞好卫生和消毒，一般幼犬在 9～12 周龄和 12～15 周龄时各进行 1 次免疫接种。此后每年接种 1 次，发现病狗及时隔离治疗，对病死狗的狗舍与其用具必须严格消毒。尸体烧毁或深埋处理。防止传播病毒。此病的治疗，早期可用高免血清，有一定疗效。主要采取对症疗法与支持疗法，用抗生素和磺胺类药物可控制病情发展。如用四环素一日量 0.5～1 克加维生素 B、维生素 C，分两次加入葡萄糖生理盐水（配方是 50％葡萄糖 20 毫升加生理盐水 100 毫升）静注。

（六）犬钩端螺旋体病

犬钩端螺旋体病是由钩端螺旋体引起的一种接触性传染病，人畜共患病之一。在狗中最常见的是出血性黄疸钩端螺旋体和犬钩端螺旋体。狗感染钩端螺旋体后在尿内排出钩端螺旋体的时间可长达数年之久。鼠类在尿中终身排毒，病原体从尿液排出后，污染周围水源、土壤，经过损伤的皮肤、黏膜及消化道也可感染；在动物间可以通过咬伤、交配和胎盘内传递或吃了已感染的动物内脏等传染，也可通过吸血昆虫如蝉和蝇等传播。

1. 症状

本病的潜伏期为 2～5 天，狗被病原体感染后精神抑郁，体温不定，一般发热 39.5～40℃，战栗与全身性肌肉触痛，食欲减退或废绝，呕吐，脱水，黏膜发生充血和出血，眼结膜、鼻和扁桃体发炎，少尿或尿闭，出血性黄疸钩端螺旋体出现全身黄疸，眼结膜及巩膜发病显而易见。病后期出现腹水，抽搐，肌肉痉挛，行动僵硬，摇摆不定等症状。

2. 诊断

根据临床病状、病死狗尸体剖检、组织学与血清学检查等即可进行诊断。

3. 防治方法

在养狗舍圈内及其周围要消灭鼠类，采取圈养并加强对狗的管

理，减少与带病动物的接触和污染水的机会，杜绝传染病源。在本病常发地带，应每 6～8 个月接种 1 次钩端螺旋体Ⅱ价苗治疗。此病可用链霉素、青霉素、土霉素等抗生素治疗，都是有效的治疗。以双氢链霉素治疗效果最佳，用量可按每千克体重 25～30 毫克，每 12 小时肌内注射 1 次，连用 3 天。用磺胺类药物治疗也有一定疗效。

（七）狗弓形虫病

狗弓形虫病是由龚地弓形虫（简称弓形虫）引起的人畜共患的原虫病。在人畜及野生动物中广泛传播。弓形虫的整个发育过程需要两个宿主，感染动物都是中间宿主，猫为终宿主。在猫小肠上皮细胞内进行类似于球虫发育的裂体增殖和配子生殖，最后形成卵囊，随猫粪排出体外，卵囊在外界环境中发育为感染性卵囊，狗等动物吃了猫粪中的感染性卵囊或含有弓形虫中间宿主的肉、内脏、排泄物等而被感染。怀孕母狗急性感染时，也可通过胎盘感染胎狗。大多数动物呈急性感染。

1. 症状

病初狗精神委顿，减食或不食，体温高达 40～41℃，消瘦，贫血，有黄疸，尿呈茶黄色，少数病例出现呕吐，眼、鼻有分泌物。病后期常发绀，咳嗽，呼吸急促。后躯摇晃至卧地不起，体温急剧下降而死亡。有些病狗出现后躯麻痹，运动障碍，斜颈，痉挛等神经症状；孕狗发生流产、早产或死胎。

2. 诊断

此病主要用感染组织或在腹水中实验室检查病原体。条件允许时做血清学检查确诊。

3. 防治方法

平时要管理好饲料，不让狗、猫吃生的肉类食物。狗饲养场禁止养猫，发现野猫应设法捕杀。严防猫粪污染。对病狗舍，饲养场用 1％来苏儿液或 3％烧碱液等进行消毒。治疗用磺胺类药物如磺胺嘧啶（SD），如加甲氧苄胺嘧啶（TMP）效果更好，用量按每千

克体重 70 毫克，每天 2 次，口服，连用 3～4 天；或用 10％磺胺嘧啶钠注射液 10 毫升进行肌内注射，1 日 2 次，连用 3～4 天，也有较好的疗效。

（八）狗肠炎

狗肠炎是狗较常见的一种消化道疾病，家狗经长期驯养后，已不适合吃不卫生与不易消化的食物，容易导致胃肠炎。狗的肠炎有传染性出血性肠炎、食物性肠炎和异物性肠炎等类型。

1. 传染性出血性肠炎

狗传染性出血性肠炎大多是因热性传染病引起的一种消化道疾病。

（1）症状　病狗精神萎靡，运动无力，不愿走动，体温升高达 40℃，鼻镜干裂，眼结膜潮红，有脓性眼屎，食欲消失，不时呕吐，腹泻，排出黑色水样血粪，腥臭。

（2）诊断　听诊肠音，在体外也能听到"咕噜咕噜"的声音。病后期消瘦，眼窝下陷，呈高度脱水状态。因脱水衰竭死亡。

（3）防治方法　首先要注意对狗的管理，防止狗发生热性传染病，并做到早发现早治疗。治疗主要是补液，用 5％葡萄糖 1000毫升，生理盐水 500 毫升，维生素 C 4 毫升，混合静注，防止脱水，增加机体抗病能力。同时应用 10％磺胺嘧啶钠注射液，每次肌内注射 5～10 毫克，1 日 2 次，连用 3～4 天。严重病狗，在应用上述药物治疗的同时，还需口服盐酸吗啉胍 2 克，每天 2 次，连服 3 天。

2. 食物性肠炎

狗食物性肠炎多因饲养不当如饲喂了过于粗硬难以消化的食物，腐败变质的肉类或饲料含有毒物质等，致使消化功能受到扰乱，肠黏膜囊层发炎。

（1）症状　狗食过以后突然发病，拱背，不愿走动，精神不振，不爱吃食，饮水增加，鼻镜干燥，体温升高至 39.5℃左右，严重的病狗呼吸、心跳加快；出现腹痛，肠胃亢进，肚胀和呕吐，

呕吐物酸臭，频频努责，肛门有稀释的粪便附着。

（2）防治方法　改善饲养管理。禁止饲喂发霉变质饲料，不饮脏水，对幼犬不喂粗硬难以消化的食物。改喂易消化无刺激性的食物。治疗：抗菌消炎，用硫酸庆大霉素，按每千克体重2～3毫升肌内注射；若排出水样粪便用硫酸链霉素1万单位每千克体重与1‰的硫酸黄连素2～4毫升混合肌内注射；若久泻不止或剧泻，可用磺胺脒每千克体重0.1～0.2克（首次量加倍）分3次内服或痢特灵0.1～0.2克1次，1日2次；若粪便中混有黏液和未消化的食料，可口服食用大黄苏打片等；幼犬可用乳酶生、胃蛋白酶各2～4克，混合后1次内服，若有呕吐，可用爱茂尔注射液2毫升肌内注射止吐等；还可根据病情辅以补液，清肠。

3. 异物性肠炎

本病主要是由食物中的异物直接损伤狗肠道黏膜而引起的一种消化道疾病。

（1）症状　病狗精神委顿，食欲废绝，口渴喜喝水，呕吐黄色物，粪便干燥，粪中有异物并在表层附有新鲜血液，体温一般无变化，其他未表现异常。

（2）防治方法　平时应加强饲养管理，禁喂有异物的食物。治疗以抗菌消炎防止受损伤的肠道黏膜继发感染为主。如用10‰磺胺嘧啶钠注射液肌内注射5～10毫升，同时灌投适量油类泻剂润滑剂。如灌服液体石蜡或生菜油100毫升左右润滑肠道，利于异物从肠道随粪便排出；若发现粪中附有血液，还需肌内注射安络血2～4毫升。上述药物每天两次，连续用药三天。

（九）狗灭鼠剂中毒

灭鼠剂的种类甚多，成分不一样，毒理作用也不相同。常用的灭鼠剂有磷化锌、氟乙酸钠、敌鼠钠盐等。灭鼠剂饵放置不当或保管不良致污染狗的食料，被狗误食后而引起中毒。狗若吃了中毒的死鼠也可引起狗二次中毒，死亡率极高。

1. 症状

狗磷化锌中毒的症状表现为病初精神委顿，食欲消失，寒战，

呕吐物和粪便有大蒜味，喘息，天然孔出血，自身残伤，后肢麻痹等。

狗氟乙酸钠中毒的病状表现为烦躁不安，动作迟钝，尾重，狂叫，伸舌，呕吐，体温下降，腹痛，大小便失禁，呼吸困难，后期后肢瘫痪，惊厥，抽搐等。

敌鼠钠盐是茚满二酮类抗凝血灭鼠剂，狗中毒病状表现为体毛竖起，体力衰竭，局部有出血现象。

2. 防治方法

任何毒物均应严加保管，灭鼠毒饵应妥善放置，毒死的鼠类要及时清理，防止狗误食灭鼠剂和中毒的死鼠。最好的防预方法是：教狗不要吃非饲养员给的任何食物。治疗：由于灭鼠剂的种类颇多，成分不一，作用也不相同，因此治疗中毒狗时首先要尽快判定是哪一类灭鼠剂，然后根据不同的灭鼠剂及时采用催吐、洗胃、导泻等防治方法。

（1）磷化锌中毒的治疗　反复用0.1％高锰酸钾100毫升进行洗胃和反复用1％硫酸铜溶液15～20毫升口服进行催吐。

（2）氟乙酸钠盐中毒的治疗　反复用0.2％～0.5％氟化钙100毫升洗胃，再反复口服1％硫酸铜溶液15～30毫升催吐，然后服牛奶或豆浆护胃。或内服葡萄糖酸钙或氯化钙1～2克和口服硫酸钠10毫升导泻。解毒时用乙酰胺（解氟灵），每日肌内注射量按每千克体重0.1～0.3克，首次注射可用全量的一半，每日3～4次，连用5～7天。镇静、解痉可静注戊巴比妥钠或1％葡萄糖酸钙。呼吸困难者，肌内注射尼可刹米0.125～0.5克。同时要给予大量饮水，给予牛奶等流质饲料。

（十）狗疥螨病

狗疥螨病是由于疥螨或蜱螨寄生在狗皮肤的浅部或深层组织中而引起的一种皮肤寄生虫病。本病在秋冬及初春季节多见，对狗等兽类危害很大。

1. 症状

病初发生于体毛短小的头部，口、耳、鼻、眼眶周围，颊及耳郭基底部，并蔓延到前胸、腋窝、腋下、犬腿内侧和尾根，继而发展遍及全身。开始皮肤出现红斑，进而皮肤出现小结节和剧烈瘙痒而引起狗啃咬或摩擦皮肤而出血，结痂形成痂皮。严重时局部皮肤粗糙肥厚，枯裂有脱屑、脱毛，面、颈和胸部的皮肤形成皱裂。由于瘙痒出现烦躁不安，影响休息和食欲，导致逐渐消瘦，生长发育迟缓和贫血等全身症状。

2. 诊断

根据临床表现皮肤发炎、脱毛、瘙痒和消瘦即可初步诊断，确诊需要结合皮肤刮取物做镜检病原体。

3. 防治方法

加强对狗的管理，保持狗的圈舍干燥、清洁和通风，病狗应隔离饲养，以防止蔓延。病狗污染的圈舍和用具，可用 2%～5%热臭药水溶液等彻底消毒。治疗：首先用温皂水清洗患部，除去污垢和痂皮，然后用废机油涂擦患部，每日 1 次，然后用 50 毫克/千克溴氰菊酯溶液。也可用敌百虫 1 份，柴油 5 份搅拌均匀涂抹在患部治疗痒螨，疗效较好。但对疥螨杀灭效果较差，使用时要分先后轮流涂抹，严防中毒。

（十一）狗虱病

危害狗的虱有毛虱和狗颚虱两种。狗虱吸血时分泌有毒唾液引起痒觉。

1. 症状

虱病表现为瘙痒和皮肤有刺激，从而引起狗抓挠，狗到处摩擦和啃咬患部。病狗不仅精神紧张不安而且造成皮肤损伤和脱毛，被毛粗乱。有时会产生散在皮表。如虱毒多被毛缠结，创口感染严重时会引起化脓性皮炎。机体逐渐消瘦，幼狗发育迟缓。

2. 诊断

此病可在寄生部位发现成虫和在狗毛上找到黄白色卵，故易于确诊。

3. 防治方法

平时应搞好狗的圈舍卫生，经常保持清洁，干燥通风。新进狗

时先隔离观察，防止引进狗体上有虱带入狗圈舍内和传播给狗群。发现有狗虱在治疗的同时，应用灭虱药物彻底消毒狗圈舍。治疗用1％鱼藤酮粉或3％西维因撒布在皮肤上，间隔1周后重复1～2次。

（十二）肺炎

狗患肺炎病多因受凉、贼风侵袭或异物进入呼吸道引起。肺炎球菌、链球菌和葡萄球菌所致。环境卫生条件差，吸入刺激性气体能诱发本病；也有支气管炎、犬瘟热、感冒等继发性肺炎。误咽性肺炎系由药物、食饵和水等异物由气管进入肺内引发本病。

1. 症状

狗患卡他性肺炎较多，主要表现为病初咳嗽，发展到弱而短的咳嗽，流出水样或脓性鼻液，体温上升，高热稽留，病狗呼吸困难，促使全身衰弱。误咽性肺炎病初基本同卡他性肺炎症状，继而体温上升出现高热，呼出气有恶臭味，并流出有恶臭气味的鼻液。

2. 诊断

肺部叩诊有大面积浊音区，听诊肺组织呈过清音，最后转为湿啰音。X光检查可见单个或多个肺叶密度增加，支气管及血管阴影增加。

3. 防治方法

常用青霉素与链霉素各100万单位，混合后肌内注射，或用四环素，按每千克体重3～5毫克肌内注射，每日2次，连用数日。对症治疗可用氯化铵、复方甘草合剂等祛痰止咳。

（十三）蛔虫病

本病是由犬蛔虫和狮蛔虫引起的一种寄生虫病。狗因吞食了患狗随粪便排的侵袭性虫卵污染的饲料或饮水，在虫卵内可孵化成幼虫被感染。幼虫钻入肠壁毛细血管，被血液流动带到呼吸道，在小肠内发育为成虫。由于蛔虫寄生在狗的狭窄的小肠中吸取营养和毒素作用而致病，导致宿主消瘦，营养不良。寄生数量多时对肠道的机械刺激可引起卡他性肠炎，肠壁出血。蛔虫有游走性，常窜入

胃、胆管或胰管引起呕吐，严重感染造成肠阻塞或肠穿孔。本病主要危害 1～3 月龄幼犬。

1. 症状

病狗轻度感染不出现临床症状，严重感染表现为食欲不振，逐日消瘦，生长发育迟滞，黏膜苍白，时而发生异嗜，有时发生呕吐和腹泻，继而便秘；虫体分泌的毒素可引起少数病犬兴奋、痉挛、运动麻痹等神经症状。如果蛔虫在狗体内大量寄生可造成肠梗阻，甚至发生肠穿孔。

2. 诊断

对疑似有蛔虫寄生的狗，将其粪便用饱和食盐水漂浮法检查虫卵，并根据虫卵的直径大小和外膜构造确诊寄生的犬蛔虫。

3. 防治方法

预防本病主要做好狗舍和饮食卫生，勤清理粪便，严禁狗吃粪便（粪便堆积发酵处理），定期驱虫。治疗用左旋咪唑驱虫灵片，用药量按每千克体重 10 毫克；按每千克体重 5～20 毫克，驱虫效果好，但用药时要严格控制投药量，在投驱虫药前，一般禁食10～12 小时，必要时 2 周后重复用药 1 次。

（十四）钩虫病

狗患钩虫病是狭头钩虫、犬钩虫寄生在狗肠内所引起。犬钩虫体前缘腹面有 3 对对称排列的犬齿，"钉"在黏膜上吸血。健狗吞食了患狗排出的钩虫虫卵或侵袭性幼虫经狗皮肤钻入机体而感染，钩虫寄生在狗肠道内吸收狗的营养并生长发育，严重影响狗的正常生长与发育。

1. 症状

轻度寄生不出现临床症状、仅表现为营养不良和轻度贫血，钩刺性皮炎，奇痒。严重寄生于肠道会引起患狗被毛粗乱，精神沉郁、食欲不振、呕吐、异嗜、便秘，有时粪便中带有少量血液，机体日渐消瘦，继而出现下痢，粪便中混有浆油渣样血液，气味恶臭。

2. 诊断

根据病状对疑似有钩虫寄生的粪便，做涂抹法镜检，方法是先

取甘油和水等量混合液 1～2 滴于载玻片上，再取粪便与载玻片上液体混合，去掉粪渣，盖上盖玻片即可镜检钩虫虫卵。亦可用试管浮聚法镜检。

3. 防治方法

预防本病要加强饲养管理，做好狗舍圈卫生，狗舍应定期消毒，注意清除粪便并堆积发酵处理，定期给狗驱虫。治疗用左旋咪唑，用药量按每千克体重 10 毫克，1 次喂服。或口服丙硫苯咪唑，每千克体重 50 毫克，连用 3 天，但服驱虫药前需停食 1 天。

（十五）绦虫病

本病是由绦虫寄生所致。绦虫在犬肠管内以小钩和吸盘损伤宿主和黏膜而引起炎症，绦虫体长 35～40 厘米，宽 3 毫米，全身由 120 个节片组成。它的中间宿主是牛、马、羊和人等。中间宿主吃了绦虫卵节片后，在体内脏器中形成囊尾蚴，狗再吃了含有囊尾蚴的动物肉及内脏后，其即可寄生于小肠内发育成为绦虫。

1. 症状

轻度感染不出现临床症状。严重感染时出现食欲反常，呕吐，腹部不适。绦虫吸取营养使宿主生长发育受阻，日渐消瘦，并自体内排出孕节，使肛门发痒、发炎，大量虫体寄生可堵塞肠腔，甚至引起肠破裂；虫体泌毒于血液和神经系统可引起兴奋，呈癫痫样发作。

2. 诊断

根据临床症状对可疑患绦虫病狗的粪便进行镜检，发现绦虫体节或虫卵即可确诊。

3. 防治方法

预防本病要禁喂未经煮熟的肉类，并对犬每季度预防性驱虫 1 次。新购进的狗需经隔离做粪便镜检，确认无绦虫寄生后方可入群饲养。治疗用丙硫苯咪唑，按每千克体重 10 毫克；或氯硝柳胺（灭绦灵），按每千克体重 50～100 毫克驱虫。亦可用吡喹酮口服剂，按每千克体重 5～10 毫克，拌入狗饲料内饲喂，可以驱杀大量

绦虫节片。

附：狗病针灸疗法

中兽医针灸疗法是我国兽医学遗产，临床实践证明，针灸疗法具有安全、迅速可靠、简便、省药且无后遗症等优点。针灸和药物在临床上常密切地配合施用，一般是先施针然后议方，从而针药结合，"相辅相成"，一般可节省药物，缩短疗程，而且疗效更好，还能巩固效果。所以民间一向有"针不离方，方不离针""七分针灸，三分用药""一针二灸三用药"等说法。

针灸疗法本是两种不同的疗法，治疗的原理相似，同属于物理疗法范畴，在临症上经常互相配合使用（表2）。正如2000多年前中医典籍《黄帝内经》所述："针所不为，灸之为宜。"针和灸的不同特点是：针是用针具直达肌肉，对某穴进行刺激；灸是用艾叶等制成灸具对某皮面特定部位进行局部表面温热刺激。通过适当的机械或温热刺激，使达到通经活络、宜导气血、扶正祛邪的作用，以克服疾病对畜体各种生理功能的干扰，从而达到解除疾患，恢复健康的目的。

表2 狗的常用针灸穴位及其应用

穴名	穴位	局部解剖	针灸法	主治
人中	上唇正中沟上1/3处,1穴	有口轮匝肌、眶下神经上唇支及眼神经的筛选神经支	直刺0.5厘米	中风、中暑、支气管炎
山根	鼻背上方,有毛与无毛交界处,1穴	有鼻唇提肌、眶下神经鼻外支	刺0.2～0.5厘米,出血	中风、中暑、鼻窦炎、感冒、温热初期
天门(风府)	头顶部,枕骨后缘正中,1穴	有颈耳浅肌,颈耳深肌,臂头肌,枕神经	直刺1～3厘米,或艾灸	癫痫发作、热症、脑炎、惊厥
上关	咬肌后上方与颧弓背侧间的凹陷中,左右各1穴	皮下为颞肌,前缘为咬肌,后缘为腮腺;深层为颞肌,有耳睑经颞支,颞浅动、静脉分布	直刺3厘米,或艾灸	颜面神经麻痹、聋症

穴名	穴位	局部解剖	针灸法	主治
下关	咬肌后缘中部，下颌关节下方与下颌骨角间的凹陷中，与上关相对，左右侧各1穴	有腮腺、面神经、颊背神经及颊腹神经	直刺3厘米，或艾灸	颜面神经麻痹、聋症
三江	内眼角下的眼角静脉处，左右眼各1穴	有鼻唇提肌、颧骨肌、眼角动静脉	刺0.2～0.5厘米，出血	便秘、腹痛、眼结膜炎
睛明（睛灵）	内眼角上下眼睑交界处，左右眼各1穴	有眼角动静脉，滑车下神经	直刺，把眼球向外推，直刺入0.2～0.5厘米	眼结膜炎、角膜炎、瞬膜肿胀
承泣	眶下缘中部上方，左右侧各1穴	睑结膜与球结膜间的结膜穹窿，深层为眼球直肌、眼球缩肌、动眼神经和外展神经	把眼球向上推，沿眼眶直刺2～4厘米	急慢性结膜炎、视神经萎缩、视网膜炎、白内障
耳尖	耳郭尖端外面脉管上，左右耳各1穴	耳后静脉	点刺出血	中风、中暑、疝痛、痉挛、感冒、眼结膜炎
翳风	耳基部、下颌关节后下方间的凹陷中，左右侧各1穴	有腮耳肌，腮腺，面神经穿出处，颞浅动、静脉	直刺1～3厘米	颜面神经麻痹、聋症
颈脉	颈外静脉前1/3处，1穴	上界为臂头肌，下界为胸头肌	刺0.5～1厘米，出血	肺炎、中毒、中暑
大椎	第7颈椎与第1胸椎棘突间，1穴	刺入棘间肌，有第8颈椎神经背支	直刺2～4厘米，或艾灸	发热、神经痛、风湿病、支气管炎、癫痫、创伤性炎症，并有降温、强壮和防病作用
陶道	第1、2胸椎棘突间，1穴	刺入棘间肌，有第1胸神经背支	斜后下方刺入2～4厘米，或艾灸	神经痛、肩扭伤、前肢扭伤、癫痫、发热
身柱	第3、4胸椎刺突间，1穴	第3胸神经背支	斜向后下方刺入2～4厘米，或艾灸	肺炎、支气管炎、犬瘟热初期、肩部扭伤和神经痛
灵台	第6、7胸椎棘突间，1穴	第6胸神经背支	稍向后下方刺入1～3厘米，或艾灸	肝炎、肺炎、支气管炎、胃痛

穴名	穴位	局部解剖	针灸法	主治
中枢	第10、11胸椎棘突间,1穴	第10胸神经背支	直刺1～2厘米,或艾灸	胃炎,食欲缺乏
脊中	第11、12胸椎棘突间,1穴	第11胸神经背支	稍斜向后下方刺入0.5～1厘米,或艾灸	消化不良、腹泻、肠炎、食欲缺乏、肝炎
悬枢	第13胸椎与第1腰椎棘突间,1穴	第13胸椎神经背支	斜向后下方刺入1～2厘米,或艾灸	风湿病、腰部扭伤、消化不良、肠炎、腹泻
命门(肾门)	第2、3腰椎棘突间,1穴	刺入棘间肌,有第2腰神经背支	同悬枢穴	泌尿器障碍、食欲缺乏、风湿病、腰部扭伤、慢性肠炎、激素失调、阳痿、肾炎
阳关	第4、5腰椎棘突间,1穴	第4腰神经背支	同悬枢穴	性机能减退、子宫内膜炎、卵巢囊肿、子宫卵巢萎缩、情期延长、风湿病、腰部扭伤
关后	第5、6腰椎棘突间,1穴	第5腰神经背支	刺1～2厘米,或艾灸	子宫内膜炎、卵巢囊肿、膀胱炎、大肠麻痹、便秘
百会	第7腰椎棘突与荐骨间,1穴	刺入棘间肌,有第7腰神经背支	同关后穴	各种神经错乱,坐骨神经痛、后躯瘫痪、直肠脱
尾根	最后荐椎与第1尾椎棘突间,1穴	最后荐神经	直刺0.5～1厘米,或艾灸	后躯瘫痪、尾麻痹、脱肛、便秘或腹泻
尾节	第1、2尾椎棘突间,1穴	第1尾神经	同尾根穴	同尾根穴
尾干	第2、3尾椎棘突间,1穴	第2尾神经	直刺0.5～1厘米,或艾灸	同尾根穴
尾尖	尾末端,1穴	尾神经	直刺,针从末端插入0.5～1厘米	中风、中暑、胃肠炎
二眼	第1、2背荐孔处,每侧各2穴	有阔筋膜张肌、臀肌、臀前动静脉、臀后神经	直刺1～1.5厘米,出血	后肢瘫痪、神经痛、子宫疾病

穴名	穴位	局部解剖	针灸法	主治
尾本	尾根部腹侧正中，1穴	有尾肌、荐尾跗肌、尾中动脉	刺0.5～1厘米，出血	腹痛、尾神经麻痹、腰部风湿
交巢	尾根部与肛门间的凹陷中，1穴	肛门括约肌、尾肌、直肠神经	直刺1～3厘米	腹泻、直肠麻痹、括约肌麻痹、阳痿
肺俞	肩关节和髋关节连线的第3肋骨后缘交点的肋间隙，左右侧各1穴	有背阔肌、肋间肌，肋间血管及肋间神经	沿着肋间斜刺入1～2厘米，或艾灸	肺炎、支气管炎
心俞	肋突内侧第4、5肋骨与肋软骨连接处的间隙内，左右侧各1穴	有胸肌、肋间肌，肋间血管及肋间神经	同肺俞穴	精神紧张、心脏病、癫痫
肝俞	肩关节与髋关节连线与第9肋间交点处，左右侧各1穴	腹外斜肌、肋间肌，肋间血管及肋间神经	同肺俞穴	肝炎、黄疸、眼病、神经痛
胃俞	肩关节与髋关节连线与倒数第2、3肋间交点处，左右侧各1穴	同肺俞穴	同肺俞穴	胃炎、胃扩张、消化不良、食欲缺乏、肠炎
小肠俞	在髂肋肌沟中，与第6腰椎横突末端相对，左右侧各1穴	内侧为背最长肌，外侧为髂肋肌，第6腰椎神经及血管	同肺俞穴	肠炎、肠痉挛、腰骶痛
脾俞	背正中线左外侧约10厘米、第13肋后缘处，左侧1穴	腹外斜肌、腹内斜肌、腹横肌，肋间神经及血管	直刺或斜刺，沿肋骨后缘刺入1～2厘米，或艾灸	消化不良、慢性腹泻、食欲缺乏、呕吐、贫血
三焦俞	髂肋肌沟中，与第1腰椎横突末端相对，左右侧各1穴	内侧为背最长肌，外侧为髂肋肌，第1腰神经及血管	刺入1～3厘米，或艾灸	同肺俞穴
肾俞	髂肋肌沟中，与第2腰椎横突末端相对，左右侧各1穴	内侧为背最长肌，外侧为髂肋肌，第2腰神经及血管	直刺1～3厘米，或艾灸	肾炎、泌尿器机能障碍、多尿症，性腺机能减退、性激素失调、不孕症、阳痿、腰部风湿和扭伤

穴名	穴位	局部解剖	针灸法	主治
气海俞	髂肋肌沟中，与第3腰椎横突末端相对，左右侧各1穴	内侧为背最长肌，外侧为髂肋肌，第3腰神经及血管	同肺俞穴	便秘、气胀
大肠俞	髂肋肌沟中，与第4腰椎横突末端相对，左右侧各1穴	内侧为背最长肌，外侧为髂肋肌，第4腰神经及血管	同肺俞穴	消化不良、肠炎、便秘
关元俞	髂肋肌沟中，与第5腰椎横突末端相对，左右侧各1穴	内侧为背最长肌，外侧为髂肋肌，第5腰神经及血管	同肺俞穴	消化不良、便秘
胰俞	肾俞穴腹侧约3厘米处，左右侧各1穴	腹外斜肌、腹内斜肌、腹横肌、腰神经及血管	直刺1～2厘米	胰腺炎、消化不良、慢性腹泻、多尿症
卵巢俞	距第4腰椎横突间末端约3厘米处，即第4、5腰椎横突间，左右侧各1穴	同胰俞穴	直刺1～3厘米	性腺机能减退、卵巢激素机能不全、卵巢机能减退、卵巢炎、卵巢囊肿
子宫俞	距第5、6腰椎横突间约3厘米处，左右侧各1穴	同胰俞穴	直刺1～3厘米	子宫囊肿、子宫内膜炎、子宫炎、子宫机能障碍、腰部风湿
膀胱俞	距第6、7腰椎横突腹侧约10厘米处，左右侧各1穴	腹外斜肌、腹内斜肌、腹横肌、腹直肌、腰血管、腰神经、腹壁后动脉	直刺1～2厘米	膀胱炎、血尿、膀胱痉挛、尿液潴留、腰骶痛
天枢	脐眼旁开1～1.5厘米，左右侧各1穴	腹直肌、腹壁后动脉、腰神经	直刺0.5厘米	肠炎、腹部疼痛、肠痉挛、便秘、子宫内膜炎
中脘	剑状软骨与脐眼之间正中处，1穴	腹白线、胸段腹侧神经及动静脉	刺入0.5～1厘米，或艾灸	急性胃炎、肩部扭伤、肩胛神经麻痹、胃出血、胃痛、胃扩张、呕吐、消化不良、厌食

穴名	穴位	局部解剖	针灸法	主治
膏肓俞	肩胛骨后角内侧,左右各1穴	背阔肌、下锯肌、肩胛下肌、肩胛下神经、胸背神经、肩胛下动脉	斜刺进针2～4厘米,或艾灸	神经痛、背部扭伤、肩胛神经麻痹、肩风湿、肺炎、支气管炎、贫血、久病体弱
肩井	肩峰前下方的凹陷中,左右侧各1穴	臂头肌、三角肌、冈上肌、肌皮神经	直刺1～3厘米	前肢和肩部神经痛或麻痹、肩部扭伤、肱神经和冈上肌麻痹
间外颙	肩峰后下方的凹陷中,左右侧各1穴	三角肌、冈下肌、三头肌、肩胛上神经、桡神经	直刺2～4厘米,或艾灸	前肢和肩部神经痛、麻痹或扭伤、臂肱神经和冈上肌麻痹
抢风	间外颙与肘俞间连线上的1/3与中1/3交界处,左右侧各1穴	三头肌、臂三头肌、桡神经	直刺入2～4厘米	一般感觉麻木、前肢神经障碍、扭伤
郗上	间外颙与肘俞间连线的下1/4处,肘俞穴前上方,左右侧各1穴	臂三头肌、桡神经	同抢风穴	前肢扭伤、神经痛或神经麻痹、臂肱和桡骨神经麻痹
肘俞	臂骨外上髁与肘突间的凹陷中,左右侧各1穴	臂三头肌、桡神经、肘肌	同抢风穴	关节炎、前肢及肘部神经痛或神经麻痹
四渎	臂骨外上髁与桡骨外髁间前方的凹陷中,左右侧各1穴	腕桡侧伸肌、指外侧伸肌、桡神经	直刺2～4厘米,或艾灸	前肢扭伤、神经痛或神经麻痹、臂肱和桡骨神经麻痹
前三里	前臂外侧上1/4处,腕外屈肌与第5指伸肌间,左右侧各1穴	前为第5指伸肌,后为腕外侧屈肌、桡神经	同四渎穴	桡、尺神经麻痹、前肢神经痛或风湿痛
外关	前臂骨外侧下1/4处桡骨与尺骨的间隙中,左右侧各1穴	前为第5指伸肌,后为腕外侧屈肌、桡神经	直刺1～3厘米,或艾灸	桡、尺神经麻痹、前肢神经痛或风湿痛、便秘、乳汁分泌不足

穴名	穴位	局部解剖	针灸法	主治
内关	前臂骨内侧,与外关相对的前臂骨间隙中,左右侧各1穴	前为桡骨,后为腕桡侧屈肌与指深屈肌,正中神经及血管	直刺1～2厘米,或艾灸	胸前神经障碍、胃肠痉挛、腹痛、心脏病、中风
阳辅	前臂远端正中,阳池穴上方2厘米左右处,左右侧各1穴	前臂头静脉,桡浅神经	直刺0.5～1厘米,或艾灸	前胸神经紊乱、腕腱扭伤、桡神经麻痹
阳池	腕关节背侧,腕骨与桡骨远端连接处的凹陷中,左右侧各1穴	同阳辅穴	同阳辅穴	指、趾扭伤、前肢神经痛或神经麻痹、感冒、腕关节炎
腕骨	尺骨远端和付腕骨间的凹陷中,左右肢各1穴	尺神经	针从前臂内侧直刺入0.5～1厘米,或艾灸	胃炎,腕、肘及指关节炎
漆脉	第1腕掌关节内侧下方第1、2掌骨间的掌心浅静脉上,左右侧各1穴	掌心浅静脉	刺入0.5～1厘米,出血	球、腕关节肿痛、屈腱炎
涌滴(前涌泉、后滴水)	第3、4掌(跖)骨间的掌(跖)背侧静脉上,前肢每足1穴	掌(跖)背侧静脉,第3指跖背侧总神经	同漆脉穴	指、趾扭伤、中暑、腹痛、风湿、感冒
六缝(指、趾间)	掌(跖)指(趾)关节缝中皮肤皱褶处,每足3穴	指(趾)背侧固有神经,掌(跖)背侧动静脉	斜刺入1～2厘米,或点刺	指、趾扭伤或麻痹
环跳	股骨大转子后上方,左右肢各1穴	臀中肌、股二头肌、坐骨神经、臀后动脉	直刺入2～4厘米,或艾灸	后躯麻痹、骨盆支神经麻痹和经痛、坐骨神经痛、股骨神经麻痹
膝上	髌骨上缘外侧约0.5厘米处,左右肢各1穴	股四头肌、骨神经	直刺入0.5～1厘米	后肢骨盆神经紊乱、膝关节炎
膝凹	股骨与胫骨外髁之间的凹陷中,左右肢各1穴	股二头肌、腓肠肌、腓神经	同膝上穴	同膝上穴

穴名	穴位	局部解剖	针灸法	主治
膝下	髌骨与胫骨隆起间，膝外与膝中直韧带间，左右侧各1穴	膝外、膝中直韧带、深部为膝关节囊	直刺入1～2厘米，或艾灸	扭伤、神经痛、膝关节炎
后三里	小腿外侧上1/4处，胫腓骨间隙中，距腓骨头腹侧约5厘米处，左右侧各1穴	胫前肌、趾长伸肌、趾深屈肌(后)、腓神经	直刺入1～2厘米，或艾灸	后躯麻痹、骨盆支神经痛或麻痹、胃肠炎、肠痉挛和急腹痛、关节炎、发热、消化不良，并有防病保健和强壮作用
解溪	胫骨内侧和胫、跗骨间的凹陷中，左右侧各1穴	有腓浅神经、深部为关节囊	直刺入0.5厘米，或艾灸	扭伤、后肢麻痹或神经疾患
中付	跟骨内侧凹陷中，距解溪穴约0.5厘米，左右侧各1穴	跖神经	同解溪穴	同解溪穴
后跟	跟骨与腓骨远端的凹陷中，左右侧各1穴	跖神经	同解溪穴	同解溪穴
胸堂	胸前两外侧臂三头肌与臂头肌间臂头静脉上，左右侧各1穴	有臂头肌、胸深浅肌、臂神经及臂头静脉	刺入0.5～1厘米，出血	中暑、肩肘扭伤和神经痛、风湿病
肾堂	股内侧隐静脉上，左右侧各1穴	有腓肠肌、股薄肌、腓浅神经、隐神经、隐静脉	刺入0.5～1厘米，出血	髋关节炎、扭伤、神经痛

（引自《兽医针灸手册》）

1. 针灸选配穴位的基本原则

针灸疗法临床上可以单独使用，也可与其他疗法配合使用，在针灸治狗病时对针灸穴位的选取和配伍组方是否得当，直接影响治疗效果。由于狗体的穴位很多，而且一穴可以治数病，一病又可用数穴，错综复杂，因而针灸选配穴位要掌握一定的规律。现将一般常用选配取穴的基本原则略述如下：

（1）近部（或局部）取穴　是指取病痛局部和邻近部穴位。有的还可直接在疼痛点上取穴，称为"阿是穴"。若病痛的局部有炎症性病灶或创伤、疮疖等而不宜取局部的穴位可改取邻近部的穴位。若病部系重要脏器所在，则局部穴位可采用浅刺或斜刺方法。

（2）远部取穴　是选取病痛局部较远的穴位，一般依照经脉循行的经络，选择其远端（多取肘、膝以下的穴位）的有关穴位。

（3）随症取穴　指对某些全身性疾病的经验取穴。

针灸选配穴位一次不宜过多，每次以 4～6 个穴位为宜。并分清主穴与配穴；若在同一狗体上具有多种疾病从主穴入手。

2. 狗常见病针灸选配穴位

（1）犬瘟热针灸选配穴位　病初针灸穴位如山根、身柱、灵台、肺俞、脾俞、百会、尾尖、后三里等穴。

（2）感冒针灸选配穴位　主穴为山根、耳尖；配穴为睛明、大椎、风池、肺俞、百会、涌滴等。

（3）肝炎针灸选配穴位　灵台、脊中、膏盲俞、肝俞等。

（4）胃肠炎针灸选配穴位　随症选配灵台、中枢、脊中、悬枢、三江、胃俞、小肠俞、脾俞、天枢、中脘、腕骨、内关、后三里等。

（5）便秘针灸选配穴位　关后、尾干、尾节、尾尖、天枢等穴。

（6）中暑针灸选配穴位　主穴为人中、山根、耳尖、颈脉、尾尖、胸堂、天门；配穴为涌滴、六缝等。

（7）肾盂肾炎针灸选配穴位　命门、肾俞、百会、天枢、颈脉、肾堂等穴。

（8）膀胱炎针灸选配穴位　关后、肾俞、膀胱俞、中脘等穴。

（9）支气管炎针灸选配穴位　大椎、身柱、肺俞、膏盲俞、耳尖、涌滴等穴。

（10）风湿病选配穴位　大椎、悬枢、命门、阳关、百会、肾俞、前三里及外关。肩风湿症加膏盲俞穴，腰风湿症加胸堂穴和尾本穴。

（11）神经性疾病选配穴位　天门、大椎、陶道、心俞等穴。面神经麻痹取上关、下关、翳风等穴；肩胛上神经麻痹取肩井、肩颙等穴；桡神经麻痹取抢风、肘俞、郗上、四渎、前三里、外关等穴；股神经、胫腓神经麻痹取百会、环跳、解溪、后跟、中付等穴。

（12）中毒症选配穴位　颈脉、脾俞、山根、耳尖、胸堂、涌滴等穴。

3. 针灸临症注意事项

① 针灸选配穴位时不宜长时间使用某穴，以免损伤组织而引起不良后果，需以疗效作用大致相同的穴位来做适当更换。

② 对老弱孕狗或严重危急症候的，切不可轻易乱针乱灸。

③ 针法与灸法各有所长，临床上须根据其特点参合病情选用或交换使用。有的急病如中暑、中毒等，需急针放血；有的风湿病慢性病，则可缓针、留针。一般急性、新病的宜针，慢性、久病的宜灸。神经性疾病宜针，属麻痹性的宜灸。运动器官疾病初期宜针，久则应灸。

④ 针灸治疗狗须有一定间隔时间，一般施术以每日 1 次为宜，少数急性病症可 1 天数次，慢性病可 1～3 日 1 次。

⑤ 对于严重疾病需配合药物治疗。对于必须做长期治疗的病狗，施针治疗 1～2 周后暂停针灸，观察其疗效再制订下一步治疗方案。在停止治疗期间，要加强护理。

四、观赏猫类常见疾病防治

养猫同饲养其他动物一样，需要防病治病。

预防猫病要注意饲养管理，特别是食物，要检查有无腐败变质的、有毒性的、有金属尖锐的异物混在内，发现上述东西存在应排除。防止采食生冷、过热和富含脂肪的食物，以及采食过量。供应的饮水必须清洁。要培养猫定时定量采食的习惯。猫吃剩的残留食物清除，不得给予再食。食具要经常洗涤，保持清洁。

同时要注意气候的变化，秋冬季节气温突变，要加强防寒保温，以免感冒。实验室内群居的猫，尤需注意室内温度，保持空气流畅，以防污染。群居猫要防止互相咬抓受伤。

还要注意防止传染病的污染。凡新进家中或实验室的猫，必须单独隔离饲养观察1周，证实无病是健康的才可放开或入群体中。发现有可疑的病猫必须及时隔离饲养观察，或请兽医检查和治疗。若确诊为传染病必须立即扑杀烧毁埋葬，以免传染。平常应经常检查粪便和服驱虫药，以防治肠道寄生虫病。有体表寄生虫也需经常用驱虫药药浴除虫。猫生活的环境或笼子要经常洗涤消毒，保持清洁卫生的条件。

（一）猫瘟热（传染性肠炎）

此病的病原是病毒，此病是猫特有的急性败血症，以高热和下痢伴发为特征。1周龄以下仔猫易感染，死亡率高。病猫的血液、内脏、鼻涕、粪便、呕吐物中均含病毒。直接接触病猫可传染，或通过蚤虱等昆虫媒介传递。

1. 症状

猫被感染后潜伏期为3～14天，发病后精神不振，不吃不喝，发生痉挛性的连续呕吐，内容物为黄色或乳白色泡沫状黏粒，独居暗处，因有腹痛感，所以卧时腹部贴地，初期体温升高至40℃以上，持续2～3天后降至常温。但呕吐持续存在。有的病猫在2～3天后或临死前出现第二次升温，所以又叫复相热，这时猫的病势加重，白细胞减少，消瘦脱水，反应迟钝，腹泻下痢，粪便黄褐色呈糊状，因为肠道发炎，所以带有血脓，并有特殊恶臭。幼猫患病往往呼吸渐快，极度衰竭，眼直视，皮毛粗乱，不久死亡。

2. 诊断

根据流行病学和临床症状可做初步诊断。为了确诊，对断奶后15天而临死或刚死后的仔猫，取肝、脾、脑等组织研磨，用无菌生理盐水10倍稀释成悬液，放于无菌试管中分离30分钟，取上清液接种于白鼠（脑内0.2毫升，皮下或肌内3～5毫升），10～14

天后，出现高热、呕吐、下痢和拒食，可判定为猫瘟热。

3. 防治方法

本病目前尚无特效药品，只有加强平常的饲养管理，不与生猫接触，生肉煮熟喂猫，注意饮食卫生，防止感染疾病。对猫瘟热的治疗，可采取愈后的猫体血清，皮下注射 0.5～1 毫升/千克。或者用青霉素 2.5 万～5 万单位/千克，肌内注射，1 日两次，连续 3～4 天可见效。也可用以下药物，治疗原则是止吐，补水，抗菌消炎。止吐药用爱茂尔注射液；外液用等渗葡萄糖盐水；消炎杀菌用庆大霉素（防止并发症）；附加少量维生素 C、安纳咖、氢化可的松等药物，都可获得疗效。

（二）狂犬病

本病以精神极度兴奋为特征，当中枢神经被侵犯即成瘫痪，死亡率较高。病原体是内基氏小体，被病畜咬伤感染。

1. 症状

最常见是下颌或后肢瘫痪，声音嘶哑，呈怪声，精神先兴奋后忧郁，病程很快，病状出现后 2～4 天内即死亡。

2. 诊断

本病与猫瘟热鉴别方法是，病猫常发怪叫声，下颌或者后肢瘫痪的为狂犬病。病猫通常不怪叫的多为猫瘟热。猫伪狂犬病，是一种病毒从皮肤伤口或咽黏膜进入组织深部而感染的病毒。呈现发热性全身性症状和脑脊髓炎症状。病猫表现为剧烈发痒，搔抓咬啃痒处，几小时内出现大小不等的烂斑，周围组织肿胀，甚至深部破损。猫患狂犬病无上述症状。进行微生物学检验，查明病原体是确诊的根据。

3. 防治方法

猫狂犬病和伪狂犬病无有效的治疗方法，发现病猫及时扑杀毁掉。

（三）弓形体病

此病为一种人畜共患病。

1. 症状

病猫发热，食欲减退或停食，下痢、便秘交替发生，体表淋巴结肿大，呼吸困难，步态不稳，严重病例后期体温急剧下降而死亡。

2. 防治方法

病猫可内服甲氧苄胺嘧啶片每千克体重 0.014 克，1 日 2 次，5 日为一个疗程。为了防止细菌感染，可肌内注射青霉素，每千克体重每次 1 万～2 万单位，每日 2～3 次，连注 2～3 日。平时应注意饮水和环境卫生，严禁给猫喂食生肉。

（四）大肠杆菌病

此病是由大肠杆菌引起的，以呕吐腹泻、起病急、死亡率高为特征的一种常见猫病。各种年龄的猫都可感染。

1. 症状

体温升高到 40℃ 左右，频频呕吐；呕吐物为胃内容物，后为白色泡沫状黏液，最后为黄色黏液；腹泻，排泄物为黑色恶臭的稀粥状；患病后期，反应迟钝，不能站立，卧地不起；眼鼻有黏性分泌物；嘴角流出少量泡沫。

2. 防治方法

链霉素按每千克体重每日 10 万单位，分 2 次肌内注射，连续 4～6 天，或用卡那霉素，按每千克体重每日 8 万单位，分 2 次肌内注射，连续 3～5 天。

（五）结核病

病原体为结核杆菌。感染途径主要是吸入带有结核杆菌的尘埃到肺；或者是与病猫直接接触。猫多患肺型结核，少数患肠型结核。

1. 症状

病猫食欲递减，毛焦，消瘦，虚弱，低头嗜睡，呼吸困难，发音嘶哑，热型不稳定，常咳嗽，病程较长。猫患肠型结核出现下痢，消瘦，虚弱，毛焦而且很快死亡。听诊肺部有干性和湿性呼

吸音。

2. 诊断

本病在临床上缺乏特征，猫对结核霉菌反应毫不敏感，故临床上诊断较困难。通过 X 线透视肺部阴影的性质，可确诊。或者根据病理变化和细菌检查可建立诊断。

3. 防治方法

除加强护理、补充营养外，治疗本病可用链霉素 0.1～0.5 克/只，伴食喂服，每日两次，连服 3～4 周，有良效。或用卡那霉素 5～10 毫克/千克，肌内注射，1 日两次，连续 3～4 周见效。

（六）流行性感冒

猫流行性感冒是由病毒引起的一种慢性传染病，各种年龄的猫都可感染，但以幼猫的发病率较高，一年四季都可发生，尤以秋冬季节发病较多。

本病主要由猫萼状病毒和猫鼻气管炎病毒引起，病毒可通过咳嗽、喷嚏等排出，经空气飞沫由呼吸道感染，或与病猫接触感染。

1. 症状

病初体温正常，精神、食欲无明显变化，患猫眼流泪，眼结膜发炎，耳黏膜充血、潮红肿胀，常流出黏液性或脓性黏稠鼻液。患猫嗅觉降低，严重时引起鼻窦炎，随着病情加剧，患猫体温升高达 40℃ 以上，精神沉郁，双目半闭，喜卧睡不愿运动。食欲减退或废绝。

2. 防治方法

要加强病后护理，采用抗生素控制继发感染，一般 10 多天可痊愈。①庆大霉素：肌内注射，每千克体重 4 毫克，每月两次。②卡那霉素：肌内注射，每千克体重 6 毫克，每月两次。③患猫脱水，食欲废绝，可静脉输入 25％葡萄糖溶液或 0.5％氯化钠溶液 50～100 毫升，或内加抗坏血酸 1000 毫克，效果更好。④患眼结膜炎时，可用消炎眼药水或眼膏涂擦，或用 20％痰易净洗眼，每日 2～3 次。

（七）卡他性口炎

1. 症状

口腔分泌液增多，肿胀充血，黏膜上有弥漫性点状红斑，舌尖带黄褐色舌苔，舌乳头突起肿大，被黏唾液覆盖，以至于流黏性臭味的唾液。后期发展严重病例，唇、齿龈、颊黏膜发生腐烂。

2. 防治方法

可用0.1％的氯化苯甲羟胺溶液，1％明矾溶液，0.1％黄色素溶液和2％硼酸溶液等收敛药或消毒液冲洗口腔，同时并用维生素B和维生素C注射。

（八）溃疡性口炎

本病表现为口腔黏膜发生坏死和溃疡。发病主要原因是口腔中细菌混合感染，也有的是由于外伤，口腔不洁，齿石蓄积，促使细菌感染。

1. 症状

表现为切齿、犬齿的齿龈肿胀，呈暗红色，易出血；或成淡灰黄色粥状坏死痂癫，将其剥离后则呈溃疡，有的在唇、口角、舌黏膜上发生溃疡。唾液含血，口腔恶臭，体温上升，淋巴结肿大。若齿龈显著出血则转为败血症。

2. 防治方法

可用硝酸银棒或0.5％的硝酸银溶液腐蚀患部，或用2％硫酸铜溶液，2％硼酸钠甘油混悬液，1％磺酸甘油混悬液，2％～3％氧化锌溶液，复合碘甘油溶液等涂在患部，都见效。

（九）胃卡他

本病是胃黏膜发生卡他性炎症，以胃消化机能障碍为主要特征，主要是由于饲养不当等食了不容易消化的腐败变质的食物或食物过热或过冷的刺激引起。气温变化或环境突变，肠道寄生虫如蛔虫、绦虫等可诱发本病。

1. 症状

急性病例表现为精神不振，不愿活动，被毛粗焦和不洁，开始

吐食糜，随着呕吐加剧吐泡沫样黏液和黄绿色胃汁，体温稍升高，压腹有痛感，后期气带恶臭。呼吸急促带有臭味，有时出现异嗜，反复的顽固性呕吐。

2. 防治方法

应暂停喂食，控制饮水，1～2天后可喂少量粥、汤，皮下注射盐酸阿扑吗啡0.003～0.005克/千克；或灌服0.05～0.1克/千克吐酒石溶液。猫的健胃剂处方为：①碳酸氢钠2.0克，淀粉酶1.0克，龙胆草0.3克，分为3份，加水，喂食时给服（适应慢性胃卡他）；②稀盐酸1毫升，含糖胃蛋白酶3.0克，加水200毫升搅拌，分为两份，内服（适应急性胃卡他）。胃内异物必须采用外科手术处理。猫拉肚子可适量喂些土霉素。

（十）猫翻绵

1. 症状

表现为频繁呕吐，欲吐而难，有时吐出带血且黏的泡沫稀液。

2. 防治方法

对此中医配方有显著疗效，其处方为：黄芪9克，紫苏3克，万蒲3克，生姜3片，防风3克，砂仁3克，法夏3克，陈皮3克，山楂6克，茉菔6克，生赭石12克，竹茹6克，甘草3克，煎汤灌之即可。

（十一）猫肠道寄生虫病

主要是食入含有虫卵、幼虫的食物，尤其是生鱼肉，常带有幼虫，食入后所含幼虫可进入肠内。钩虫的幼虫穿过皮肤进入血管，随血液流入心肺，再经气管、喉头入肠内。

1. 症状

猫感染上述寄生虫后，日渐消瘦，被毛失去光泽而粗焦，黏膜苍白，食欲不定，有时贪食，或者异嗜。出现腹痛，肠炎及至下痢。一般先下痢而后便秘，有时下痢和便秘交替。常有呕吐，严重时食欲废绝、消瘦、陷于昏睡状态，最后死亡。

2. 防治方法

首先进行粪便检查可识别何种寄生虫，而后应用驱虫剂。若患了蛔虫病，治疗用山道年 0.02～0.05 克/千克加甘草 0.03 克/千克，混合喂给，连续 5～6 天。猫钩虫可用四氯乙烯 0.2～0.5 克/千克，伴食内服，连续三天，每日 1 次。猫球虫病治疗时可用磺胺双甲基嘧啶，1 天 1～2 次，连续 4～5 天便可见效。

此外还有寄生在猫身上的外寄生虫疥螨和痒螨所引起的疥螨病。疥螨寄生于外耳道，常侵入到中、内耳处，猫常出现摇头，搔耳动作；痒螨多寄生在猫的面部、鼻、耳及颈部，可使皮肤增厚，出现皱裂和黄棕色痂皮。治疗常用较安全简便的处方：生石灰 8 克，硫黄 12 克，水 100 毫升。先将水倒入生石灰，搅拌成粥状，然后加入硫黄混合搅拌，再缓慢倒入水中，边加热边搅拌，煮 1～2 小时，待凉后，取澄清液涂擦患部，每日擦一次。擦 3～4 次后，皮肤可能干裂，这时抹一些菜油，涂擦 2～8 次即可治愈。平时要注意猫体卫生，定期用温水给猫洗澡，猫的吃食盘要卫生，要常刷洗和消毒。

（十二）鼻炎（鼻卡他）

病猫的鼻腔流出浆液样的分泌物，伴发黏膜炎症。本病是由于感冒或吸入刺激性气体引起。齿槽，咽喉部炎症或慢性呼吸道疾病等。

1. 症状

流黏液性脓性鼻涕，眼结膜发炎，张口呼吸，体温升高到 40℃ 以上。

2. 防治方法

用明矾 0.5％～1％，克辽林 0.5％，硝酸银 0.1％ 和汞等溶液混合洗涤鼻腔。若伴发传染病，成年猫每天用 40 万单位青霉素，分 4 次肌内注射。幼猫用量减半，数天即愈。

（十三）卡他性肺炎

本病是肺小叶或肺小叶群的炎症。以肺泡内充满脱落的上皮及细胞性渗出物为特征。发病的原因：由于灰尘、异物或刺激性化学物质和污染的气体等吸入肺，刺激肺组织分泌增多，导致充血和感

染；或者由于感冒、气候变化等使机体机能障碍，抵抗力减弱而诱发；尚有支气管炎转化或病原直接感染。

1. 症状

常见原发性的表现为肌肉战栗，精神沉郁和不安，体温突然上升。急性发生的表现为呼吸困难，发出低弱的痛咳声，胸壁起伏急速而后无力。脉搏细小，达每分钟 200 次以上。支气管呼吸音较强，湿性啰音明显。肺炎症扩大，呼吸有显著水泡。

2. 防治方法

用青霉素 2.5 万～5 万单位/千克肌内注射，每日 2～3 次，连续 3～4 天。但肺坏死转化为败血病，虽治疗也难见效。

（十四）异物性肺炎

本病开始时多为小叶性肺炎。多数是由于呕吐、咽喉部麻痹而使食物、异物等入肺引起肺组织部分坏死；或由于肺部受挫伤，肋骨骨折，胸壁穿透，或是锐利的骨刺、针钉等异物误咽穿透食道或胃壁而损伤组织；或是灌药误入肺等引起。

1. 症状

初期呼吸困难，呼出特异的臭气，鼻孔流出铁锈色鼻液，其中混有坏死组织片。高热，脉细小，快速不齐，当肺组织坏死部分扩大，症状恶化，呼出气特别恶臭。精神倦怠，衰弱，昏睡。末期出现剧烈下痢，转化为败血症。

2. 防治方法

根据 X 射线透视肺可明确诊断治疗，除去异物，进行手术治疗。

（十五）中毒症

猫误食毒死的老鼠、鱼类及其他有毒食物而中毒。

1. 症状

轻者会出现不同程度的呕吐流涎，腹痛腹泻，精神萎靡不振，食欲减弱或废食，有的会出现血便血尿，日渐消瘦，呼吸衰竭，四肢抽搐等。重者衰竭而死。遇此情况应及早用药，急救。

2. 防治方法

食物中毒可用 0.3％的高锰酸钾溶液给患猫灌服洗胃，每隔 4 小时 1 次。高锰酸钾具有强氧化作用，能杀毒、除臭和解毒。洗胃 1 小时后灌服硫酸阿托品（一手掰开猫嘴）0.15（首次 0.2）毫升或肌内注射 0.5 毫升。此外可配中药甘草滑石汤（取甘草 50 克，滑石粉 10 克），将甘草冲水后加滑石粉灌服，每日 2～3 次；一般不论中了什么毒都应该用特效解毒剂硫酸阿托品肌内注射 0.1～0.2 毫升进行控制。此外，猫刚中毒时，呕吐有一定好处，可以排出毒物，减少吸收，应尽可能地进行催吐；可服用吐根末 0.25 克。但如果后期仍呕吐，就应该注射爱茂尔 1 毫升止吐，以防脱水。

五、猕猴常见疾病防治

猕猴在人工饲养的条件下，由于饲养管理不善，体质下降，易感染许多疾病，以细菌性疾病发病率和死亡率最高，其次是肺炎。这类疾病主要发生在新进猴群。此外，还有创伤和寄生虫病。

（一）细菌性痢疾（俗称菌痢）

细菌性痢疾主要是由于福氏痢疾杆菌和志贺氏痢疾杆菌感染所引起的一种传染病，极少数为宋内氏杆菌感染。猴对痢疾杆菌感染极为敏感，尤其关养不久的新捕获的和 3 岁以下的未成年猴最易发病。主要传染途径是由于消毒不严污染食物和饮水，病原体随食物或饮水经口腔进入消化道，大量繁殖而致病；此外有一些昆虫，如苍蝇和蟑螂等也是传播的媒介。此病一般无季节性，一年四季均可见到病例。

1. 症状

可分急性型、亚急性型和慢性型 3 种类型。

急性型表现为病初体温升高（40.4℃左右），出现脓血便，并有里急后重现象。废食，伏卧时发生阵发性颤抖，个别出现脱肛，1～2 天后体温下降，常在 2～3 天内死亡。

亚急性型潜伏期1～3天，病初表现为精神萎靡，口渴，不爱活动，常卧笼不动，继而排出稀粪，小便频数，逐渐食欲废绝，经3～5天后排出脓性血便，身体软弱无力，两前肢抱腰，头低垂于两膝之间，被毛蓬乱，眼窝下凹，严重脱水后出现水肿，最后极度衰竭而死亡。其病程一般为7～10天。

慢性型多数由于急性痢疾和亚急性痢疾治疗不当或不彻底而转成。发作时排稀糊状和水样便，有时带少量黏液。症状消除后，常排出颗粒状粪便。猴消瘦，被毛粗乱常出现脱肛，往往慢性衰竭而死。

2. 防治方法

①抗菌治疗。常用的药物有磺胺嘧啶、痢特灵、四环素、新霉素等，也宜用庆大霉素等药物，任选一种治疗，连用2～3天即可。②补液。常用葡萄糖氯化钠注射液，一般对病情严重者，采取静脉输液与皮下输液结合进行，体重5千克以上一般静脉输液80～100毫升，每日1次，连续2～3天。体重在5千克以下者输液量酌减。此外，为了增加机体抵抗力，在输液的同时，可将复合维生素B和维生素C与葡萄糖生理盐水一并输入病猴体内。③预防。要认真做好药物预防和饲养管理工作，新进猴要严格检疫、隔离和必要的药物预防。

（二）细菌性肺炎

本病的病原主要为肺炎双球菌，其次是肺炎杆菌或支气管败血性波式杆菌，多杀性巴式杆菌和流感嗜血杆菌。发病常与外界环境条件的突然改变有关，对环境不适应或过度疲劳，营养缺乏由此而自发引起。此病具有季节性，冬春季节1岁以下的猴发病较多，新进猴发病率较高。

1. 症状

病猴最初咳嗽，呼吸增快，呈喘式呼吸，鼻翼翕动，脸唇部发红，精神不振，肺区听诊有湿性啰音。体温升高达39.5～40.5℃，往往出现前肢瘫痪，不久死亡。

2. 防治方法

①抗菌治疗。肌内注射青霉素 G 钾盐，可按不同体重 1 次 20万～40 万单位，每日 2 次或选用磺胺嘧啶或磺胺噻唑钠注射液。氯霉素、链霉素或四环素、卡那霉素等肌内注射。②病情严重者，静脉补充葡萄糖生理盐水 50～100 毫升，每日 1 次，连续 2～3 次。③预防。发现病猴及时隔离治疗。在肺炎流行期间，可将四环素、磺胺嘧啶等药物放入饮水或饲料内，同时结合室外彻底消毒。

第五章

药用动物常见疾病防治

一、地鳖虫常见疾病防治

（一）绿霉病

由真菌引起的霉菌病，多发于饲养密度大、气温较高、湿度大和梅雨季节。

1. 症状

病虫腹部呈暗绿色，有斑点，触角下垂，六足收缩，全身瘫软，行动迟缓，晚上不出来觅食，白天爬出饲养土面，不采食，2～3天后多腹部朝天而死亡。

2. 防治方法

发现病虫立即清除出池缸（瓮），并将旧养殖土取出换入新土。对病虫用0.2克抗生素拌入250克麦麸中饲喂，连喂2～3次，直至痊愈，或用0.5%福尔马林溶液灭菌。

（二）鼓胀病

本病由饲养管理不当，饲料湿度过高，地鳖虫吃了过多精饲料导致消化不良、代谢紊乱、功能失常等原因引起。

1. 症状

病虫行动不快、体黑色，光泽减退，食欲不振。虫体消化道膨

胀，致使肚子肿大。腹部鼓胀而发亮，粪便稀、灰绿色水泻状，不爱吃食，病程 3 天左右，种虫停止产卵。

2. 防治方法

在高温潮湿季节注意调节饲养土和饲料的湿度，饲料要多样化，投喂要有规律。发现本病按 500 克饲料中加食母生 1 片、复合维生素 2 片，1 日喂 3 次即可。

（三）卵块曲霉病

卵鞘在孵化器皿内，由于高温高湿或者消毒杀菌不彻底致使曲霉菌大量繁殖，卵鞘感染真菌引起本病。发霉卵鞘内卵粒腥臭，并在卵鞘口上长出白色菌丝，造成虫卵和若虫死亡。

防治方法。取清洁细沙，曝晒消毒后作坑泥，卵块每隔 5～7 天收集 1 次，先去掉杂物和早产的卵块，然后用 3％漂白粉 1 份，加石灰粉 9 份混合，轻轻撒在卵块上，消毒半小时后，用筛子筛净粉剂，将虫卵块与细土拌放入缸内孵化。保持一定清洁新坑泥。每隔 3 天重筛 1 次，将筛出的幼虫放缸内饲养。孵化期应防止曲霉菌的繁殖对卵块的危害。

（四）粉螨

粉螨多生于高温高湿环境，梅雨季节尤易发生。

1. 症状

幼螨寄生于地鳖虫胸腹及腿基节处吸取营养，使病虫逐渐瘦弱，4 周后开始内卷、发硬，以致死亡。

2. 防治方法

发现地鳖螨寄生立即清除，并更换泥土，将地鳖全部筛出，换上新坑泥。同时用 0.125％的三氯杀螨水溶液拌入饲料土或用乐果乳剂 2000 倍液喷洒地面，每隔 7 天 1 次，连续 3 次，连续多次效果更好。

（五）敌害动物防治

在饲养池（缸）四周开沟注水，如池内已发现蚂蚁，可用肉骨头、油条等香味食物诱蚁出池（缸、瓮）捕杀。此外，饲养坑池

（缸、瓮）要用铁丝网盖好，防止鼠、猫、黄鼬、鸡、鸭、蛙、蛇、蜈蚣等天敌动物侵害。壁虎、蜘蛛可人工捕捉。

二、蝎常见疾病防治

（一）黑腹病

黑腹病又称体腐病，俗称黑肚病。蝎黑腹病是由于平时饲养管理不善，蝎子吃了腐败变质或不清洁饲料或喝了不洁饮水而引起的细菌感染所致。

1. 症状

病蝎主要表现为活动减少，或停止出巢，食欲减退或不食，继而出现蝎腹部发胀，出现黑色腐烂溃疡性病灶。用手轻按会从蝎腹内压出黑色或污泥状物。病程较短，因病蝎前腹部发胀变黑褐色，逐渐出现溃疡性病灶，很快死亡。病蝎死亡尸体松弛、组织液化发臭，腹腔充满黑水。

2. 防治方法

预防要加强饲养管理，保持饲料虫鲜活和注意饲料饮水及饲饮具的卫生。清除烂食或污水。发现病蝎立即翻垛、清洗，拣出病蝎消除污染源，并对蝎池全面喷洒 0.1% 的来苏儿进行消毒。目前该病无有效治疗药物。发病早期用酵母 1 克、红霉素 0.5 克，配合饲料 500 克搅匀喂饲或用大黄苏打片 0.5 克，土霉素 0.1 克，配合拌入饲料 100 克，喂养蝎群 3～5 天。

（二）黑霉病

黑霉病也称真菌病或黑斑病，是一种真菌病害。发病原因主要是蝎的窝土湿度大，潮湿时间过久，饲料变质等，或气温偏高，促使真菌大量繁殖，病菌随呼吸道和消化道侵入蝎体内而致病。各主要脏器引起体内生理机能障碍，甚至脏器病变。黑霉病发病季节性很强，多发生在秋季或雨季，饲料过剩会发生霉变使真菌大量繁殖造成蝎体感染。

1. 症状

蝎体感染真菌发生黑霉病后，病初期表现为极度不安，后期表现为呆滞，行动迟缓，不进食，病蝎的后足不能紧缩，后腹不能卷曲，肌肉松弛，全身柔软，体前腹面出现褐色斑点并逐渐扩散成片，食欲减退或不食。病蝎粪便颜色呈褐色。蝎窝土湿度过大，加之天气过热还可能引起蝎半身不遂症。蝎患该病后表现为全身无知觉，爬行时侧身或用一边附肢和第 2 螯肢爬行，常滚爬而行。病蝎体表光泽消退，其头胸部和前腹面出现黄褐色或红褐色小点状霉斑，并逐渐向四周蔓延，隆起成片。病蝎后期消瘦，几天后死亡。尸体上逐渐长出菌丝体。

2. 防治方法

平时加强饲养管理，注意环境和饲养设施的清理和消毒，并保持养蝎屋（棚）空气流通，经常检查和调节窝内的湿度，只要注意控制窝土的湿度，可以防止该病的发生。如发现病蝎要及时翻垛（清巢），对病死蝎要焚尸处理，养蝎舍窝要用 2％福尔马林或 0.2％高锰酸钾溶液彻底消毒。治疗患病初期病蝎用 2％碘酊涂于患处，每日 1～2 次，连涂 7～10 天即愈；严重病蝎用 0.25 克金霉素 1 片，研末加水 250～400 毫升，配成 0.05％～0.06％的药液，夹着病蝎的后腹部强行让病蝎自饮，每天 2 次，连饮 3～4 天可愈，或用土霉素或长效磺胺 0.5 克拌入 500 克饲料中喂服，5～7 天即可痊愈。要换窝换土，原窝土消毒后再用。

（三）干枯病

干枯病又称枯尾病，也称青枯病。该病是由自然气候环境干热，空气温度太低，加之长时间缺少饲料和长期供水不足，蝎窝内缺少水分，窝土水分低于 3％，过于干燥，蝎体长期得不到水所致的一种非传染性疾病。

1. 症状

病蝎主要体现是病初全身干燥无光泽，体瘦，前腹异常扁平。饮食开始减退，活动迟缓。随后其后腹尾部（尾梢处）变干、枯黄

萎缩，病变部位并逐渐向前腹部延伸，当后腹部末端（尾梢处）变为枯黄色干枯萎缩时，病蝎慢慢枯竭而死亡。

2. 防治方法

加强管理，在盛夏酷暑天气干燥时应多补充饮水，应注意调节饲料含水量，经常检查和调节蝎窝土的湿度，如果发现蝎窝土缺少水分过于干燥，应立即将蝎移出窝土，并喷洒水分，使窝土保持一定湿度（不可出现明水）。之后再将蝎放回窝土饲养。盛夏气候干燥，蝎应每隔 2 天补喂 1 次果品或西红柿、西瓜皮等。同时要给蝎充足的清洁饮水。并向病蝎的栖息活动场所增加喷水次数，使其湿度增大到 20％左右，使病蝎得到水分补充，一般症状即可自行缓解，不需要药物治疗。

（四）消枯病

消枯病又称枯瘦病。蝎消枯病主要是由于蝎窝长期不换土，窝土过于干燥或给蝎子供水不足等引起的一种慢性脱水性疾病，该病常年可见。

1. 症状

病蝎表现为后体干燥无光，前腹异常扁平，后腹部呈枯黄色，干枯萎缩，不爬行。失去平衡，遇食倒退呈恐惧状，食欲减退或不食，蝎体日渐枯瘦而死亡。

2. 防治方法

加强饲养管理，经常调节窝土的湿度并经常要换窝土，如发现窝土过于干燥，应及时给蝎窝喷洒水分，并调节饲料含水量，要定时定量投放饲料，防止蝎因饥饿过度而暴食。治疗用土霉素 1～2 片，酵母片 3 片，共研成细末加水配成水溶液，夹着病蝎后腹部强制喂服，每天 2 次，连喂 3～4 天可愈。

（五）腹胀病

腹胀病又称大肚子病，导致蝎腹部膨胀。该病因蝎子所栖息的环境温湿度较低，进食过量致使蝎子消化不良而引发。此病多发生在早春气温较低和晚秋阴雨低温时期饱食后。

1. 症状

病蝎活动迟缓或趴着不动，停止饮食，病蝎前腹肿大，消化不良，不进食，一般发病10～15天后死亡。雌蝎一旦发病，则造成体内孵化停止或不育。

2. 防治方法

加强饲养管理，在早春低温和秋季低温时期应注意保温增湿，必要时可用火炉、电热炉等升温，将养蝎房的温度控制在20℃以上，促使蝎活动量加大，以便使蝎增强消化吸收能力，加快对体内贮存的过量营养物质消化吸收。治疗蝎子腹胀病，可在短时间内停食，并升温促蝎活动，加快对食物消化和吸收。蝎严重腹胀用1克食母生或乳酶生、长效磺胺0.1克混于水中喂饮或配合饲料100克搅拌喂服。

（六）便秘病

饲料质量不高、品种单一、营养不全或蝎窝土壤干燥，湿度低于3‰～5‰时易得该病。

1. 症状

病蝎食欲减退，不爱活动，肠道内粪便聚集，粪便干硬，肛门被堵塞，常表现排粪动作，但排不出粪来。肢节干瘦，后腹部颜色逐渐由深变浅至灰白色，且白色范围从后腹肛门处逐渐向前腹部方向发展，变白的体节活动不灵，当发展到后腹部第1节时就会死亡。病蝎死后躯体干瘪。

2. 防治方法

平时加强饲养管理，改进饲料配方，多喂活鲜饲料，力求饲料品种多样化，夏季注意供给蝎子含水量多的饲料，并同时供足清洁饮水，以利通便。如饲养土过于干燥，应喷洒清水，以适当增加蝎窝的湿度。

（七）体懈病

体懈病又称麻痹症。病因主要是温湿度调节不当，高温、高湿突然出现，在热气的作用下水分蒸发快，造成蝎体急性脱水现象。

在人工升温养蝎时温度和湿度忽高极易使蝎子得该病。

1. 症状

发病初期蝎表现为突然活动反常，大多出穴爬动，慌乱走动，烦躁不安，继而病蝎的肢体软化，功能丧失，尾部下垂拖地，全身色素加深，最后蝎体呈麻痹瘫痪状态，病程极短，一般从发病到死亡最多不超过 2 小时。

2. 防治方法

养蝎应加强管理，严格控制温度，防止 40℃ 以上的烘干性温度和高湿度同时出现。在人工升温养殖时，必须注意调节养殖环境的温度和湿度。蝎发病后应立即开动电风扇通风换气，调节温度和湿度，严重的应放置含水分多的青绿饲料或将所有的蝎子捕出，紧急给蝎进行补水。补水方法是在 25～30℃ 的热水中，加少许食盐和白糖，溶解后喷洒在蝎子的身上，喷湿即可。严防喷洒过多，待养蝎室（棚）内的温、湿度正常后，再将恢复正常的蝎子放回饲养。

（八）拖尾病（半身不遂症）

由于长期喂脂肪含量高的饲料，使蝎体内脂肪大量积累以及栖息场所过于潮湿而引发此病。同样条件下，2 龄蝎易患此病。

1. 症状

病蝎的躯体光泽明亮，肢节肿大，后腹部（尾部）下拖，故称"拖尾病"。肢体感觉迟钝甚至功能降低或消失，行走时侧身横行或斜行或用一侧附肢和第 2 触肢行走，滚爬而行，活动缓慢而艰难，有时俯伏不动，口器粉红色，似有液状脂溶性黏液流出。继而全身无知觉。病程 5～10 天，最后死亡，也有病程延续达数月。

2. 防治方法

少喂或不喂脂肪含量高、肥腻的肉类、蚕蛹饲料，同时注意调节垛体（蝎巢）内的湿度。本病早期发现，并及时更换饲料种类，症状可自动缓解。药物防治方法：先停肉食类饲料或停止供食 3～

5 天，改喂槐树叶或菜叶、苹果、西红柿等果品 15～20 克。可用大黄苏打片 3 克、炒香的麸皮 50 克、水 60 毫升搅拌饲喂，直至痊愈。

（九）黑腐症

黑腐症又称体霉症，多因饲料腐败变质和饮用不洁净的饮水而引起。健康蝎如果吃了病死蝎尸体后也会引起此病。

1. 症状

病蝎活动减少，食欲减退，早期前腹部呈黑色，腹胀，继而前腹部发生腐败性溃疡性病灶，用手轻微挤压即有黑色黏液流出，一旦形成病灶，病蝎不久就会死亡。此病病程较短，死亡率较高。死蝎躯体松弛，组织液化。

2. 防治方法

预防平时保持饲料新鲜，饮水清洁，经常刷洗食盘和饮水器，定期消毒，此病不会发生。蝎发病后要及时翻蝎垛（清巢），清除死蝎尸体。并对蝎室（棚）和垛体（巢穴板）用 1‰～2‰ 的来苏儿溶液或 0.1‰ 的高锰酸钾溶液喷洒消毒，也可用紫外线等灯照射进行彻底消毒。治疗病蝎可用食母生 1 克，红霉素 0.5 克，混合饲料 500 克，搅匀喂食或用大黄苏打片 0.5 克，长效磺胺 0.1 克，配合饲料搅匀，投喂 3～5 天治疗可痊愈。蝎尸焚烧，不可入药。

（十）步足麻木脚颈发黑症

因饲养密度过大，活动场地窄小而引起或蝎子被蚂蚁咬伤后易得该病。

1. 症状

病蝎不食不动，步足收缩麻木僵硬，不能伸展，时而翻滚挣扎，难以活动。后期步足脚颈发黑变硬、变干，以致坏死失去活动能力，两天后死亡。

2. 防治方法

禁止蚂蚁进入蝎房。发现有蚂蚁进入蝎房应立即清除，同时减

小饲养密度或增加养殖场地。对病蝎立冷浸或冰敷可以缓解症状，但较难治愈。

（十一）萎缩病

该病多发生于第 1 蝎龄脱皮时伏在母背上的仔蝎，主要因空气污染，母蝎产前进食营养不全而引起。

1. 症状

病蝎日渐萎缩、不长，随后自动脱离母背而死亡。

2. 防治方法

保持养蝎室（棚）内空气清新，加强母孕蝎产前营养的合理配给。

（十二）孕蝎流产

造成孕蝎流产的主要原因是孕蝎受到惊吓，摔跤或受到挤压等机械性刺激。

1. 症状

孕蝎在孵化期内慌乱不安地爬动，并早产出发育尚不成熟的小仔蝎，早产的仔蝎成活率很低，产出后大多数很快死亡。

2. 防治方法

养殖孕蝎时应保持产室、产窝安静，禁止惊扰。饲养孕母蝎饲养密度不宜过大，最好孕蝎单产房产仔蝎，防止孕蝎受到挤压、摔跤或惊吓，孕蝎产前不要搬动造成机械性刺激，防止孕蝎流产。

（十三）蝎螨病

蝎螨病是由饲养管理不善，蝎窝湿度过大和卫生条件差，蝎螨寄生于蝎体表上所引起一种慢性皮肤病。该病经接触感染。

1. 症状

患蝎体寄生着黄色粉末样的寄生虫螨，常潜伏在病蝎脚须和胸腹部两侧以及腿、尾部小缝内，患蝎行动困难，食欲减退，出现浑身瘙痒，活动减少，影响蝎子的生长发育，重者逐渐消瘦，严重的会使蝎衰歇而死亡。

2. 防治方法

改善饲养卫生条件，通风保持蝎窝干燥，调节蝎子的窝土湿度，防止蝎窝土湿度过大，对饲料虫要进行严格检查，防止带有寄生虫的饲料虫进入蝎房。发现蝎有螨寄生时，及时隔离饲养，同时将小喷雾器盛水加入25%杀虫脒3毫升，酒精1毫升，把病蝎提出窝房，背腹各喷一下，进行体表杀螨，3天1次，连喷4次可痊愈。同时要换窝土，或用漂白粉喷洒消毒和杀螨，防止蝎螨扩散寄生为害。

（十四）蝎虱

蝎虱是一种寄生在蝎子体外的寄生虫。虱螨呈黄色，个体很小，似尘埃一样。因此，当大量蝎虱寄生时，可以直观看到一些连接部位出现黄色粉末状物体，抓住蝎体，在白纸上轻轻抖落，可有黄色小爬虫落下来。养蝎室闷湿，空气不流通，窝土内湿度过大，室内臭味难除，地面和墙壁不卫生，适宜虱大量生长繁殖，并潜伏在蝎子的身体表面，吸取蝎体营养。

1. 症状

当条件适宜虱生长时，虱大量繁殖并迅速生长，并潜伏在蝎子体表面的缝隙处，如脚须、胸腹两侧以及腿、尾的小缝与皱褶中。蝎虱的大量生长繁育，会大量消耗和吸收蝎体营养，影响蝎子的身体机能及活动，严重影响蝎子的生长发育。重者使蝎体逐渐消瘦而死亡。

2. 防治方法

主要是改善饲养条件，加强养蝎室的通风、空气新鲜，经常检查调节蝎窝温度，保持室内卫生、干燥。发现病蝎及时隔离饲养，并用比较淡的漂白粉溶液进行蝎体清洗消毒，杀死蝎虱。对发病蝎群进行全群消毒，用淡漂白粉溶液进行全群喷洒，尤其是胸腹部两侧，腿、尾、脚须小缝与褶皱中，并注意喷洒地面、墙壁等，消毒杀虫。

（十五）敌害防治

蝎子属有毒昆虫，虽然敌害动物不多，但由于蝎子体小防御能力弱，易受不怕蝎毒的动物食害，蝎的天敌动物主要是蚂蚁、鼠

类、蟾蜍、蜥蜴、壁虎、蛇和鸟类等，养蝎尤其要经常防止蚂蚁和鼠类的危害。蚂蚁多攻击吃掉防卫能力较弱的幼蝎和正在蜕皮的蝎。老鼠进入蝎室先将蝎子尾部咬断，然后再咬死或取食蝎体，危害整个蝎群。

　　防治敌害的主要方法是在建造蝎窝时，发现蚁穴及时堵塞夯实，并要仔细查看，不可将蚂蚁随土带入。还要用蚁药饵洒在蝎房周围，阻挡蚂蚁进入养蝎场房，毒蚁药饵配制方法：用萘（臭虫丸）50 克碾碎，植物油 50 克，锯木屑 250 克，混匀拌成药粉。如果在冬季，蝎子进入冬眠季不食不动，中小蝎常被老鼠闯入蝎窝食害。有时还将蝎子拖入鼠穴内，因此要定时检查堵塞鼠洞。在蝎池上方罩上纱窗网，采用室内养蝎时可用纱网盖住蝎窝。还可用鼠夹（图 1）和鼠笼（图 2）捕鼠，防止老鼠侵入蝎群对蝎造成危害。但切勿用毒鼠药灭鼠，以免蝎子中毒。

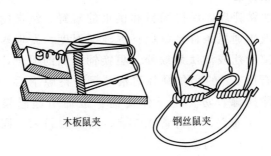

木板鼠夹　　　　钢丝鼠夹

图 1　捕鼠夹

图 2　捕鼠笼具

三、蜈蚣常见疾病防治

（一）绿僵霉菌病

本病是蜈蚣的主要病害，多因饲料腐败变质和污秽饮水引起，养殖的湿度过大也易传播此病。尤其在 6 月和 8 月底，气候变化，湿度过大，更易使蜈蚣受绿僵霉菌的感染。

1. 症状

受感染的蜈蚣早期主要在关节的皮膜等处出现黑色小斑点，随着病菌的扩散而浸润，继而蜈蚣食欲减退乃至消失，活动失去规律，爬行缓慢，体色失去光泽，有的体表出现白色菌丝，不久呈现灰色，有的腹部还出现绿色的孢子，最后停食消瘦枯竭而死亡，死亡都在瓦片上面。解剖后轻挤虫体有污秽的绿色霉状菌丝。

2. 防治方法

平时加强管理，保持饲料和供水的新鲜，经常刷洗养殖池和水槽，改善通风条件，掌握饲养池的湿度，发现蜈蚣有病后应立即隔离治疗或淘汰病蜈蚣。更换饲养池的泥土，并将池内的瓦片碎石用 3％ 的福尔马林溶液喷洒，待晾干后，再放入池内，以清除病源，防止孢子体传播扩散而引起感染。药物治疗：食母生 0.6 克，土霉素 0.5 克，共研成粉末，同 400 克饲料拌匀喂饲，直至病愈。

（二）肠胃炎

本病是由于蜈蚣吃了腐烂变质的饲料和不易消化的食物，消化不良引起。此病多发生在秋后阴雨低温期。

1. 症状

早期病蜈蚣头部呈紫红色，行动缓慢，毒钩全张，不食或少食，体弱消瘦，一般在发病 5～7 天后死亡于瓦片下面。解剖后可发现蜈蚣腹部有淡黄色黏液。

2. 防治方法

预防本病需加强饲养管理，在秋后多雨低温期应补充光照，必

要时可在 10 平方米饲养池中放上 15～20 瓦灯泡 4 只，或在晴天中午晾池，同时应保持饲料的新鲜，饮水清洁，湿度应控制在 40％，对发病蜈蚣除及时调节温度、湿度外，还应该清池，即把池中的病蜈蚣隔离和将病死的尸体捡出抛弃。病情严重时，要用 3％的福尔马林或 0.29％的高锰酸钾溶液喷洒池中瓦片，晾干后重新放入。药物治疗可用磺胺药片 0.5 克和多酶片 0.6 克，用饲料 200 克拌匀，隔日错开喂食。

（三）脱壳病

引起本病的主要原因是蜈蚣栖息场所过于潮湿，空气湿度过大和蜈蚣饲养不善，导致蜈蚣营养不足（尤指矿物质的减少），脱壳期延长，使真菌在躯体寄生而发病。

1. 症状

蜈蚣患此病初期表现为极度不安，来回爬动，或几条蜈蚣挤在一起，后期活动无力、行动缓慢，不食不饮，最后死于饲养池周围。

2. 防治方法

平时注意改善蜈蚣养殖场所和饲养环境，发现蜈蚣发病和虫害立即隔离。药物治疗常用土霉素 0.25 克，食母生 0.6 克，钙片 1 克，共研成细末，拌匀于 400 克饲料中喂服，连喂 10 天左右即可治愈。死亡虫体必须及时清除。

（四）铁丝虫

铁丝虫是寄生在蜈蚣体内的寄生虫，据解剖分析，大多数是因为蜈蚣吃了大青蝗等昆虫感染所致。

防治方法。平时注意饲养，加强管理，如饲料种类的合理搭配，防止或减少感染。

（五）敌害防治

蚂蚁是蜈蚣脱皮时和产卵孵化时的最大敌害。防治方法：将 3％氯丹粉撒在蚂蚁出没处将其杀灭，还可以在 10 克肉末中加硼砂搅匀，放在蚂蚁出没处。此外，蜈蚣的主要天敌还有老鼠、石龙子等，应注意防止它们的侵害。

四、水蛭常见疾病防治

（一）白点病

白点病也称溃疡病、霉病，由原生动物多子小瓜虫引起。水蛭吃了腐败变质的死臭螺蛳或难消化的食物也可引发本病，大多是受捕食性水生昆虫或其他敌害咬伤后感染细菌所致。

1. 症状

患病水蛭体表有白点泡状物和小白斑，运动不灵活，游动时身体不平衡，厌食等。

2. 防治方法

提高水温至28℃以上，全池洒入0.2％食盐水。或用2微升/升硝酸汞浸洗患病水蛭，每次30分钟。浸洗后应立即用清水洗净，每日1～2次。或者定期用漂白粉消毒池水。

（二）肠胃炎

水蛭由于吃了腐败变质或难以消化的食物而引起此病。

1. 症状

患病水蛭食欲不振，懒于活动，肛门红肿。

2. 防治方法

可多喂新鲜饵料，严禁投喂变质饵料，遵循喂养"四定"原则治疗本病。用0.4％抗生素（如青霉素、链霉素等）加到饲料中混匀，投喂后可收到较好的效果。

（三）干枯病

由于池塘四周岸边环境湿度太低和温度过高，导致水蛭脱水而引起本病。

1. 症状

患病水蛭食欲不振，少活动，消瘦无力，可见身体干瘪、失水萎缩，全身发黑。

2. 防治方法

可在池周搭遮阴蓬，多摆放些竹片、水泥板，下面留有空隙，

经常洒水，以达到降温增湿的效果。将患病水蛭放入 1‰ 食盐水中浸洗 5～10 分钟，每日 1～2 次。或者用酵母片或土霉素拌饲料投喂，同时增加含钙物质，提高其抗病能力。

（四）寄生虫病

该病由一种原生动物单房簇虫（monocystis）的寄生而引起。

1. 症状

患病的水蛭个体在身体腹部出现硬性肿块，硬性肿块有时呈对称性排列。经解剖确定为贮精囊或精巢肿大。

2. 防治方法

据分析水蛭的雄性生殖腺内常有大量的单房簇虫寄生，一旦发现后要注意消灭病源，以防传染。

五、蚯蚓常见疾病防治

（一）细菌性败血病

本病因败血性细菌通过蚯蚓体受伤的表皮伤口侵入血液，蚯蚓接触死蚯蚓后即被传染，并且细菌大量地繁殖而损伤内脏，导致死亡。本病具有较高的传染性。

1. 症状

病蚯蚓表现为呆滞瘫软，食欲不振，继而吐液下痢，伴有浮肿，很快水解，产生腐臭味。

2. 防治方法

首先清除病蚯蚓，以 200 倍病虫净水溶液进行全池喷洒消毒。每周 1 次，2～3 次即可灭菌。

（二）细菌性肠炎病

本病是由球菌如链状球菌在蚯蚓消化道内繁殖引起的一种散发性细菌病。一般在高温高湿的气候下发生。

1. 症状

病蚯蚓表现为初期严重拒食，继而钻出基料表面，呈瘫软状，

并频繁下痢吐液，3天左右死亡。

2. 防治方法

将病蚯蚓置于400倍的病虫净水溶液中，在容器内斜放一木板，让其浸液消毒后爬上木板，凡无力爬上者为染病蚯蚓，应予以淘汰。爬上者即取出投入新的基料中饲养。也可以参照本节细菌性败血病疗法防治本病。

（三）绿僵菌孢子病

此病由绿僵菌引起，主要是由于基料灭菌不严引起的，基料是主要的感染源。该菌适应于温度较低的环境中，一般在春季与夏季发病，随着春季的气温升高，绿僵菌孢子的弹射能力及萌发能力降低，致病力也随之减轻，患病的蚯蚓可以痊愈。但到了秋季，情况正好相反，蚯蚓一旦染病，绿僵菌孢子便会在蚯蚓血液中萌发，生出菌丝，蚯蚓最终死亡。

1. 症状

病蚯蚓初期症状不明显，当发现蚯蚓的体表发白时，蚯蚓已停食，几天后便瘫软而死，尸体出现环节干枯萎缩，口及肛门处有白色的菌丝伸出，布满尸体表面。

2. 防治方法

首先要清除病蚯蚓，更换养殖池与基料。其次是用100倍病虫净水溶液喷洒池壁，全面消毒。特别是在春秋季节更要消毒灭菌。一般每隔10天以400倍病虫净水溶液喷洒池壁1次，剂量为每平方米500～1000毫升。

（四）白僵菌病

本病由白僵菌感染所致。该菌对群体蚯蚓威胁不大，只是当该菌在生长过程中分泌出毒素时才会致蚯蚓发病死亡。

1. 症状

病蚯蚓表现为暴露于基料表面，体节呈点状坏死，继而蚯蚓断裂，很快僵硬，逐渐被白色气生菌丝包裹。病程为5～6天。

2. 防治方法

与绿僵菌孢子病相同。

（五）毛细线虫病

本病由毛细线虫引起。次虫体形细如线，表皮薄而透明，头部尖细，尾部钝圆，次虫为卵生，卵形如橄榄。此虫原是水族寄生虫，由于蚯蚓的基料含有水草或投喂生鱼内脏而将毛细线虫卵带入蚯蚓池而使之受到感染。

1. 症状

该虫进入蚯蚓体后便寄生于肠壁和腹腔内，大量消耗蚓体的营养物质，并引起炎症，导致蚯蚓瘦小。病蚯蚓表现为一直挣扎翻滚，体节变黑变细，并断为数截而死亡。

2. 防治方法

将虫卵排出体外后孵出的幼虫用药物杀灭。方法是每周喷洒400倍的病虫净1次，直至痊愈。同时，经常更换池底湿度较大的基料，尽量消除适合虫卵孵化的高湿环境。另外，该虫卵在28℃左右时才能孵化出幼虫，因此将池内的温度控制在25℃左右，能有效地防止该虫的扩散。

（六）绦虫病

本病由绦虫引起。绦虫的种类很多，蚯蚓是其中间宿主。此病主要发生在夏季。

1. 症状

病蚯蚓表现为肠道发炎坏死，蚯蚓多处断节，能引起蚯蚓发病死亡。

2. 防治方法

以600倍的病虫净喷洒养殖池，杀灭病蚯蚓和基料中的虫体。平日严禁喂生鱼杂。

（七）吸虫囊蚴病

本病是因扁弯口吸虫的后囊蚴寄生于蚯蚓的体环带中所引起的。螺、蜗牛、鱼类和蚯蚓是它的主要中间宿主。感染源主要是鱼类、蜗牛与鸟类。该病对鱼类的危害严重。蚯蚓主要是由于管理不当引起感染。

1. 症状

蚯蚓环带发炎、坏死。蚯蚓肌肉充血而死。初期表现是蚯蚓环带流黄色脓液，继而肿大。2～3天后开始萎缩坏死，有时环带处断裂。产生全身性的点状充血紫斑，并萎缩枯死。

2. 防治方法

同绦虫病的防治方法，同时还要控制鹭鸟进入养殖区。

（八）双穴吸虫病

此病是由双穴吸虫寄生于蚯蚓体引起的。致病虫体为湖北双穴吸虫和匙形双穴吸虫的后囊蚴或尾蚴。两种虫的成虫都寄生在鸥鸟的肠道中，椎实螺是其中间宿主。致病虫主要吸食蚯蚓体内的血液，并导致其发生炎症而死亡。凡是有鱼类与水鸟的地域均有大量的致病虫体。

1. 症状

病蚯蚓表现为间断性头部挣扎，后期为全身发紫，继而变白，白中现紫斑，死亡过程较缓慢。

2. 防治方法

杀灭中间宿主椎实螺，控制鸥鸟接近。其他的方法同"绦虫病"防治。

（九）敌害防治

1. 天敌动物防治

蚯蚓的天敌动物较多，一般杂食性、肉食性和寄生性的动物，例如蚂蟥、蜈蚣、螨、蜘蛛、寄生蝇、蚂蚁、蝼蛄、蟑螂、青蚯蚓、蟾蜍、蛇、麻雀、画眉、喜鹊、乌鸦、田鼠等均是它的天敌。可采用笼网防止危害蚯蚓的天敌动物进入池、床，加料时也要禁止蚂蟥随料进入池、床，用西瓜皮、水果核或人们食用后的肉骨头诱杀蚂蚁，用面粉诱杀螨，用百虫灵喷杀蚂蚁、蟑螂等。用鼠夹或鼠笼捕捉鼠类，用稻谷或麦粒诱捕麻雀等鸟类。此外，在养殖床周围挖水沟防范天敌动物。

2. 黑色眼菌蚊防治

黑色眼菌蚊属双翅尖眼菌蚊科，身体微小，长2毫米左右，呈

灰黑色。夏季为该虫活动高峰期，9月中旬后数量大减。主要危害是咬碎基料，降低气孔量，吃掉微生物使蚯蚓不能向表层活动，严重降低产卵率及幼蚯蚓的成活率。防治用400倍的病虫净喷洒养殖池表面。应在蚯蚓未爬到表面时喷洒，而且速度要快，只微量的一扫而过，否则对蚯蚓有害。其次可将池内浸水，让其成虫浮起而去除。也可用灯光悬于池边，灯下放一小火炉，成虫趋光飞起被火炉热气熏落火中而死。

3. 红色瘿蚊防治

红色瘿蚊的危害作用与黑色眼菌蚊相同，但程度更为严重。红色瘿蚊体形长，0.8～1毫米，鲜橙色，复眼大而黑。瘿蚊适应性极强，一年四季繁衍。该虫极喜腐熟发酵物，基料是其繁殖生长的良好场所，故1周内便可导致整个蚯蚓池一片红色，造成蚯蚓池上层无一蚯蚓。虫害严重影响蚯蚓的产卵量，也影响蚯蚓的正常进食和活动，破坏整个养殖环境，限制蚯蚓的生长。瘿蚊还会携带和传播病毒。防治方法同上述"黑色眼菌蚊"的防治。

4. 蚤蝇防治

蚤蝇可大量消耗蚯蚓饲料，严重污染甚至破坏蚯蚓的生活环境。其体长约8毫米，色灰黑。5～10月为活动盛期，该虫善跳，趋光性强。幼虫大量吞食酶解营养成分。严重地影响和妨碍种蚯蚓产卵，使繁殖率大幅度下降，甚至造成群覆灭。防治方法同上述"黑色眼菌蚊"的防治。

5. 粉螨防治

粉螨种类繁多，危害最严重的是腐食酪螨和嗜木螨两种。粉螨体圆色白，须肢小而难见。它常以真菌有机分解物为食，对封闭性食用菌菌丝及基料危害极大，故以食用菌废基料作为蚯蚓基料时就会大量繁殖，造成蚯蚓群体逃逸和抑制产卵。防治可用0.05％长效灭蚊剂喷洒养殖床表面1～2次，即可全面杀灭。

6. 跳虫防治

跳虫，俗名跳跳虫，种类较多，常见的有菇疣跳虫、原跳虫、蓝跳虫、菇跳虫、黑角跳虫、黑扁跳虫等。跳虫体长1～1.5毫米，

形如跳蚤，多在粪堆、腐尸、食用菌床、糟渣堆等腐殖物上活动。其尾部较尖，具有跳弹能力，弹跳高度为2～8厘米。其体表有油质，可浮于水面。幼虫形同成虫，色白，休眠后脱皮而转为银灰色。卵为半透明白球状，产于表层。跳虫主要群聚于养殖池表面啃啮基料成粉末状，还可直接咬伤蚯蚓致死。防治方法同"粉螨"的防治方法。

7. 猿叶虫防治

猿叶虫是十字花科蔬菜的主要害虫之一，主要有大猿叶虫和小猿叶虫两种，两种猿叶虫形状相近。一般成虫在腐树叶、松土4～8厘米处越冬或潜入15厘米以下腐叶或土中蛰伏夏眠，平日活动频繁。幼虫与成虫一样都有假死习性，很会迷惑人，主要危害基料及直接伤害蚯蚓或卵。防治方法同上述"跳虫"的防治。

六、蟾蜍常见疾病防治

（一）胃肠炎

该病由于饲养场地不洁、饵料不洁或霉败变质和不易消化的食物、进食过饱、水温急剧变化等引起。

1. 症状

患病初期不安焦躁，爬行缓慢，身体瘫软，后期病蟾钻在地边角落不食、不下水或后肢伸直，常蹲不动或仰卧在地，腹部膨胀，常造成死亡。

2. 防治方法

加强饲养管理，搞好场地清洁工作，不投喂霉变饵料，防止过食。可在饵料中加入酵母片，每只半片研碎喂服，病情严重的蟾蜍在饵料中加土霉素或磺胺类投喂，每日两次，连喂三日。

（二）细菌性传染病

养殖蝌蚪的水质因残食腐败而发生污染，水中病菌大量繁殖，产生毒素危害蝌蚪和幼蟾，饲养密度大，管理不良时可引起细菌感

染，多发生于每年 5～10 月。

1. 症状

患病蝌蚪不活动，常浮到水面，不吃食，消化机能障碍，继而身体表面皮肤干燥，颜色变黑，失去光泽，尤其是尾部有出血点或出血斑，最后出现呼吸困难。

2. 防治方法

主要加强饲养管理，饲养池要彻底消毒。投喂饵料要求新鲜无霉变，投喂适量，不宜太多，以免残食腐败污染水质，并应定期注入新水，保持水质清新。治疗时在投喂饵料中加入土霉素 0.5 克，喂服，发现发病严重蝌蚪应捞起放到 0.001% 的链霉素溶液中浸泡 10 分钟左右，每日 1 次，连治 3 天，病愈后再将蝌蚪放回池中。

（三）气泡病

由于养殖池中的腐殖质太多，水体过肥或水质不洁，产生大量的气体如沼气（甲烷）、硫化氢等小气泡，被蝌蚪吞食进入胃肠中致病。

1. 症状

病蝌蚪腹部膨胀，充满气体，呈圆球状，身体失去平衡，在水面游动无力，头部和腹部向上浮出水面，吃食和游水困难，如不及时治疗，能引起大量死亡。解剖可见鳃、皮肤及内脏充满气泡。

2. 防治方法

清除养殖池中过多腐殖质，高温期间 2～3 天换一次池水，保持水质清新。干粉料要充分泡湿后才投喂。治疗时发现气泡病的蝌蚪应及时换新水，防止病情恶化，病蝌蚪要捞出，隔离于淡盐水中，停食 2～3 天。换 3 次新水后可投喂煮熟的麦麸，使病蝌蚪通过消化自行排出气泡。

（四）皮肤红肿病

常因养殖密度过大，爬行及捕食过程中皮肤擦伤或刮取毒液用力过大，损伤皮肤后感染病菌而发病。

1. 症状

病部皮肤发炎红肿，尤其以后肢及耳后腺部发病多见，继而会化

脓溃烂，阻碍活动捕食，最后瘦弱衰竭或毒素入血遍布全身中毒而死。

2. 防治方法

避免皮肤损伤，在刮取毒液时应小心操作。治疗时将患部用生理盐水或 0.1％高锰酸钾溶液清洗，除去腐烂组织及脓液后涂上土霉素膏或金霉素膏。严重时喂服抗生素或磺胺药物，用量按每千克体重 1 克，将药物混入饵料中喂服，每天 1 次，连服 3～5 天。

（五）脱皮病

脱皮病也称烂皮病。该病对蟾蜍各个发育阶段均有危害。主要是由于饵料单一，维生素 A 缺乏，上皮组织代谢异常，皮肤腺分泌物减少，湿润度降低而显干燥，皮肤出现斑纹腐烂，或皮肤外伤后感染各种溶血性病菌，造成皮肤溃烂。

1. 症状

皮肤光泽度差，局部充血发炎，出现皮肤斑裂，脱落，先是蟾体背部，继而大面积皮肤脱落溃烂，厌食恶动，严重者导致死亡。其病发快，传染性强，一般 7～10 天大部分个体出现症状，死亡率高。

2. 防治方法

尽量要求饵料多种多样，营养成分全面而丰富，多喂动物性活饵料及富含维生素 A 的饲料，配合料要保证各种维生素的含量。定期更换池水，流行季节每周用硫酸铜溶液对全池泼洒 1 次或对池水消毒。治疗本病要增加饲料中维生素 A 的含量，成体可投喂鱼肝油胶丸，每日 1 粒，连用 3～5 天，病重的个体用 5％的食盐水局部清洗，或用 3％的食盐水，每升水加入 50 万单位青霉素，每日浸洗 2 次。也可用庆大霉素浸洗病蟾，每 10 千克水中加入 80 万单位庆大霉素，再用紫药水涂抹烂皮处，每天 2 次，连续 3 天。

（六）水霉病

水霉病又称白毛病或霉肤病，可以侵害各发育阶段的蟾蜍。病因主要是长期不更换池水，水质不清洁，水霉菌从体表皮肤侵入，吸收皮肤营养。

1. 症状

感染水霉菌时，感染部其菌丝体向内深入肌肉，长成絮状浅白

色的菌丝，菌丝成菌落后，由感染部向周围扩展，菌丝根部深入肌肉内，吸收寄主体内营养，由于肌肉损伤，菌丝分泌的毒素的作用，蝌蚪游动迟缓，成体则躁动不安，摄食减少，瘦弱，最终导致蝌蚪死亡，卵或胚胎感染了水霉菌，可使其发生霉变而导致死亡。

2. 防治方法

定期更换池水和消毒，避免捕捞运输和转池过程中操作不慎而造成机体外表的损伤。治疗用2%的盐水浸洗消毒15分钟，或用7毫克/升的高锰酸钾溶液浸洗30～60分钟，每日1～2次。蟾蜍的幼体和成体发病时，用5%的盐水清洗局部，或用10%的紫药水涂抹局部。

（七）红腿病

该病由嗜水气单胞杆菌感染引起，常因养殖密度过大或运输、转池过程中造成外伤，水质条件差造成细菌感染。该病主要危害幼体和成体，发病急，传播快，死亡率高。

1. 症状

病蟾精神萎靡，头部伏地、行动迟缓，反应迟钝，厌食。腿部和腹部皮肤充血发红或有红点斑，皮下肌肉充血，严重时发生溃烂，组织坏死，内脏器官充血、出血，并发多种炎症，此病病程短，一般3～5天内死亡。

2. 防治方法

放养时密度不可过大，运输、转池时不造成皮肤损伤，水体环境要保持清新卫生，定期更换池水和消毒，改善水质。对病蟾的原水池进行消毒，更换池水。治疗用3%的盐水局部浸洗，每次洗5～10分钟，每天2次。或用20%的磺胺咪溶液浸洗15分钟，严重病蟾浸泡1～2天，同时在每千克饲料中添加0.3克磺胺咪或四环素，连喂5天。或肌内注射庆大霉素，1万单位/只成体。

（八）红斑病

红斑病又称败血症，由假单胞菌感染引起，捕捉、运输等造成外伤，放养密度过大，水质不洁诱发。蟾蜍红腿病和红斑病常相继

发生，一般认为本病是红腿病的扩展和蔓延，本病一年四季都可发生，传染性强，死亡率高。

1. 症状

病蟾精神萎靡，低头伏地，有的潜入水底，不食不动，蟾体出现红肿、红点、红斑等。本病与红腿病的区别是：红腿病主要是病蟾体后肢红肿，出现红斑或红点，严重时并发多种炎症，以上症状发生在腿部以外的其他部位，则称为"红斑病"，严重时全池病蟾死亡。

2. 防治方法

保持水质清新和饵料卫生，捕捞、运输种蟾防止造成创伤。治疗时每只病蟾注射庆大霉素或红霉素 1000 单位，或用鱼康药液全池泼洒，使池水达 1 毫克/千克浓度。连续泼洒 3 天。

（九）白点病

该病主要因饵料中缺乏维生素造成蟾体抗病力下降或因蟾蜍头部创伤后受到病菌感染所致。

1. 症状

病初在蟾头背两眼间距中央有 1 个小白点，以后沿蟾头纵轴方向扩展成长条状，皮肤逐渐腐烂，病后病情严重露出白骨死亡。

2. 防治方法

高密度养殖蟾蜍要加强饲养管理，在人工配合饵料中适当添加兽用复合维生素。发现病蟾及时隔离，用 3% 食盐水浸洗患病蟾蜍消毒 5 分钟，外涂金霉素眼膏，同时每只病蟾在饵料中加喂磺胺嘧啶片（体重 100～200 克病蟾每次用 125 毫克）和多种维生素 1 粒，连喂 6 天可愈。

（十）鳃霉病

鳃霉菌侵入蝌蚪鳃部引起发病，多发生于水质败坏、有机质含量过多的蝌蚪养殖池中的蝌蚪。该病主要危害蝌蚪的鳃组织。

1. 症状

鳃组织充血、出血，后期鳃丝失去鲜红色，变成苍白色，呼吸功能丧失致死。

2. 防治方法

定期更换池水和消毒，控制水体有机物含量，防止水体过肥而变质，水质恶化，杂生鳃霉菌。蝌蚪患病后更换水池，同时对池体消毒，对群体或个体可用硫酸铜和硫酸亚铁合剂（5∶2）浸洗消毒，浓度为 0.7 毫克/升，清洗 10～20 分钟。

（十一）出血病

由于蝌蚪饲养池中水质恶化，有机物含量过大，细菌大量繁殖侵入蝌蚪皮肤损伤而致病，多发生于即将长出后肢的蝌蚪。

1. 症状

患病蝌蚪腹部或尾部出现血斑块，病蝌蚪表现为不安，常在水面打圈，数分钟后沉入水底死亡。

2. 防治方法

经常换水保持水质清洁，防止水质恶化，若水质太肥或水底淤泥过厚，可用生石灰清池，加速有机物分解。发现病蝌蚪及时用网把病蝌蚪捞起，集中按 1 千克蝌蚪用 5 万单位青霉素或 5 万单位链霉素浸泡 30 分钟，1 日 1 次，连续浸泡数日有显著疗效。

（十二）脱肛病

此病主要是由于饲养管理不善造成的，便秘或拉稀、突然改变饲料和维生素缺乏均可引发本病，以成体发病多见。

1. 症状

病蟾食欲减退，直肠突出外露于泄殖腔（肛门口）之外 1～2 厘米，行动不便，常发生细菌感染、发炎、体质消瘦等，继发各种疾病。

2. 防治方法

改善饲养管理，喂易消化饲料，注意饲料卫生，防止便秘或拉稀。蟾蜍脱肛后及时单独圈养，用消毒剂洗擦和冷盐开水洗净污物外露的直肠以后清除坏死黏膜，并将脱出的直肠塞进泄殖腔，将病蟾放入饲养池，整复 1 周内，减少蟾蜍活动量，精心护理，防止被同类相残即可痊愈。

（十三）车轮虫病

车轮虫病是由于蝌蚪饲养密度大，气温高，水质恶化，车轮虫大量繁殖，主要寄生在蝌蚪鳃和体表所致。本病流行于4～6月，5月最为流行。

1. 症状

蝌蚪寄生车轮虫后离群单独游动，行动迟缓，食欲减退，呼吸困难，消瘦，生长停滞，肉眼可见蝌蚪尾部发白、溃烂，鳃丝颜色变淡，若不及时治疗会引起死亡。

2. 防治方法

养殖密度要合理，适时分池放养，降低蝌蚪饲养密度，扩大蝌蚪活动空间，注意保持水质与饵料清洁卫生，同时用10％生石灰全池泼洒清池。发病初期按每立方米水体用硫酸铜与硫酸亚铁（5：2）合剂（0.7毫克/升）全池泼洒。

（十四）斜管虫病

斜管虫病由斜管虫寄生在蝌蚪体表及鳃上引起，斜管虫适宜在水温8～18℃时繁殖，多在养殖密度过大、水质卫生差的环境中生存，初冬和春季更易感染发病。

1. 症状

有斜管虫寄生的蝌蚪常浮在池边，反应迟钝，不食，体色由黑褐色变成黄褐色，腹部较小，消瘦、停止生长，寄生严重的蝌蚪陆续死亡。镜检体表黏液可见斜管虫。

2. 防治方法

蝌蚪池放养蝌蚪前每立方米水体用0.7克硫酸铜全池泼洒，进行全池消毒，养殖密度适宜，保持水质清洁卫生。发现蝌蚪有斜管虫寄生，每立方米水体用7克硫酸铜（5克）和硫酸亚铁（2克）合剂全池泼洒。

（十五）舌杯虫病

蝌蚪寄生舌杯虫引起本病，蝌蚪饲养密度高，水质卫生差，7～8月高温季节多发此病，感染传播快。

1. 症状

蝌蚪消瘦，生长停滞，此虫多寄生于蝌蚪尾部，肉眼观察很像水霉。镜检可见舌杯虫。

2. 防治方法

降低养殖密度，改善水质，搞好水体卫生。发现蝌蚪寄生舌杯虫，及时按每立方米水体用0.7克硫酸铜和硫酸亚铁合剂溶于水全池泼洒。

（十六）锚头鳋病

锚头鳋寄生于蝌蚪胴体引起寄生部位发病。

1. 症状

寄生在蝌蚪胴体中致使寄生部位组织发炎、红肿，严重时发生溃烂，蝌蚪生长停滞，逐渐消瘦死亡。

2. 防治方法

注意养殖合理密殖，保持水质卫生。将发病蝌蚪用7毫克/升的高锰酸钾溶液浸浴10～20分钟，每次清洗后用清水洗去腮部浸液以利呼吸。每天1次，连续2～3天。发现大量锚头鳋寄生于蝌蚪时用0.5毫克/升精制敌百虫溶液全池泼洒。

（十七）蟾蜍敌害防治

蟾蜍的天敌动物主要是蛇类、鼠类和蚂蚁及飞禽类。在养殖过程中应加强管理，经常看护，发现天敌动物应及时捕杀。

七、哈士蟆常见疾病防治

（一）胃肠炎

胃肠炎是由细菌引起的中国林蛙蝌蚪、幼蛙和成蛙共患的一种常见病，主要是患肠炎较多。胃肠炎的发生多与环境卫生恶化、水质和饵料不洁有关。暴饮暴食也会引发胃肠炎，导致大批林蛙死亡。每年的6月下旬至8月下旬是胃肠炎的高发期。

1. 症状

病蛙发病初期活动异常，躁动不安，不分昼夜地围着饲养圈跳，此时是治疗的最好时机。发病 3～5 天后，部分病蛙开始不进食，个别蛙死亡，病蛙颜色变成青色。发病后期，大量病蛙不进食，反应迟钝，垂头弓背，机体消瘦，此时治疗难度很大。蝌蚪发病后多浮于水面。

剖检可见腹部膨大，腹腔积水，胃肠壁严重充血、发炎，肛门红肿。

2. 防治方法

蝌蚪期要保持水质清新和饵料清洁，可每 600 平方米施用 1 千克生态增氧剂，7 天施 1 次；或用 5 毫克/千克优碘消毒，10～15 天进行 1 次。蝌蚪期不要饲喂发霉、变质饲料，饵料投喂要定时、定量、定点。蝌蚪发病后要及时换水，清除病死蝌蚪，防止病菌蔓延。并在每千克饲料中加胃散片或酵母片 1 片，研成细末，混合喂给，早期治可愈。

幼蛙和成蛙胃肠炎的防治：加强饲养场的环境卫生管理，每年 6 月下旬至 8 月下旬是胃肠炎的高发期，预防胃肠炎时可用黄粉虫 5 千克拌土霉素 10 克、环丙沙星 20 克，连喂 5～7 天，每月预防 2 次，并注意饵料要定时、定量饲喂；在发病初期及时撒漂白粉进行水体消毒，每千克饵料加喂酵母片 10 片，每日 3 次，连喂 5 天，并配合使用肠炎平，每千克饵料拌 8 克。当病情发展到第 2、3 阶段时，要立即清除所有死蛙，加强蛙场消毒。

（二）红腿病（败血症）

红腿病为蝌蚪、幼蛙和成蛙的常见病。其病原体为坏死杆菌及嗜水单胞杆菌，混合感染，多因饲养密度过大，养殖池内水质条件较差，该病传染快，死亡率高。该病一年四季均可发生，但多发生在夏季饲养期间。

1. 症状

发病个体伏地，精神不振，活动能力减弱，不进食，腹部膨

胀，口和肛门有带血黏液，肌肉呈红色。腹部和大腿内侧皮肤出现红色斑点并点状出血，腿无力，行动迟缓，严重溃烂。

剖检可见腹腔有大量腹水，肝、脾、肾肿大并有出血点，胃肠充血并充满黏液。

2. 防治方法

定期换水，保持水质清新，合理控制养殖密度，定时、定量投喂食物，及时将病蛙捞起隔离治疗，控制疾病蔓延。用 1 毫克/升漂白粉溶液全饲养池消毒；也可用 0.7 毫克/升硫酸铜或 0.5%～1%高锰酸钾溶液消毒。治疗病蟆用 3%食盐水浸泡病蛙 20 分钟，或 0.5%～1%高锰酸钾溶液浸泡病蛙 10～15 分钟。病重的哈士蟆可用青霉素、链霉素各 50 万单位拌 1000 克饲料喂给，连续喂 3～4 天，有一定疗效。

（三）烂皮病

本病因蟆皮肤外伤后感染坏死杆菌而引起，多发生于生殖休眠的成蟆。

1. 症状

病蟆背部皮肤失去光泽而脱落，病蟆皮肤局部充血、发炎，很快全眼变白，以后局部扩大变黑、溃烂。严重的病蟆拒食，潜伏在阴暗处，常用趾抓搔患处而出血死亡。

2. 防治方法

用 0.5%～1%的高锰酸钾溶液每次浸泡病蟆 10～15 分钟，每天 2 次，连续 3 周。严重病蟆可用链霉素，每立方米用 300 万单位，浸泡病蟆 10～15 分钟。

（四）气泡病

人工养殖中国林蛙的蝌蚪时，由于受阳光强烈照射，池内水温增高，水生植物的光合作用和有机质的分解，使水中溶解的气体达到过饱和状态，这些过饱和的溶解气体，以气体的形式从水中析出，附于固体物上，蝌蚪在取食过程中，就会不断地把气泡摄入体内而发生气泡病。

1. 症状

患病蝌蚪漂浮于水面，轻者腹面向下，重者腹面向上，游泳缓慢、混乱，不能下沉，不采食。经剖检除其腹部皮下有一气泡外，其他器官均正常。

2. 防治方法

及时更换池水，在蝌蚪培育期内经常注入新水，当发现有气泡病时，应立即加注新水，同时排出部分池水。不要使池水浮游植物过多，一般水呈淡绿色为宜。蝌蚪 20 日龄后，在晴天中午至日落前用帘子在蝌蚪培育池上遮掩，防止光合作用过剩，水温过高。植物性饵料应煮熟再投喂。若发现发病的蝌蚪，将其及时捞出，然后放置于清水中，暂放 1～2 天，不投饵料，降温保洁。

（五）敌害防治

哈士蟆的敌害动物很多，主要是蛇类、鼠、飞鸟、黄鼠狼、癞蛤蟆、青蛙、甲壳虫等。其中有一种甲壳虫大小形状如"放屁虫"，它的幼虫形如蛆虫，扁圆形，背部有不显眼的红黑斑点横纹，很少发生，一旦发生，危害极大，专咬蛙的喉下部。哈士蟆在产卵期的主要天敌动物是蛇、水鸟等。幼蟆和成蟆在森林生活期的主要天敌动物是蛇类、老鼠等。防治哈士蟆天敌动物的方法是建场后用生石灰、敌百虫、漂白粉彻底消毒。饲养期间用乐果菊酯类灭杀或人工捕杀。其次，场地上面需要用以麻雀钻不进的大眼网封盖，进行封闭式养殖，防止鸟害。一般采用捕杀方法禁止天敌动物侵入养蟆场。

八、蛇类常见疾病防治

（一）霉斑病

此病由真菌引起，主要是由于蛇窝内地面及四壁过于潮湿或不卫生引起，尤其在梅雨季节真菌易于繁殖，因而蛇体常感染致病真菌，人工饲养的蛇特别是蝮蛇、尖吻蝮等小型蛇种，尤为多见。

1. 症状

蛇体腹部鳞片上生长有块状或点状的黑色霉斑，失去光泽，严重时可以造成片状腹鳞脱落，腹肌外露，有的甚至向背部延伸发展，如不及时治疗可蔓延到全身，最后引起全身霉烂，数天内死亡。

2. 防治方法

预防本病关键是保持蛇窝干爽，做好清洁卫生和蛇窝的通风。梅雨季节高湿期可用石灰清扫、吸湿或将石灰用纸包好放入蛇窝的一边，并定期更换。隔离治疗，治疗：将患蛇单独饲养，用2%碘酊（碘酒）涂患处，每日1～2次，连用7～10天可治愈。

（二）口腔炎

蛇口腔炎是由化脓性细菌引起的一种蛇类多发病，常见于尖吻蝮、银环蛇、眼镜蛇等，多因捕捉不当或挤蛇毒时损伤其口腔而引起发炎。蛇在冬眠后体质虚弱，蛇窝潮湿或环境不卫生时更易发病。越冬以后，天气变暖时，口腔炎多见。

1. 症状

病蛇颊部和两颌肿胀，有时口腔黏膜由白变黄，并有红肿或点状出血，黏膜分泌物过多，甚至口腔黏膜腐败，不能进食，严重时口腔有脓样分泌物，头部昂起，口微张而不能闭合，因此难以进食。如不及时防治会迅速感染蛇群。

2. 防治方法

预防蛇的口腔炎可在蛇冬眠苏醒后，移蛇于日光下接受阳光照射，梅雨季节若蛇窝潮湿，应暴晒消毒，保持通风，并彻底打扫蛇窝卫生。人工取毒时捉蛇头部挤压毒腺时手法不要太重。发现病蛇应及时将病蛇隔离。治疗：用消毒药棉（脱脂棉）缠于竹签头上，先蘸40～50℃温水清洗，然后再拭净其口腔内脓性分泌物，再用雷夫奴尔溶液冲洗其口腔进行消毒，然后用龙胆紫药水涂1～2次或冰硼散（煅硼砂30克，冰片3克）敷患部1～2次；口腔黏液过多时，可用阿托品清洗，每天1～2次。

（三）急性肺炎

蛇急性肺炎是由肺炎双球菌引起的一种传染病。此病发生原因主要是蛇在冬眠期中窝内温度变化幅度大，盛暑天气炎热，窝内温度高、过于闷热或气温突降。此病早期可由感冒引起，传染性较强。雌蛇产卵（仔）后身体虚弱、卫生条件差时，此病发病率高，全窝蛇群2～3天内可发生大批死亡。

1. 症状

病蛇呼吸困难，常张口呼吸不闭并逗留窝外盘游不定，不思饮食，不思归洞。严重时肺泡发炎出现水肿，能使蛇类突然死亡。

2. 防治方法

加强管理，蛇窝通风防潮，保持清爽。入冬天气严寒时，应加强挡风保暖工作。发现病蛇及时隔离治疗。治疗可用50万单位的链霉素，分8份，包于食物内（如青蛙皮内）填喂病蛇口中，再用清洁饮水冲服，每天2次，连服3～4天；或将药粉溶后用钝头空心管子灌入。也可肌内注射针剂如青霉素，每次肌内注射10万单位，注于其背部肌肉中，每日2次。皮下注射可取与蛇体略平行的角度，从鳞片之间略斜着注于蛇的皮下部位。

（四）厌食

蛇由于处于蜕皮期或繁殖期和秋冬气温下降到10℃以下等原因引起的自然绝食是正常现象。厌食绝大多数是因捕蛇种时引起外伤或内伤，运输时间过长或不适应蛇场新环境，或因饵料品种变更太快，投喂食物种类不适口，投喂方法不当，环境温度过低或盛暑蛇窝拥挤闷热未能及时降温，或蛇体外感染蜱虱等寄生虫等因素引起的。

1. 症状

食欲不振，往往很少进食，甚至不进食，蛇体日渐消瘦，尾部可见明显皱瘪，最终导致死亡。如染有寄生虫，解剖蛇体可见一些寄生虫。

2. 防治方法

蛇场应通风、干燥、清洁卫生，喂的食物应新鲜，食物种类应

多样化，饲养密度应合理，注意驱除寄生虫。发现蛇病需检查环境温度是否适宜，笼舍装置是否符合其生活习性，吞咽是否正常，并查清非蜕皮、繁殖期的其他原因引起的食欲不振，以便消除致病因素，同时尽早灌服复合维生素 B 液、低浓度的葡萄糖溶液等，每次成蛇灌服 5～10 毫升。

（五）肠炎

蛇肠炎是由蛇肠道内的细菌大量滋生导致消化不良而引起的蛇肠道性疾病。

1. 症状

蛇患肠炎后表现为神态呆滞、不爱活动、少食或不食，排出绿黄色的稀粪，蛇体逐渐消瘦，可见蛇体干瘪的皱褶，尾部消瘦尤为明显。发病严重时可以导致病蛇死亡。

2. 防治方法

预防主要是搞好蛇场、饵料和饮水的卫生，保持蛇窝的干燥通风，蛇在入场饲养前进行药浴。治疗可口服吡哌酸 0.1 克，每天 3 次，连服 3 天；或灌服复合维生素 B 液治疗，每天 5～10 毫升，直至治愈为止。

（六）线虫病

寄生于蛇体内的线虫属于线形动物门，其种类较多，主要有棒线虫、蛇圆线虫、蝮蛇泡翼线虫和小头蛇似丽尾线虫等。

1. 棒线虫

体呈线状，虫长 5～8 毫米，多寄生于尖吻蝮等蛇的肺泡内，一般感染较重，大多数寄生繁殖，最后能使肺部腐烂。治疗用左旋咪唑灌喂，每次 2 片，或按蛇体重每 1000 克灌喂四咪唑（驱虫净）0.1～0.2 毫克。

2. 蛇圆线虫

体长 3～5 厘米，多寄生于尖吻蝮等蛇消化器官的浆膜组织内，肝脏中尤为多见，寄生处形成约黄豆粒大小的结节，每结节内有一至数条。当结节多时，病变严重可使寄主死亡。防治方法同棒

线虫。

3. 蝮蛇泡翼线虫和小头蛇似丽尾线虫

这两种寄生虫分别寄生于尖吻蝮、小头蛇的肠中。前者多约 3 厘米，后者不足 6 毫米，均雌大雄小。治疗：按蛇体重每 1000 克灌服四咪唑（驱虫净）0.1～0.2 毫克，也可灌服或注射左旋咪唑。

（七）鞭节舌虫

鞭节舌虫又叫乳头虫，属于节肢动物，雌、雄异体，雌虫长约 5 厘米，雄虫体重小，约 2 厘米左右，在大的尖吻蝮体内有较多发现。由于蛇吃了寄生有此虫幼虫的蛙、鸟、鼠后，幼虫转移到蛇体内肺部和气管上长成成虫寄生。

1. 症状

病蛇常伸直身体逗留窝外，蛇体消瘦异常，且皮肤多有皱褶，有的虫还会经过喉头爬到口腔，堵塞蛇的内鼻孔。蛇常张口呼吸，感染较重时可引起呼吸困难，甚至窒息死亡。有的感染上其他疾病而导致死亡。

2. 防治方法

用精制敌百虫溶液灌入胃内，每次要随用随配，用药量按蛇每千克体重灌药 0.01 克，连灌喂 3 天，或灌喂灭虫宁，每次 1～2 克，每天灌服 1 次。精制敌百虫溶液配料：将固体敌百虫研碎后放入耐热的玻璃容器中，加入适量的水后，置水浴中慢慢加热，并不断用玻璃棒搅动，待其全部溶解后，加足量的水搅匀即可。

（八）蛇蛔虫

蛔虫属于线形动物门、线虫纲、蛔虫科，多寄生于蟒蛇、滑鼠蛇、灰鼠蛇等较大型无毒蛇体内的消化道肠胃内，寄生多时堵塞于寄生部位。

1. 症状

被寄生的蛇表现为食欲不振，体质渐衰，死前经常摇头，甚至用头撞墙，有时还会喷出黏液。

2. 防治方法

用精制敌百虫，按蛇体重 1/1000 灌喂，或用驱蛔灵，每次半

片用水送服，连服 3 天。

（九）蛇绦虫

绦虫属于扁形动物门、绦虫纲。在蛇体内寄生的是绦虫的幼虫——裂头蚴，具有头节，体有横皱纹，体长短不一，长的 20 厘米，短的不到 1 厘米，寄生在蛇体的皮下、腹腔、肌肉等处。病蛇蛇肉未烧熟被人吃后，绦虫能感染给人体，并发育为成虫。成虫全身呈带状，由许多节片组成，头上有槽、吸盘和钩，寄生在猫、犬、狐、豹、虎等的小肠壁上。

1. 症状

幼虫寄生在蛇体，可见寄生的结节，一般对蛇类的健康危害不大，症状不明显；寄生于蛇的皮下时，蛇体表粗糙，鳞片翘起，有小疙瘩。

2. 防治方法

可用刀剖开取出裂头蚴，然后在伤口涂以 1‰～2‰ 碘酊（碘酒）。绦虫严重寄生时，可用硫双三氯酚，每千克体重 2 克；或氯硝柳胺，每千克体重 0.05 克治疗。

（十）体外寄生虫

蛇体外寄生虫主要是蜱螨（螨大蜱小），属于节肢动物门、蛛形纲。在蛇皮寄生的以蜱多见，吸宿主血，不仅严重影响蛇体健康，而且能传播疾病。

1. 症状

蛇体消瘦，无神，食欲正常但不增膘，被寄生部位鳞片翘起，寄生严重的部分可见蜱露出鳞外。

2. 防治方法

预防蛇类体外寄生虫，除加强管理，不让蛇接触不洁的食物和水源以外，每年初夏和初秋应进行两次驱虫，发现蛇有体外寄生虫寄生时，将被寄生的病蛇放到 0.1% 的敌百虫溶液中浸泡 3～4 分钟后取出（切勿使蛇头浸入水中，防止饮吸药水致死），寄生虫即可死亡并脱落。若寄生蜱不严重，可用手拔除，为了防止细菌感染

伤口，可涂 1％～2％碘酊或龙胆紫药水。

（十一）敌害防治

自然界中，各种动物都是互相制约，互相依存的。有许多动物不仅不怕毒蛇，还可以蛇类为食。蛇类主要的天敌有獴、鹰、刺猬等，分别介绍如下：

1. 獴

有一种红颊獴，体形与黄鼠狼大小差不多，但性情格外凶猛，连厉害的毒蛇也是它口中的食物。当红颊獴碰到毒蛇时，全身的长毛便耸立起来，全身骤然胀大一倍，给毒蛇一个下马威。在搏斗中，它机灵而又凶狠，主动向毒蛇出击，使毒蛇防不胜防，不一会便咬住蛇颈部。

2. 鹰

鹰发现蛇后，常用那有力的利爪抓住蛇，飞往高空后将蛇丢下来，摔死后吃掉。

3. 刺猬

刺猬碰到毒蛇时，毫不畏惧，总是小心与蛇周旋，当蛇向它进攻时，它马上把头一缩，竖起钢刺般的棘刺，使蛇无处下口，只好退回去。在蛇退出去的那一刻，刺猬不失时机地对蛇猛咬一口，使蛇又怒气冲冲地扑上来，可又被刺伤。不多一会，毒蛇就遍体鳞伤，最后成为刺猬的食物。

当然，在自然界蛇类的天敌远不止这些，养蛇时必须严加防范蛇类天敌，以免造成严重的经济损失。

九、麝香鼠常见疾病防治

（一）巴氏杆菌疾病

本病夏季多发，春秋季节次之，冬季少见，由多杀性巴氏杆菌引起，主要由饮水、饲料、外源感染致病。长期的饲料营养不全，管理卫生不好，防疫制度不严，气候剧烈变化，都能导致麝香鼠巴

氏杆菌疾病高发。

1. 症状

本病症状表现多样，主要有以下方面：

（1）鼻炎型　鼻腔流出浆液性、黏液性或脓性分泌物，呼吸困难，打喷嚏、咳嗽，鼻液在鼻孔处结痂，堵塞鼻孔，使呼吸更加困难，并出现呼噜声。由于患鼠经常以爪挠抓鼻部，可将病菌带入眼内、皮下等，诱发其他病症。病程一般数日至数月不等，治疗不及时多衰竭死亡。

（2）出血性败血症型　最急性的常无明显症状而突然死亡。生产中以鼻炎和肺炎混合发生的败血症最为多见，可表现为精神萎靡不振，食欲减退但没有废绝，体温升高，鼻腔流出浆液性、黏液性或脓性鼻液，有时腹泻。临死前体温下降，四肢抽搐，病程数小时至3天。

（3）中耳炎型　又称斜颈病，是病菌扩散到内耳和脑部的结果。其颈部歪斜的程度不一样，发病的年龄也不一致。多数为成年鼠。严重的患鼠，向着头倾斜的一方翻滚，提起尾巴时，头部一直原地转圈，一直到被物体阻挡为止。吃食较正常，病程长短不一，最终因衰竭而死亡。

（4）地方性肺炎型　常由传染性鼻炎继发而来。由于麝香鼠运动量很小，自然发病时很少看出肺炎症状，直到后期严重时才表现为呼吸困难。患鼠食欲不振、体温升高、精神沉郁，有时会出现腹泻或关节肿胀症状，最后多因肺严重出血、坏死或败血而死亡。

（5）脓肿、子宫炎及睾丸炎型　脓肿可以发生在身体各处。皮下脓肿开始时，皮肤红肿、硬结，后来变为波动的脓肿。子宫发炎时，母鼠阴道有脓性分泌物。公鼠睾丸炎可表现为一侧或两侧睾丸肿大，有时触摸感到发热。

（6）结膜炎型　临床表现为流泪，结膜充血、红肿，眼内有分泌物，常将眼睑粘住。

（7）其他症状　被毛蓬乱，呼吸加快、急促，少数病鼠后腿麻痹、肌肉痉挛。还有些病鼠表现为腹泻。发病到死亡的时间较短，

多死于水中。

剖检内脏实质器官、浆膜，充血和出血为主要症状。肝肠部有坏死病灶，胃肠黏膜充血、出血，有些肠内部显红褐色，腹水呈红黄色，慢性病例表现为瘦弱、呈败血症变化。

2. 防治方法

治疗本病的最佳办法就是每年两次的疫苗免疫。注射单联巴氏杆菌病疫苗。治疗可肌内注射青霉素每次 5 万单位、5 万单位链霉素，每日 2 次，连续数日。补充维生素 C、葡萄糖等，以达到强心的辅助作用。四环素、卡拉霉素、硫酸庆大霉素、甲磺酸培氟沙星、硫酸小檗碱都有治疗作用。

（二）克雷伯氏菌病

本病为细菌性疾病，鼠类易互相传染。

1. 症状

病鼠颈部，肩部，背部和后肢广泛脓肿，肌肉化脓，并向各方蔓延，食欲减退或不食，后肢麻痹，多在出现症状 2～3 天内死亡。

2. 防治方法

本病目前无特效药治疗，因此必须采取综合性防治措施，平时严格检查饲料，经常消毒和灭鼠，发病后及时隔离治疗，采用链霉素肌内注射对克雷伯氏菌有抑制和杀菌作用，有一定的治疗效果，注射剂量 10 万单位，每日 2～3 次，连注 5～7 天。

（三）大肠杆菌病

麝香鼠的大肠杆菌病是由一定血清型的致病型大肠杆菌及其毒素引起的一种肠道传染病。该病一年四季都易发，但以繁殖期的公鼠和母鼠更易感染，死亡率较高，对抗生素及磺胺类药等极易产生耐药性。

1. 症状

发病初无症状，行动吃食都正常，或是 1～2 顿不吃食却突然死亡。

下痢型，排出黄棕色水样稀粪便，裆部被毛湿。

其他型，体温不正常，或很高或低，腹部膨胀，敲击有鼓响，晃

有水声。精神不振，鼻镜干燥，食欲缺乏，经捉出来检查之后，病情会加剧，卧地不动，驱赶不动或稍稍挣扎。病鼠多死于小室或运动场上。

本病急性型病程很短，一般 1～3 天内死亡。

一般病鼠表现为体温低，精神沉郁，被毛粗乱，脱水，后肢站立不稳，步态不稳，弓背，虚弱。母鼠易流产和死胎。

剖检可见肝脏肿大质脆；肺炎性水肿，有出血点；胃黏膜脱落，胃壁有大小不一的黑褐色溃疡斑；结肠、盲肠的浆膜和黏膜充血或出血，肠内充满气体和胶胨样物，或黄褐色的水样物，肠壁稀薄，有轻度的胀气。有的病例肝脏和心脏有局灶性坏死病灶。肺部表面色调明显不一，胸腔有渗出物。

2. 防治方法

肌内注射庆大霉素，每日 1 次，每次 4 万单位，连续 3 日，再观察。螺旋霉素，每天每千克体重 20 毫克，肌内注射；多黏菌素 E，每天每千克体重 0.5～1 毫克，肌内注射；硫酸卡那霉素，每千克体重 5 毫克，肌内注射，每天 3 次；恩诺沙星，每千克体重 0.25～0.5 毫升，肌内注射，每天 2 次，连续 3～5 天。为了提高治疗效果，应与补液同时进行。硫酸正泰霉素、小诺霉素、硫酸小檗碱等都有显著效果。链霉素每千克体重 2 万单位，每天 2 次。在饲料中定期投喂抗菌药。

（四）肺炎

本病因天气剧变或感冒、支气管炎蔓延感染而发生，或因饲料品质差，营养不良导致，鼠窝潮湿或长途运输也能引发本疾病的发生。常见的病原菌有多杀性巴氏杆菌、支气管败血波氏杆菌、金黄色葡萄球菌、溶血性链球菌、肺炎双球菌、绿脓杆菌、肺炎克雷伯氏菌和大肠杆菌等。误咽异物时则会引起异物性肺炎，最后也往往因细菌继发感染而死亡。

1. 症状

食欲减退，精神沉郁，卧于一角，卷曲成团，双眼无神，体温

升高，可视黏膜发绀，结膜潮红，有时怕光，流泪，呼气时鼻孔内有肥皂状黏液鼓起，鼻腔内流出多量水样黏液。呼吸困难，喘气，咳嗽，渐渐死亡。

2. 防治方法

肌内注射青霉素、链霉素，按照每千克体重5万单位，每天2次，连续数天。或肌内注射磺胺嘧啶钠溶液，每次0.5毫升，每天2次，连续3天。也可用庆大霉素、土霉素、氟哌酸等进行治疗。

中药治疗：取鱼腥草3克、蒲公英5克，混合加水适量，煮沸后每日2次分服，连服2日；或取苦参、杷叶、葶苈子各2克，加水适量，煮沸后分2次拌入饲料中喂服，连喂3～5日。

（五）急性胃扩张

胃由于分泌物、食物和气体聚积而发生急性扩张，发病急剧。主要是因为麝香鼠采食过多易发酵或膨胀的食物，例如大豆、玉米、小麦等不易消化的饲料，还有腐败的饲料，冰冻的饲料都极易导致本病的发生。

1. 症状

采食几小时后，开始腹痛，腹部膨大，充满食物和气体，肠内也有大量的气体。卧于一角，有鸣叫，心跳加快，难安。可导致胃破裂和窒息。剖检有酸腐味，黏膜脱落。

2. 防治方法

平常做到定时定量地喂食，不轻易或频繁地换饲料，禁止喂食含大量淀粉类的食物，例如红薯、土豆。禁止发酵的饲料和腐败变质的饲料进场。病鼠喂食土霉素0.3克/只，必要的情况下做胃穿刺，同时注射青霉素5万单位以防止腹膜炎。停喂1天饲料。

（六）便秘

本病是由于精料和青料的搭配不当造成的，精料过多，饮水过少或是青料缺乏汁水。

1. 症状

鼠腹部膨胀，消化停滞，排粪量少，粪球坚硬细小，剖检可见

肠部有坚硬的粪粒。

2. 防治方法

防止麝香鼠贪食过多的饲料，注意饲料搭配的合理性，严重的患鼠可喂食蓖麻油或石蜡油。

（七）胃肠炎

胃肠黏膜及其下层组织发生炎症，并能引起一定程度的毒血症，称为胃肠炎，幼鼠发病率较高。青料被水污染或水分过多，麝香鼠贪食，饲料突变，青料不适口，天气变化太频繁，胃肠中有害微生物的破坏作用等因素引起患鼠长期轻微腹泻。

1. 症状

麝香鼠粪便形状、颜色和气味异常；也有患鼠能采食、活动和生长以及生产，但是食欲逐渐降低，精神状态较差。类似人的轻微胃炎或长期轻微腹泻的肠炎。一些患鼠表现为消化不良，粪便外层含白色的黏液，严重的便秘、拉稀交替进行，粪便稀糊状后食欲废绝，肛门被粪便污染，下痢，脱水，消瘦，迟钝至死亡。

2. 防治方法

保持饲料的新鲜和营养性，多喂适口性的饲料，保持圈舍的清洁干燥，饲料里面日常添加些益生素，优化肠道环境。药物选用氯霉素注射液，0.25毫升/只，每日两次，肌内注射；出现血便和脓状物，可应用青霉素和痢特灵等治疗；如并发大肠杆菌病则需要按照大肠杆菌病治疗，可内服氨苄青霉素、新霉素、痢特灵、黄连素、氯霉素或庆大霉素。

（八）眼结膜炎

巴氏杆菌病和维生素A缺乏等疾病能引起结膜炎，其他异物刺激也能导致结膜炎。

1. 症状

结膜炎分为卡他性结膜炎和化脓性结膜炎两种。卡他性结膜炎一般出现在病的初期，表现为结膜潮红、肿胀、流泪，眼睑和两颊皮肤绒毛脱落。化脓性结膜炎是卡他性发展而成，表现为结膜严重

充血、肿胀，眼中流出的白色脓状眼垢将上下眼皮粘在一起，致使眼睛无法打开。黏合的眼睑内有脓液，有时溃烂。

2. 防治方法

清除圈舍里能致外伤的异物，多喂青绿色饲料，不断水。治疗用清水洗开眼睛之后，用氯霉素软膏擦眼球眼眶，避免阳光直射，多喂富含维生素 A 的饲料。

（九）中暑

天气闷热，圈舍潮湿而又不通风，窝内过于拥挤，最易引发本疾病，露天场地窝舍受到阳光的强烈直射也能造成中暑。

1. 症状

病鼠表现为过热，脑部充血，呼吸频率加快，口腔、鼻腔和眼结膜充血，呼吸急促，心跳加快，拒食，更甚者黏膜发绀，呼吸困难，鼻口会流出血状的液体，四肢震颤或抽搐，痉挛、妊娠的母鼠最易得中暑病。

2. 防治方法

温度过高时，必须做到场地遮阴和降温，经常用冷水洒地面，将病鼠放入冷水中，喂食饲料里面添加维生素 C 和葡萄糖粉。

（十）齿病

麝香鼠由于有磨牙的习性，在人工养殖的笼舍或圈舍内因不设磨牙物，时间长牙齿未啃咬磨损，牙齿会越来越长。

1. 症状

病鼠门齿过长而影响采食，食欲减退，口唇有咬伤，口闭合不严，会因不能采食而造成死亡。

2. 防治方法

麝香鼠的门齿过长，应及时固定门齿根部位，然后用小钳剪将增长的门齿及时剪短，用 3% 的碘酊消毒，不宜进行切断治疗，剪齿时要稳、准、快速。个别病鼠口腔有局部溃疡，可涂碘甘油或紫药水等进行治疗。

（十一）食物中毒

本病常因误喂有毒野草、野菜、树叶等食物所致。

1. 症状

病鼠停食口吐白沫，精神沉郁，腹泻，短时间内死亡。

2. 防治方法

由于麝香鼠主要"食素"，食性较广泛，故在采食植物性饲料时要注意不要混入有毒性的野草，一旦发病可用葡萄糖液、生理盐水配强心药物解毒补液。

十、灵猫常见疾病防治

（一）胃肠炎

本病常因灵猫进食腐败变质或冰冻饲料而引起，也可以继发于其他感染性疾病。

1. 症状

病猫食欲减退或拒食，精神萎靡不振，可见呕吐、腹泻，大便甚稀，呈灰褐色、绿褐色或淡红色。大便检查有红细胞和脓球，还可见脱落的肠黏膜。血液检查白细胞计数较高，有的可达每立方毫米 2 万以上。后期急剧脱水，逐渐衰弱而死亡。

2. 防治方法

发病初期可喂服磺胺类药物，如磺胺甲噁唑（SMZ），每天 2 次，每次 1 片。如拒食，则应静脉补液，用 5％～10％葡萄糖 50～60 毫升加维生素 C 0.2 克、庆大霉素 4 万单位，必要时加地塞米松 1 毫升，每天 1 次；还可用葡萄糖盐水配制成 1％的痢特灵药液灌肠，每次 50～60 毫升，对肠道炎症有较好的疗效。

（二）肺炎

本病多因冬春季节笼舍保温欠佳，或梅雨季节通风不良、笼舍潮湿霉变致使空气污染而引发，也可继发于其他疾病，如肺吸虫、巴氏杆菌病等。

1. 症状

病猫精神萎靡，体温升高，食欲减退，便秘或排稀便，呼吸急促，有时呼吸困难。如不及时治疗，死亡率较高。

2. 防治方法

冬春季节应注意做好笼舍保温工作，梅雨季节应注意防潮，保持笼舍空气流通，勤换垫草，避免潮湿霉变，以预防本病发生。

对病猫可用青霉素乳剂 20 万单位和链霉素 0.25 克肌注，每天 2 次，必要时可进行强心补液。同时饲喂新鲜可口的食物，促进食欲，以增强体质，促进病体康复。

（三）香囊炎

本病主要由于取香前对贮香囊外部未做好清洗消毒，取香时操作不当，或用力过大，导致贮香囊表面组织毛细血管破裂充血，细菌感染发炎所致。此病轻则影响香囊产量，重则导致香囊萎缩，丧失泌香机能。

1. 症状

贮香囊的皮肤表面充血发炎，严重时呈紫红色，甚至糜烂化脓。

2. 防治方法

在挤香前，应先用温开水和生理盐水清洗贮香囊外部，减少污染机会。挤香时，手法要轻而柔和，绝对不能使用一次用力挤压的方法，而应反复轻轻挤压，使香膏慢慢排出。用牛角匙刮取香膏时，动作要轻柔，避免刮伤香囊表皮。取香后，可涂抹甘油。如发现香囊充血发炎，应及时涂抹磺胺或抗生素软膏。炎症未愈之前，不能取香。

（四）肠寄生虫病

新捕获的野生小灵猫，多数有带状绦虫，少数寄生蛔虫。可采用槟榔、南瓜子、双氯酸等药物防治。使用驱蛔灵 6 毫克/千克体重喂服，效果良好。

十一、麝常见疾病防治

（一）上呼吸道感染

该病多因天气骤变，由暖变凉或因骤雨、凉风袭击，防寒保暖

措施不力，圈舍卫生不好而又未及时清除多日积累的粪尿等综合因素所致。常见于细菌、病毒易滋生的春、夏或秋、冬交替之际。发病多集中于仔麝，而亚成体、成体发病相对较少。

1. 症状

病初精神沉郁，口鼻有少量浆液性分泌物，鼻唇部稍干，有喷鼻、擦鼻现象，食欲明显下降或废绝，活动减少，喜卧少立，体温可上升 $1 \sim 2$℃，达 $40.94 \sim 41.94$℃，痰鸣声不断。严重时鼻流黏浆性鼻液，咳嗽连声，食欲明显下降或拒食，呼吸困难，眼结膜潮红有黏性分泌物；四肢蜷曲腹下，精神恍惚，抬头无力并轻度颤抖，眼球深陷无光，卧地不起，反刍减少乃至停止。若不及时诊治，可继发肺炎。

2. 防治方法

饲养员要适时观察，加强饲养管理，保持圈舍、饲养器具清洁卫生。天气突变、季节交替之时，以板蓝根冲剂、病毒灵、小儿感冒冲剂等药进行交替口服预防。治疗可肌内注射青霉素和链霉素各40万单位，或卡那霉素 $1 \sim 2$ 毫升；肌内注射清开灵 1.2 毫升，每日 $2 \sim 4$ 次，再配以氨基比林或柴胡等清热镇痛药及维生素 C 强力银翘片，可取得较好的效果。

（二）支气管炎

多发于仔麝和亚成体麝。原发性病因与上呼吸道感染基本相同，主要是受寒冷袭击、热冷变换、季节交替所致马麝抵抗力下降，土著常在菌乘虚而入；其次为捕捉、驱赶，疲劳出汗之后，或厩舍卫生条件不良，吸入刺激性粉尘而偶发。继发性病因有上呼吸道感染、肺炎和肺充血等病。

1. 症状

从发病初期到后期主要特征为咳嗽。病初为干、短而痛性咳嗽，鼻液少且呈浆液性，3 天后转为湿、长咳嗽，疼痛表现减轻。咳嗽时从鼻孔排出黏脓性鼻液，病麝精神不振，食欲减退，呼吸稍粗，夜晚与早晨咳嗽尤重。严重时拒食，呼吸困难，结膜发绀，体

温升高 0.5～1℃。

2. 防治方法

加强圈舍管理，保持圈舍卫生。可用青霉素 40 万单位，链霉素 50 万单位，肌内注射，1 日 2～4 次；庆大霉素 4 万～8 万单位，或卡那霉素 1～2 毫升，肌内注射，每日 2～4 次；蛇胆川贝液 5～10 毫升，强力痰灵片 1～2 粒，可任选其中 1～2 种口服，每日 3 次。

（三）肺炎

多发于冬、春，多因气温急剧下降或过度剧烈奔跑损伤肺部所致；也可由感冒引发的上呼吸道疾病未及时治疗，而继发细菌或霉形体感染而产生。继发病原为绿脓杆菌、葡萄球菌、链球菌和肺炎双球菌等。此外，还可因吸入脱落的毛、食物误入呼吸道，强制灌药的过程中偶发异物性肺炎。易发于 1～3 岁龄的仔麝和亚成体麝。

1. 症状

发病初期鼻流清涕，咳嗽，常怕冷，喜挤在墙角；中期眼球下陷，颜面部肿大，鼻流黏脓性鼻液，喜卧，不爱活动，不断咳嗽，有明显的痰鸣声，呼吸浅表；后期呼吸困难，鼻、唇全被痰液污染，呼气时有气泡从鼻腔中逸出，咳嗽无力，卧姿异常，精神沉郁，抬头无力、颤抖，眼球深陷无光，卧地不起，废食。

2. 防治方法

加强饲养护理，注意冷暖，防止过量运动、异物吸入等，增喂有清热解毒功能的药用植物；肌内注射青霉素 40 万单位，链霉素 50 万单位，地塞米松 1 毫升，清开灵 4 毫升，每日 3 次；或分别肌内注射头孢唑林钠 0.5 克，地塞米松 5 毫克，清开灵 4 毫升，卡那霉素 2 毫升，病毒唑 200～300 毫克，1 日 2 次，连用 3～5 天。

（四）食毛症

食毛症是指亚成体和成年麝的食毛癖，造成幽门与肠道梗阻进而转化为消化系统疾病。主要是因为饲料单一，长期缺乏必要的微量元素（如铜、钴、锰）和维生素，引起麝代谢紊乱、消化机能障碍而发病。

1. 症状

多发生在隆冬时节，病麝不时舔食同圈其他马麝身上被毛，或舔食自身臀、腹部被毛，咀嚼后咽下，堵塞消化道，引起消化不良。表现为食欲减退或废绝，反刍缓慢或停止，最后衰竭死亡。

2. 防治方法

改善饲养管理，合理调剂优质、多样饲料，注意饲料中铜、钴、锰比例及微量元素的平衡，在饲料中添加生石膏、硫酸亚铁等含硫药物。

（五）胃肠炎

胃肠炎多发于亚成体幼麝。饲养不当、投喂饲料过多，尤其精料过多，或采食不易消化的饲料，饮入圈内沉积雨水或不清洁用水；季节交替、饲料突然改变都会引起马麝胃肠炎，瘤胃膨胀治疗拖延也常继发马麝胃肠炎。

1. 症状

病麝初期表现为消化不良症状，即食欲减退、精神委顿。继而转为胃肠炎症状，表现为食欲近乎废绝，反刍停止，鼻镜干燥，常发出"嗯嗯"叫声，严重时则大声鸣叫。病麝喜卧，四肢蜷曲，头唇贴于蜷曲腹部。不断张望腹部。粪便不规则，随地便粪，形状由粥状到水样泄泻，严重时有脓样、带血丝的脱落坏死黏膜及黏液混集粪便。病麝精神沉郁，眼球下陷，很快呈衰竭状态。随着病情加重，体温升高，心跳过速而力弱，四肢与口唇发凉，昏睡或肢体颤抖抽搐而死。

2. 防治方法

加强饲养管理，适时搞好圈舍卫生，保持饲料、饮水洁净，及时清理圈内污水。治疗可用磺胺脒 1～2 克，配伍穿心莲、复方黄连素片各 0.5～2 克（幼麝 0.5～1 克），每天 2～3 次，连用 3～5 天，适宜于排粥状粪样的马麝。病情较重时可用庆大霉素 2.4 毫升、安痛定 2～4 毫升，4 片 654-11 和 2 片颠茄片分别口服或拌料口服。

（六）瘤胃鼓胀

马麝亚成体和成体瘤胃内饲料发酵产气过度，使胃容积增大、胃壁急性扩张所致。饲养管理粗心或不善，马麝采食过量精饲料，或饲喂不洁净、霉变及腐烂饲草饲料，或饲以易发酵的饲料，自行取食带霜水的茎叶青草等均可引起瘤胃鼓胀。

1. 症状

病麝喜卧，活动减少，采食与反刍停止，腹围增大；呼吸困难，口黏膜发绀；心音增快。严重时张口呼吸，步态不稳，粪便干硬，排粪次数与量减少。

2. 防治方法

加强饲养管理，及时掌握生长过程中对饲料的需求量；同时定期加喂止酵、缓下、助消化药物进行预防。治疗可用消气灵 250～500 克加水稀释后在左侧肷窝三角区瘤胃注射，或用常水 250～500 克稀释后灌服；液态石蜡油 10～20 毫升口服，或食用清油 10～20 毫升拌饲料喂服，每日 1 次；急性期过后可用食母生 6～10 片、胃复安 4～6 片、多酶片 2～4 片，每天 1 次拌饲料喂服，连用 3～5 天。

（七）前胃弛缓

前胃弛缓是前胃的兴奋性和运动收缩力量降低，以消化机能紊乱为临床特征，故又称单纯性消化不良症。多发于亚成体麝。病因主要是饲料不洁、粘有地面污泥浊水，干后不易发觉而投喂马麝；长时间单一的饲草料，缺乏多样性饲料和多汁饲料，或投喂较多精饲料，尤其突然增加精料更易发生；饲料突然更换或饲养方式方法更换，甚至饲养人员更换后饲喂态度、方式不同亦可引发。

1. 症状

病麝精神委顿，早、晚规律性取食活动减少，或停止运动，喜卧舍内，表现为倦怠懒动，食欲日渐减退，但保持一定的饮欲，反刍次数减少，持续时间缩短。重者反刍废绝，被毛粗乱，双眼无神，反应迟钝，粪便多不正常，或便秘或有轻度腹泻下痢，体温、呼吸变化不明显，心跳随病程延长而增快，心音减弱，鼻镜日趋干燥。

2. 防治方法

妥善饲养，防止长期饲喂单一饲料，保持饲料、饮水洁净，适量补足多汁饲料，切忌突然更换饲料或饲喂方式。初期治疗可用人工盐 8～10 克、石蜡油 20～40 毫升、吐根酊 1～2 毫升，一次口服；患病中、后期可用酵母片 2～3 克、红糖 3～6 克、陈皮酊 2 毫升、吐根酊 1 毫升，加少许水调成糊状喂服。

（八）尿结石症

尿结石症是泌尿器官中脱落的上皮细胞、凝血等有机物与析出无机盐类形成似石样结晶沉淀物，刺激泌尿、排尿与贮尿器官的黏膜，阻碍正常排尿的疾病。亚成体麝与成年麝多见，尤以雄麝表现严重。常因在人工饲养条件下，投喂饲料比野生环境取食单一，矿物质含量失衡，土、草、水中磷含量偏低，钙含量高所致；也因马麝自身泌尿器官中有尿道炎、膀胱炎、肾炎等炎症形成结石，维生素 A 等缺乏，导致结石不能排出。

1. 症状

多发生于雄麝。患麝不断排尿或做排尿状，尿呈滴状伴有血丝，尿量少或尿液中含有细沙样沉淀物，痛苦鸣叫，严重时完全停止排尿，腹胀，腹痛不安，不断起立和卧下，最后导致膀胱破裂，引起尿毒症，进而死亡。

2. 防治方法

重在预防，注意投喂饲料的多样性，营养物质齐全，维持矿物质平衡，保持饮水清洁，调整饮水的 pH 值，适时补充维生素 A。治疗可用乌洛托品 2～4 克/次，磺胺二甲基嘧啶片，始量为 1 千克体重每次 0.14 克，维持量为 1 千克体重每次 0.07 克，混入料中喂服，每日 2 次，连用 3～5 天。

（九）腐蹄病

腐蹄病是马麝蹄趾间皮肤的化脓性炎症，成年麝多发，亚成体麝亦偶有发生。圈舍积水，马麝蹄趾皮肤较长时间地受污浊泥水浸渍，弹性下降而易皲裂、发炎；蹄趾间皮肤外伤后未能及时发现处

理，而感染化脓菌、坏死杆菌等引起。

1. 症状

患麝初见跛行，蹄冠部红肿，后结成硬痂，痂下溃疡、化脓。病变常侵及关节、肌腱、韧带及骨膜等深层组织，引起蹄部坏死，蹄壳脱落。患麝运动减少，不能长时间站立而多卧姿；严重时除行走、站立困难外，还可能出现全身症状。

2. 防治方法

加强圈舍卫生管理，及时清除粪便做无害化处理，圈舍常规消毒。清除患部坏死组织及脓汁后，用1%的高锰酸钾溶液或3%的双氧水冲洗病灶部（坏死空腔），然后在患处涂上消炎粉或抗生素。

（十）应激性疾病

马麝在环境改变、捕捉、异常噪声等应激因素的刺激下，通过神经-体液调节做出的一系列抗应激的抗逆反应，所发生的病理过程或状态称马麝应激性疾病。马麝生性孤僻、胆小、怕人、感觉敏锐，对环境变化敏感。野外捕获马麝人工驯养初期，死亡率极高；人工圈养马麝，若遇粗暴的捕捉保定（取香、检查等）、异常噪声、多人围观，及转移入陌生圈舍，麝都会受惊发生应激反应。

1. 症状

在圈舍不停狂奔，多卧，四肢不停蹬踢，张口伸舌喘气；大声急促鸣叫，声音颤抖，呼吸困难，鼻镜干燥。急性患麝在1～2小时后，全身抽搐，来不及救治就死亡。亚急性患麝拒绝进食、饮水，多因继发肺充血、脱水、心力衰竭而死亡。

2. 防治方法

防止产生异常噪声，减少外来人员对麝的干扰，对捕捉回的野生马麝（多仔麝）或驯养中需强制保定（取香、检查等）的马麝可用苯巴比妥2粒，动物油少许混匀后涂抹嘴唇，让其自行舔食后镇静。

（十一）外伤

常见外伤有表皮创伤、骨折、出血等。因圈养时，其天生的独

居性、领域性，时常发生打斗；生性敏感、胆怯，外界陌生的声响、颜色、突变的环境都会使其受到惊吓，反应强烈，狂奔乱跳，失控造成摔伤、碰伤。

1. 症状

受伤麝常伸舌张口，躲避隐身至墙角、卧在台下或草丛中，在僻静暗处仍表现为精神恍惚不定，间歇性喘气，喜卧或跛行等，被毛脱落，出血结块，严重者骨折。

2. 防治方法

饲养员日常多注意观察各麝的个性特点，注意各圈舍内的个体搭配。对新鲜伤口、创面用止血钳止血，用生理盐水冲洗，然后用0.1%高锰酸钾溶液冲洗干净，大创伤口给予缝合处理，小创伤口可撒少许青霉素粉后适当用纱布包扎。化脓感染伤可用双氧水、0.1%～0.2%高锰酸钾溶液反复冲洗伤口、创面，用手术剪除去坏死组织与异物，再涂以红霉素软膏、云南白药少许，包扎伤口，必要时用纱布条引流。骨折时，先清理伤口，开放伤口撒云南白药，整复骨折复位对合后，用小夹板固定。封闭性骨折，口服云南白药0.5～1克，每天2～3次，连服2～4天。用破伤风抗毒素5～10毫升肌注，防止破伤风感染；青霉素40万～80万单位，地塞米松2毫克，安痛定2～4毫升，分别肌注，配合消炎镇痛。

（十二）体表寄生虫病

寄生于麝体表的外寄生虫主要是蜱螨、虱、蚤。

1. 症状

体表有大量寄生虫时，患麝痛痒时常用嘴搔抓啃咬皮肤。马麝消瘦、掉毛，甚至死亡。

2. 防治方法

数量少时，可用镊子剔除蜱、虱。也可用1%～2%的敌百虫涂抹患处，并全面喷洒圈舍。另可口服或肌注伊维菌素0.2毫克/千克体重。

（十三）体内寄生虫病

感染球虫及多种蠕虫。常见危害较重的蠕虫为类圆线虫、结节虫、鞭虫、肺线虫和莫尼茨绦虫。寄生虫病多见于幼龄麝。常因圈舍不洁，粪便未及时清理，防疫工作不力等而感染。

1. 症状

厌食，精神不振，逐渐消瘦，贫血，发育不良，被毛零乱而枯黄，似有腹泻。

2. 防治方法

加强卫生管理与粪便处理，严格消毒食具，隔离病麝，春、秋两季定期驱虫，球虫可用氯苯胍，1千克体重20毫克，或痢特灵0.02％混料，连喂5天，间隔3天，再投药3天；蠕虫可用丙硫咪唑1千克体重40毫克，混料连喂5天；还可用南瓜子、白瓜子、槟榔等除去绦虫。

十二、鹿常见疾病防治

（一）双球菌病

鹿双球菌病由奈瑟氏双球菌引起，其发生、发展与环境的优劣有密切的关系。在降雨量大的年份圈舍泥泞、气温异常、饲养管理不善、饲料霉变、水质恶化等均能促使疾病发生，一般在7～8月份发病率较高。

1. 症状

潜伏期2周左右，依病情可分急性型和慢性型。

（1）急性型　病初开始精神委顿，减食，渐至废食。体温升高至41℃左右，心跳加速，呼吸频促，离群独居一隅，卧地不起，随即出现频繁下痢，粪便开始呈粥状，含大量泥土色、棕红色黏液及血液、黏膜组织，其味恶臭。后期变为水样，肛门松弛，排粪失禁。与此同时，表现出口渴。有的病鹿出现异常姿势，头颈低垂，四肢叉开，流涎，咳嗽。最后体温下降，昏迷死亡。病程为3天至1周。

（2）慢性型　临床症状与急性型症状基本一致，但病程较长，病鹿极度消瘦。在生茸期的公鹿，鹿茸停止生长乳。泌乳母鹿则乳

汁减少或无乳。病程长达 20 多天。

2. 诊断

根据本病流行特点结合临诊症状可做初步诊断。确诊需进行实验室诊断。

3. 防治方法

加强饲养管理，保持圈舍卫生，经常清扫饲槽和水槽，不残留饲料和饮水，饲料要随调随喂，不喂过多的精料，不在已被污染的牧场放牧。及早发现病鹿并停止放牧，隔离护理，注意观察。全群调整饲料，减少精料喂量，增加易消化的青绿饲料，供给清洁饮水，加强圈舍卫生，用 5％ 来苏儿水消毒鹿舍。发现病鹿隔离后，对症治疗肌内注射青霉素 40 万～80 万单位；或喂给磺胺二甲基嘧啶，每日每千克体重 0.2 克，分成 2 次混料内服；也可以适当选择其他磺胺类药物治疗。

（二）鹿巴氏杆菌病

巴氏杆菌病是由多杀性巴氏杆菌、溶血性巴氏杆菌引起的鹿及其他多种动物的一种急性败血性传染病。患病或健康带菌动物是本病的传染源，通过排泄物、分泌物等多种途径排菌传播或直接接触被污染的饲料经消化道感染，5～7 月、9～11 月多发。

1. 症状

潜伏期一般为 1～5 天，常呈最急性和急性经过。

（1）最急性型　病鹿不表现任何明显病状，突然死亡。

（2）急性型　病鹿表现为精神沉郁，离群呆立或伏卧不起，体温升高到 41℃ 以上，呼吸急促，脉搏频率加快，步态不稳，咳嗽，鼻镜干燥，眼结膜发炎、出血，眼球下陷，食欲减退或废绝，反刍与嗳气停止。初期粪便干燥，粪便带有黏膜，呈串状，后期腹泻，严重时粪便带血，有的未见外部病状突然死亡。一般 1～2 天死亡。

剖检最急性型死亡的鹿，眼观变化不明显，瘤胃大片糜烂性出血，胃黏膜大片脱落，小肠出血，呈血肠样，肠黏膜脱落。急性及慢性型，急性病变可见胃肠壁肿胀，黏膜充血并有出血点，胃肠部

淋巴结肿胀，脾脏稍肿大，边缘钝圆，呈现暗红色。肾脏充血，肝脏变化不明显，胸水增多，并有纤维素样渗出物，心脏略肿大，心外膜有大小不等的出血点。

2. 诊断

本病根据败血病临诊症状的典型特征进行初步诊断。确诊还需进行病菌学检查。

3. 防治方法

加强饲养管理，平时搞好饲料、饮水清洁卫生，定期消毒，严禁饲喂发霉变质的饲料，饲料变更时应逐渐进行。夏季注意防暑降温，冬季防风防寒。每年春季注射巴氏杆菌疫苗注射液或注射抗出血性败血症血清注射液，免疫期 6 个月。巴氏杆菌病死鹿的鹿场、圈舍及用具与运动场要采用 2%～3% 的火碱喷雾消毒，圈舍撒生石灰彻底消毒。

（三）马鹿伪狂犬病

马鹿伪狂犬病为一种由病毒引起的哺乳动物急性传染病。除本圈母马鹿外，其他养鹿单位的鹿及其他家畜均很少发生。

1. 症状

病鹿发病突然，表现为枕部和背部奇痒，病鹿以头部不断顶擦圈栏或立柱，时时头颈高扬，左右摆动，而且频频回视腹部啃咬腹壁和股内侧，有磨牙、空嚼现象。病鹿体温均升高到 40～41℃。病鹿均有食欲，但吃草不多，意识清楚，听从呼唤，未见有攻击人畜现象，头颈各部不出现麻痹，病程短，死亡率高。

2. 诊断

根据本病特征性症状可做初步诊断。确诊需采用病鹿脑和扁桃体等组织，通过组织培养分离病毒进行诊断。

3. 防治方法

加强饲养管理，搞好饲料、饲草及饮水卫生，清扫工具及饲喂工具定期消毒。隔离病鹿及病鹿群；及时治疗并专人喂养。死鹿深埋；饲养场地及器械工具彻底消毒；严格控制犬、猫及野鼠进入鹿

圈或饲料加工车间。

（四）幼鹿下痢

本病主要是由于幼鹿饲养条件差，后期营养不良，鹿舍阴暗潮湿引起。多发生于3月龄以内的幼鹿，深秋和冬季发病率较高。

1. 症状

幼鹿发病后精神沉郁，不愿活动，被毛粗乱，不吃奶，爱饮水，体温在40℃以上，经常下痢，排稀便，色灰黄或黄绿，后转黏稠，呈灰白色，粪便中混有气泡和粒状物。严重者粪便中混有血液、黏液和假膜，并有恶臭味。呈现出先急后重的症状，弓腰努臀，日渐消瘦，脸浮肿，病后期衰竭而死。

2. 诊断

根据病因、临诊症状和病变可做初步诊断。确诊需进行实验室检查病原菌及其毒素。

3. 防治方法

病初用土霉素粉1克、乳酶生2克、胃蛋白酶1克、次硝酸铋1～2克、小苏打2克混匀，1次灌服，每天1～2次。发病中期除内服上述药剂外，另外肌内注射青霉素50万单位。排稀便严重病症可给予鞣酸蛋白、次硝酸铋等，失水严重时可静注5%～10%的葡萄糖溶液40～80毫升、5%碳酸氢钠20毫升。

（五）腐败梭菌病

本病可能与气候突变，蛋白质饲料过多，或喂以冰冻饲料有关。缺硒也是引发此病的重要因素之一。

1. 症状

突然发病，腹胀，口吐血沫，往往头一天晚上精神和食欲都很正常，第二天早上突然倒地挣扎，病程急剧，多数都在夜间，一般见不到任何症状死亡。

2. 诊断

根据病因、临诊症状和病变一般可做初步诊断。确诊需进行实验室检查病原菌。

3. 防治方法

减少含蛋白质饲料的喂量，提高饮水和多汁饲料温度。防治本病用亚硒酸钠有较好的效果。发病率较高的育成母鹿群喂给 0.1% 亚硒酸钠水溶液，每只每次 10 毫升，隔天后重复喂给 1 次，间隔 7 天后再喂给 1 次，放入饮水中饮服。当年小鹿按上述剂量减半可防治本病。

（六）坏死杆菌病

本病是由坏死梭杆菌引起的一种慢性传染病，常因病鹿畜粪便排出病原菌污染土壤、鹿舍、饲料、饮水和垫草，通过损伤皮肤和黏膜而感染。夏秋两季发病多。

1. 症状

病初症状不明显，坏死梭杆菌主要侵害鹿四肢下部、蹄踵及蹄部，发生热痛性肿胀，随后溃疡、化浓和坏死，最终死亡。严重者蹄匣脱落。消化道黏膜和内脏发生坏死，病程多呈慢性。

2. 诊断

根据本病临诊症状、剖检病变及实验室细菌学检查分离出该菌确诊。

3. 防治方法

加强饲养管理，放鹿场与鹿舍应清洁卫生，舍圈通风干燥。发现病鹿要及时隔离治疗，蹄及皮肤患部坏死组织先用 3% 克辽林溶液清洗，后用 0.1% 高锰酸钾溶液再次清洗患部，并撒布碘仿和硼酸等量混合粉末或涂擦磺胺或抗生素软膏。口腔黏膜处可涂擦碘甘油，每日两次。严重病症用 20% 四环素，每千克体重 0.15～0.2 毫升，皮下注射 2～4 次治疗。

（七）幼鹿肺炎

1. 症状

患病鹿精神不振，不爱活动，不食喜饮，体温升高达 41℃，咳嗽，呼吸困难，两侧鼻孔流出浆液。多发生于哺乳期幼鹿。

2. 诊断

根据本病临诊症状、剖检病变即可诊断。

3. 防治方法

加强对幼鹿的饲养管理，发现病鹿立即隔离治疗，每日肌内注射青霉素 60 万～80 万单位，链霉素 0.5 克，直到症状消失 2 日后为止。静脉注射 5％葡萄糖溶液 200～300 毫升，每日 1 次。

（八）梅花鹿厌食症

梅花鹿厌食症病因很多。如过食（俗称顶料），多因季节变化，饲料组成的调整而引起发病；传染性疾病可以引发厌食；口腔内的疾患如口腔炎、口腔内异物等而不敢采食或厌食；或者因胃、肠疾患引发的厌食。

1. 症状

厌食的病鹿不同的病因表现不同的症状。因饲料急剧变化引发的厌食，表现为大量采食精饲料后精神不振厌食（顶料）。传染性疾病引发的厌食是传染性疾病的 1 个症状，同时伴有体温升高、呼吸困难、心率的变化等症状。口腔内的疾病引发的厌食多伴有典型的吞咽困难，表现为不敢采食、拒食、流涎，如因饲喂冰冻饲料和水、霉变饲料引发的胃肠炎。

2. 诊断

厌食的病因多而复杂，在诊疗前，应先询问发病史，饲料的组成和品质，饮水及其品质的情况，饲料是否有霉变，饲料、饮水是否有冰冻等结合对鹿进行体温、呼吸、心率、营养状况、精神状态、腹围的对称性、胃肠的听诊与叩诊，以及鹿的口腔采食、鹿只咀嚼、吞咽、反刍及粪便有无异常变化等完整性的检查分析，再做出正确的诊断。

3. 防治方法

加强饲养管理，保持饲料和饮水、鹿舍和运动场的卫生和用具的清洁卫生并定期对鹿舍和饲槽、水槽等用具进行消毒。每年定期做好预防接种工作，防止传染性疾病发生。同时应注意不喂霉变、冰冻饲料并注意投喂量，以防鹿过食（顶料）。治疗本病应先排除口腔内异物，剪赘齿，再用 1％的高锰酸钾溶液洗涤口腔，并用抗

生素进行消炎止痛。在消除病因后均需立即进行整肠健胃，特别是应投给瘤胃兴奋剂来促进消化以提高瘤胃兴奋，促进胃肠蠕动，帮助消化，以提高食欲。

（九）胃肠炎

本病主要是由于采食了发霉变质的饲料，不清洁的饮水等，以致损伤了肠黏膜及其深层组织而发病。

1. 症状

病鹿精神沉郁，常离群呆立，垂耳，体温升到40℃以上，食欲减退，不反刍。粪便干燥，常有灰白色黏液，以后转为下痢，粪味恶臭并混有血液，病程2～7天。

2. 诊断

根据本病史、临诊症状及剖检病变即可诊断。

3. 防治方法

加强饲养管理，饲料搭配要适当，防止投喂霉变饲料，防止突然更换饲料，搞好卫生。治疗本病可静脉注射5％葡萄糖溶液800～1000毫升，同时按每千克体重内服磺胺咪10～15克，每日2～3次。

（十）瘤胃积食

瘤胃积食是瘤胃积滞过量的食物所致，多发生在大量采食后不久。过度采食吸水易膨胀的饲料，如豆饼、豆类、高粱等，食后大量饮水造成饲料在瘤胃膨胀。

1. 症状

病鹿精神委顿，耳朵下垂，食欲减退或拒食，反刍减少或不反刍，腹痛，起伏不安，弓背收腹举尾，左腹胸部明显胀大。

2. 诊断

根据临床和腹部触诊瘤胃充满、坚实、有痛感可做诊断。

3. 防治方法

合理喂饲，勿使鹿过食坚硬干燥的食料和大豆等易膨胀的及难以消化的饲草，并要适当运动。治疗本病先停食1～2日，并大量饮水，每天多次按摩瘤胃，或用松节油涂擦左腹壁，并内服酒石酸

锑钾 4 克，硫酸钠 300～400 克，促进瘤胃蠕动，也可静脉注射 15％氯化钠 250～300 毫升。

（十一）急性瘤胃胀气

本病是胃壁急剧扩大的疾病。病因主要是舍饲转为放牧，尤其是春夏牧草茂盛，鹿一次性采食大量易于发酵的饲料，致使瘤胃内产生大量的气体不能排出，使腹部迅速胀大。

1. 症状

鹿常在采食大量易发酵饲料后不久腹部迅速胀大，触诊瘤胃紧张，叩呈鼓声。病鹿不进食、不反刍，烦躁不安，前肢张开，呼吸高度困难，不断张口伸舌和喘息。严重病鹿呈现运动失调，站立不稳，最后倒地窒息，病程 1～2 小时后死亡。

2. 诊断

根据本病史调查、临诊症状和触诊胃瘤紧张，叩呈鼓声即可确诊。

3. 防治方法

加强饲养管理，不宜过多饲喂易于发酵、鲜嫩多汁的豆科牧草；禁喂作物幼苗或腐败饲草、毒草。治疗本病可用手反复按摩瘤胃膨胀部，使气体从口中排出，主要用制酵缓泻药物治疗，如内服鱼石脂 6～8 克，用温水调服，鹿严重急性瘤胃膨胀可用套管针从左腹肷窝处插入徐徐放气，放气要缓慢进行，不可急速 1 次全部放完，以免由于腹压突然下降而出现急性脑贫血和虚脱。但放气只能缓解呼吸困难，防止窒息死亡。

（十二）鞭虫病

本病主要由于营养不良，肠道有弥漫性炎症，密生灰白色的鞭虫。体长 1.5 厘米，该虫食管长约 1/2 嵌入肠壁黏膜深层。

1. 症状

病鹿的被毛蓬乱无光，食欲减退、反刍减少，严重者食欲废绝，步态跟跄，体质逐渐消瘦，下颌水肿，大便稀软呈暗红色，带有黏液，有的粪球干小被黏膜粘连成串珠状，可视黏膜正常，眼结

膜多呈树枝状充血，体温升高 0.5～1℃，后期卧地不起。

2. 诊断

经直肠取粪水洗液沉淀镜检时，10 只鹿中 7 只有大量的鞭虫卵。

3. 防治方法

加强饲养管理，给予营养丰富易于消化的饲料，并给予适当的酵母帮助消化。及时清扫圈舍，做好粪便堆积发酵处理，保持鹿舍内外清洁干燥。对有血便的病鹿先口服磺胺嘧啶（每日 0.2 克/千克）和次硝酸铋（每日 0.1 克/千克）3～5 日，至肠炎消失大便正常后再喂服精制兽用敌百虫驱虫，每千克体重 0.05～0.07 克，有一定效果。但用量必须严格控制，防止引起病鹿中毒。

（十三）蠕形螨

本病是一种接触性传染性寄生虫病。由于接触患鹿或污染虫体的饲养工具而被感染，在鹿脱毛季节，如果圈舍狭小，饲养密度大，鹿只拥挤，而且在群内又混有病鹿时，则易发生扩大传染。通常幼鹿较成鹿易于感染；被毛稀短者易于感染。

1. 症状

在宿主被侵袭的皮肤上，发生各种病变。患鹿的病变，发生于鼻梁、眼、口周围，颜面部，下颌部，颈侧部，胸下及肘后部，腹下部，膝褶，股内外侧，四肢中部和上部，会阴部及尾的腹面等处皮肤上，其他部位皮肤较为少见。临床表现通常有结节型、鳞屑型和脓疱型三种病变。通常不见鹿有痛和痒的表现。但在四肢上部，肘后及膝褶部皮肤上发生严重感染的病鹿，常表现为步态跟跄。患鹿病程较长。轻症者一般不会引起死亡，然而亚急性脓疱型病变的患鹿却可因渐进性贫血及全身中毒而死亡。剖检常见患部皮肤增厚，皮下脂肪增加。

2. 防治方法

平时加强管理，保持圈舍卫生和饲养用具清洁，定期用苛性钠溶液或新鲜石灰乳消毒。固定饮喂用具。有本病流行的鹿场买鹿，以防引入病原，应常观察鹿群，发现病鹿，立即隔离，用 14％碘酊

涂擦患部皮肤 4～6 次，每日 1 次，或隔日 1 次。蠕形螨可寄生在皮肤、皮下蜂窝组织及淋巴结内，故对严重的脓疱型的病症除局部外用杀螨剂外，应并用其他疗法：抗生素疗法和注射杀螨性化学药物台盼蓝等。如用台盼蓝，需现用现配，配成 1‰ 的溶液按患鹿每千克体重 0.5～1.0 毫升，缓慢注入静脉，共注射 2～3 次，每次间隔 6天。为了减轻药液的副作用，应将注射液加热至 37℃ 后使用。对极度衰弱的病鹿将 1 次治疗量分 2 次使用，每次间隔 12～24 小时。

毛皮动物常见疾病防治

一、水貂常见疾病防治

（一）犬瘟热

犬瘟热是由犬瘟热病毒引起的犬科、鼬科及部分浣熊科动物的急性、热性、高度接触性传染病。传染源主要是病犬、病兽和带毒动物，其中患犬瘟热的病犬是最危险的疫源。主要是通过患病动物的眼睛分泌物、唾液、尿和粪便排出病毒，污染饲料、饮水和用具等，经消化道传染，也可通过飞沫、空气经呼吸道传染，多种肉食性毛皮动物均可感染，断乳后的仔兽最易感，死亡率也高。本病一年四季均可发生。

1. 症状

根据病程分为最急性型、急性型和慢性型。

最急性型就是神经型，常发生于流行初期，病程特别短，往往看不到前期症状，突然发病，出现四肢抽搐、尖叫和口吐白沫等神经症状，死亡率100%。

急性型病初可见浆液性结膜炎，继而发展为黏液乃至脓性，鼻腔干燥，流出鼻液并伴发支气管肺炎，精神委顿，拒食，呼吸困

难。病兽被毛蓬乱，无光泽，消化紊乱，下痢，后期粪便呈黄褐色或煤焦油样，多数病程为 3～7 天。

慢性型主要表现为皮炎症状，首先趾掌红肿，软垫部炎性肿胀，鼻、唇和趾掌皮肤出现水泡，继而化脓破溃，结痂，全身皮肤发炎，有米糠样皮屑脱落。病兽虽然多数趋良性经过，但发育落后。病程为 14～30 天。

2. 防治方法

预防水貂犬瘟热病的有效措施是进行疫苗接种。我国成功地研制出犬瘟热鸡胚细胞弱毒疫苗和水貂犬瘟热、细小病毒性肠炎和脑（肝）炎三联疫苗，广泛应用于全国各地。每年在母兽配种前和仔兽分窝后 3 周进行 2 次预防接种，每次 3 毫升，同时加强犬的管理，同样接种疫苗（5 毫升）。发生犬瘟热的水貂养殖场，采取紧急措施接种疫苗，效果很好。抗生素类药物对此病无效，但能控制继发感染。可用犬瘟热高免血清进行治疗，每只应用 8～10 毫升，3 天后再用 1 次，有一定效果。

由于此病的主要传染源是病犬和带毒的动物，所以养殖场应严格防止犬窜入场内，养殖场一旦发生了疫情，必须及时诊断，同时隔离病兽，对病群采取封锁。病尸应焚毁或深埋，粪便要经生物热发酵等无害化处理。

（二）病毒性胃肠炎

病毒性胃肠炎是由犬细小病毒引起的一种烈性传染病，是危害水貂最严重的传染病之一，多发于气温较高的季节，呈地方性流行或散发。饲喂劣质饲料、断乳可促进本病的发生。粪便、蝇类是较重要的传播媒介，主要通过消化道传播。

1. 症状

剧烈腹泻，粪便呈黄灰白色、黄灰绿色水样，恶臭，混有黏液和气泡，或脓血便呈粉红、暗红色；后期多呈煤焦油状，往往混有血丝。早期鼻镜干燥、拒食、高热（40～41.5℃）；后期多尿，尿呈黏稠茶色，卧笼不起，消瘦衰竭，麻痹痉挛而死亡，死前腹部膨

胀，口鼻流淡红色血水。

2. 防治方法

该病以预防为主，可定期注射疫苗。该病无特效疗法，可以应用抗生素控制并发症和继发感染，以缩短病程和减少死亡，进行对症治疗。①青霉素钠10万单位、链霉素10万单位分别1次肌内注射，每天2次，连用3～5天。②硫酸庆大霉素注射液4万～8万单位1次静脉注射，每天1次，连用5～7天。③中药疗法：党参8克，紫苏、陈皮、法半夏、旱莲草各5克，生姜3克，黄连1克，混合加水适量，煎后取汁，1次灌服。

（三）大肠杆菌病

水貂夏季大多饲喂冷冻饲料，冲洗饲料的剩水富含蛋白质污染了环境，蚊蝇大量滋生容易造成貂场大肠杆菌的流行。本病以严重腹泻和败血症为特征，其传播途径主要是内源传染或通过消化道传播。致病菌血清型为08（约占53.8%）、0141（约占23.08%）、081（约占15.38%）、0101（约占7.74%）。断奶前后的幼貂、1月龄的仔貂和当年幼貂最易感，其发病率达28%以上，致死率为81.3%，多呈暴发性流行。成年貂及老年貂很少发病。此病的发生有一定的季节性，北方多见于8～10月份，南方多见于6～9月份。饲养管理不良、卫生环境不好及母貂泌乳不足等可促进该病的流行。

1. 症状

潜伏期1～3天，发病急，多呈急性经过。病貂精神沉郁，食欲废绝，体温升高到41℃以上。呼吸急促，鼻镜干燥。腹泻，粪便初为灰白色带有黏液和泡沫或水样腹泻，而后便中带血，呈煤焦油样。有的伴发呕吐。病的后期病貂拱腰蜷缩，消瘦虚弱。有的出现角弓反张、抽搐、痉挛及后肢麻痹等神经症状，2～3天死亡。

病死水貂尸体消瘦，肝脏肿大，有出血点，脾脏肿大2～3倍，肾脏充血柔软，心肌变性。胃肠道呈卡他性或出血性炎症变化，尤以大肠明显，肠壁菲薄，黏膜脱落，内充满气体犹如鱼鳔样，肠内

容物混有血液。肠系膜淋巴结肿大、出血。

2. 防治方法

加强对貂群的管理，认真搞好兽医卫生工作，特别是产仔及育成期更应注意。仔貂要尽快吃到初乳，母貂产仔过多时要及时代养，在正常情况下，日粮中可不加抗生素添加剂，在幼貂断奶后开始补给，每 3 天补 1 次，能收到良好的效果。发病后可肌注清瘟排毒针，同时用抗菌止泻药物对症治疗。

（四）炭疽病

炭疽病是由炭疽杆菌引起的各种动物和人可感的一种急性、热性、败血性传染病。水貂对炭疽病很敏感，各种年龄的水貂均易感。在我国北方地区曾发生过多次水貂炭疽病，主要是采食了被炭疽杆菌和芽孢污染的肉类饲料（例如：病死马、牛和羊的尸体等）引起。貂炭疽只呈地方性流行，这与地区污染有关。

1. 症状

貂炭疽多呈最急性与急性经过，突然发病，体温升高，拒食，呼吸困难，血尿，腹泻，便血，全身痉挛。也有的出现咽喉、颈、头部肿胀。大多数病例从鼻、肛门等天然孔中流出血样泡沫或暗红色血水，死亡率极高。

2. 防治方法

行之有效的防治措施是发生本病时，立即封锁疫区，焚烧或深埋病死尸体，进行紧急消毒，对同群貂用抗炭疽血清进行紧急注射（皮下或肌内 5 毫升），对周围地区的易感动物用炭疽芽孢苗进行预防注射；病貂在隔离条件下可用大剂量抗炭疽血清治疗，也可用青霉素 20 万单位或链霉素 5～10 毫克肌内注射（土霉素和四环素等抗生素也有效），1 天 2 次。然而，在菌血症末期和败血症期间，无论使用抗炭疽血清还是抗生素均不见效。

在非安全地区的预防措施是每年 6 月或 7 月间用炭疽芽孢苗预防注射 1 次，可获得 1 年以上的免疫力，严禁用病死或可疑动物的肉类作为饲料；除做好日常的消毒工作外，所有饲料应尽量避免接

触泥土，以防止被芽孢污染。

（五）巴氏杆菌病

巴氏杆菌病是很多家畜、家禽和经济动物都能感染的传染病，病原是多杀性巴氏杆菌。病的特征是急性经过时呈败血性变化，慢性经过时表现为皮下组织、关节、各脏器的局灶性化脓性炎症。

1. 症状

多呈急性败血症经过，病程 1～2 天，死亡率高达 90% 左右。主要病因如下：一是与鸡鸭鹅和兔、猫等动物饲养在同一院内，甚至交往接触，由此而传染给貂；二是以病死或带菌的家畜、家禽、兔等肉类及其下脚料作为水貂饲料。水貂对禽霍乱菌、猪肺疫菌和兔出败菌都很敏感，即使是弱毒菌也能致病并造成死亡。病貂突然拒食，精神沉郁，呼吸困难，鼻孔流出血样液体，体温升高到41.5℃，严重腹泻，粪及液状呈灰绿色。有的头颈皮下水肿。剖检时可见到甲状腺肿胀出血、肺肝变样、胸腔渗出性炎症、肝肿大出血等出血性败血症变化。

2. 防治方法

在治疗上，可使用抗出败血清，幼貂皮下注射 5 毫升，成貂 8毫升；也可用青霉素 10 万单位、链霉素 3 万单位或卡那霉素 2 万单位，1 天 2 次肌内注射。在预防上，除了做好平时的卫生防疫工作外，严禁多种禽、畜混养，禁止其他动物进入貂场，不喂被污染的动物性饲料，对可疑饲料要煮熟消毒后喂用；在污染地区，可用巴氏杆菌苗进行预防注射，但在使用兽用弱毒活菌苗时应特别慎重，最好先做小群试验，待观察一周安全后再普遍注射。

（六）结核病

结核病是人和多种动物均能感染的一种慢性传染病，病原是结核杆菌。患病动物的粪尿、乳汁、气管分泌物均有菌排出，从而污染饲料、饮水和空气、环境，经呼吸道、消化道传染。

水貂对牛型和禽型结核杆菌很敏感，幼貂更易感，在暴发流行时幼貂的发病率为 75%。貂结核病多数呈暴发流行，其主要原因

是喂食了患病动物的肉、下脚料和奶。

1. 症状

貂感染后的潜伏期为 1～2 周，病程较长时可持续 30 天左右。食欲逐渐减退，进行性消瘦，易疲劳，喜躺卧，被毛无光泽。肺结核病例表现为呼吸困难，鼻和眼有浆性分泌物。肠结核时出现腹泻，肠系膜淋巴结肿大，有结核结节。

2. 防治方法

在防治措施方面，可以考虑应用链霉素、异烟肼、对氨基水杨酸钠、环丝氨酸等药物进行治疗。禁止禽粪、奶牛等进入貂场，禁止饲喂未经煮沸消毒的污染肉类及乳，结核病患者不得担任饲养员。

（七）野兔热

野兔热又名土拉杆菌病，是由土拉杆菌引起的一种动物共患病，水貂很易感，主要是由于喂给被污染的肉类饲料引起的，特别是带菌的兔肉产品更是危险。也有的是由于喂了被带菌鼠排泄物污染的饲料所致。

1. 症状

水貂感染后多呈急性经过，发病急，病程短，死亡快。突然拒食，体温升高至 42℃ 以上，精神沉郁，呼吸困难，甚至张口喘气，后肢麻痹，1～2 天后即死亡。在流行后期，有些病例呈慢性经过，表现为厌食，萎靡，无力，步态不稳，便血，体表淋巴结肿大、化脓。

2. 防治方法

在治疗上常使用链霉素，土霉素、四环素、金霉素也有效。在预防上，应做到兔肉及可疑肉类饲料熟喂，消灭圈舍内的鼠类，并防止其他啮齿类动物进入。

（八）钩端螺旋体病

钩端螺旋体病是由一群致病性钩端螺旋体引起的一种动物共患性传染病。人工感染表明，波摩那型、出血黄疸型等钩端螺旋体均

能使貂发病。钩端螺旋体的宿主动物非常广泛，几乎所有的温血动物都能感染，其中啮齿目中的鼠类是最重要的储存宿主，也是主要的自然疫源。各种动物均能感染，菌侵入后定位于肾脏，形成长期带菌。

1. 症状

患貂的临床表现，因感染菌型不同而有所差别。波摩那型菌感染病例主要表现为粪便黄稀，饮水迅猛，食欲减退，精神沉郁。少数病例呼吸加快，后肢行走不灵，结膜发炎并有黏性分泌物，体温升高。严重的出现贫血，后肢麻痹，血红蛋白尿和煤焦油样粪便，转归死亡。出血黄疸型感染病例主要出现黄疸症状，死亡率不高。

2. 防治方法

在治疗上，应用抗生素可收到预期的效果。肌内注射青霉素5万～10万单位，1天2次，连续一周，效果很好；对可疑群，可在饲料内添加四环素喂给，剂量为每千克饲料1～1.5毫克。在预防上，首先是不用感染动物的肉类产品作饲料，其次要进行灭鼠及防止其他动物进入。污染疫水又是一个重要的传染途径，而池塘水、河水更是危险，因此最好使用自来水，在疫区可用兽（人）用单价或多价菌苗进行预防注射，剂量为皮下注射0.5～1毫升，间隔7天后再注射1～2毫升。

（九）伪狂犬病

伪狂犬病是由伪狂犬病毒引起的貂、狐、貉、犬、猫、兔和牛、羊、猪等哺乳动物的一种共患病。本病的特征是发热、奇痒（猪、貂除外）及脑脊髓炎症状，几乎都在急性经过之后以死亡告终。

病兽和带病毒肉食性毛皮动物是重要的传染源，从鼻液、唾液、粪、尿、乳和阴道分泌物排毒，广泛污染环境。水貂很易感，主要是喂饲了带毒的牛羊猪等的肉类产品而感染，也可由带毒鼠类污染饲料而引起。

1. 症状

食欲突然减退乃至废绝，体温升高到41℃以上，阵发性兴奋、

痉挛，继而昏迷，下额麻痹，伸舌，步态不稳。病后期后躯麻痹，公貂阴茎脱出，几乎不出现奇痒，但人工感染病貂则有局部奇痒和自咬现象。通常在发病后 12～20 小时内死亡，死亡率达 75％以上。

2. 防治方法

预防本病发生的关键措施是最好不喂疫区的猪羊牛的肉产品，或者经煮熟消毒后再喂，做好灭鼠工作；杜绝其他动物进入，尤其是猫、犬和猪。兽用伪狂犬病疫苗可以用于免疫预防，但弱毒疫苗应在少量貂上证明安全后方可使用。

（十）丹毒

丹毒是由猪丹毒杆菌引起的一种急性败血性传染病。流行发生的主要原因：一是利用养猪场地养貂，特别是在未经彻底消毒时，最易暴发流行，甚至可呈地方性流行；二是貂与猪在同一院内饲养，又无严格的防疫措施，也极易传染发病；三是喂饲带菌猪的肉类饲料。

1. 症状

多数突然发病，拒食，萎靡，体温高达 42℃以上，后肢关节肿大，行走困难，继而后躯瘫痪，大小便失禁，眼结膜发炎有黏性分泌物。病程 2～3 天，多转归死亡。

2. 防治方法

大剂量青霉素和红霉素均有良好的治疗效果。青霉素量为肌内注射 5 万～10 万单位，1 天 2 次；四环素按每千克体重 5000～10000 单位肌内注射，每天 1～2 次。在预防上，笼箱、用具用 3％硫酸亚铁溶液洗刷消毒，内外场地用 2％过氧乙酸喷洒消毒，这对以猪舍作为貂场时更为重要。严禁貂、猪混院饲养，不喂污染的猪肉产品。

此外，在污染区用猪丹毒菌苗进行预防注射，可获得 5 个月以上的免疫力，但弱毒菌苗应做安全试验后再用。

（十一）球虫病

感染水貂的球虫有 11 种，其中 6 种艾美尔球虫，5 种等孢球虫，以皱缩艾美尔球虫和拉氏等孢球虫的危害最大。我国水貂的球虫感染率较高，如江苏一貂群的感染率达 20%。其原因是卫生状况差，场舍污秽、潮湿，排水不畅，采光不良，饲养管理不善，笼箱、用具既不清洁又不消毒，等等。

1. 症状

水貂球虫病呈急性经过时，患貂减食，精神沉郁，贫血，可视黏膜苍白，腹泻，粪便呈水样并混有大量黏液，有时肠黏膜有出血斑，逐渐衰弱，喜卧不活动，濒死前出现神经症状。慢性感染貂见不到明显症状，虽然食欲不减，但生长缓慢，间或出现下痢。显性的病貂多见于断奶后的幼貂，且常为急性经过。哺乳仔貂和成年貂发病少。夏季多发，冬季极少发病。

2. 防治方法

在治疗上，据苏联的经验，呋喃唑酮、磺胺二甲基嘧啶效果最佳。预防措施是遵守日常的兽医卫生防疫制度，特别是清洁卫生和消毒工作更有重要的意义，产仔笼箱在产前一周用 5% 的氨水或火焰或 3% 氢氧化钠溶液消毒，垫草应经太阳光晒干消毒；在污染场，于断奶后的幼貂饲料中添加呋喃唑酮等球虫抑制药。

（十二）感冒

感冒在临床上的表现是上部呼吸道发生炎症。根据侵害部位的不同，分为急性鼻炎、急性咽喉炎和急性气管炎。

秋末冬初、早春和寒冷季节，气温骤变，由于饲养管理不善、卫生状况不佳，如营养低劣、空气污秽、垫草缺乏或潮湿、粪尿蓄积、贼风侵袭，种貂在寒冷季节串换或引进时经长途运输，以及遮风防雨、保暖、除粪、换垫草不及时等。

1. 症状

患貂精神沉郁，不爱活动，食欲降低乃至废绝，鼻镜干燥，流泪，淌鼻液，有的发生呕吐、咳嗽，体温间或升高，呼吸加快。

2. 防治方法

改善饲养管理条件和卫生状况，在进入寒冷季节前增加营养，

改善体质和膘情。如喂给新鲜易消化富有营养的饲料，供给充足的洁净的饮水，做到勤清粪尿，在寒冷季节里冲刷次数要减少，防止飞溅，垫草要经日晒后勤换。在 10～12 月引进种貂时，运输中防止堆压或过度密集，既要注意防风防寒又要适当通风。治疗措施是皮下或肌内注射青霉素 10 万～20 万单位和安痛定 1 毫升，1 天 2～3 次，连续 2～3 天。也可肌内注射安痛定 1 毫升和维生素 B_1 5～10 毫克。

（十三）中暑

炎夏季节气温高，湿度大，天气闷热，饲养水貂棚窝箱通风不良并使烈日直射貂体，如果饮水不足，使水貂体热不能散发，就会引起脑充血或高级神经中枢麻痹。中暑后的水貂体温显著升高，可视黏膜潮红，鼻镜干燥，剧渴。

1. 症状

初发病时病貂表现为急躁不安，后来僵直躺卧，后躯麻痹，张口剧喘并发出刺耳叫声。随着病情的发展，水貂出现头部震颤、摇晃、走路不稳、口吐白沫、呕吐等症状，最后昏迷、全身痉挛而死。

2. 防治方法

炎热夏季对产仔区的棚舍、笼舍要采取遮阳措施，如往笼箱上面盖青绿的柴草，用遮阳网围在棚舍四周，棚舍间种瓜、豆类达到避免日光直射的目的，但一定要注意保持通风良好，必要时可在舍内洒水。

发病时可把病貂移至阴凉和空气流通的地方，并用冷水敷头部或灌肠。为使水貂体温迅速下降及增强心脏功能，可肌内注射安痛定 1 毫升、尼可刹米 0.3～0.5 毫升，并皮下注射葡萄糖氯化钠溶液 20～30 毫升。

（十四）红爪病（维生素缺乏症）

红爪病，又名维生素缺乏症，是因为母貂妊娠期饲料中维生素 C 缺乏所致的一种仔貂营养性疾病。该病多发生在仔貂初生阶段，

且多为群体发病。

1. 症状

发病初期新生仔兽的爪垫红肿。仔兽多在生后 2～3 天死亡。初生第二天即可发病，全窝仔兽爪垫水肿、充血发红，以后四肢水肿，关节变粗，有的延至肢上部、腹、臀及尾部，继而爪部破溃、糜烂、皲裂。

2. 防治方法

对病兽口服 3％～5％的维生素 C 2 毫升，每天 2 次，也可肌注或静注（每天 1 次）10％维生素 C 3～5 毫升，直到脚趾肿胀消失。在母兽怀孕后期，注重维生素 C 的补充，禁止喂储存过久的脂肪饲料。按饲料标准配给饲料，并及时添加维生素 C 和红爪白鼻消。

（十五）自咬病

自咬病是驯养肉食毛皮动物的一种常见慢性疾病，水貂、貉和狐均有发生。水貂自咬病多发生于春秋季节，育成貂较敏感。

1. 症状

一般均呈慢性经过，反复发作，但周期长短不一。表现为高度兴奋，单向性转圈自咬尾巴或臀部，并发出尖叫声，啃去被毛，咬伤皮肤，撕裂肌肉，造成流血、断尾。也有的咬脚掌或腹部等处。若继发感染，则出现全身症状，多转归死亡。

2. 防治方法

此病目前尚无特效治疗药物，由于病因不清，故在预防上只能采取综合性措施。①注意饲料的全价营养，定期补给铬、钴、镍等多种微量元素，以维持正常的营养代谢需要；②适当搭配 15％～20％的干（粒）饲料能明显地降低发病率，且不影响水貂的发育；③彻底淘汰病貂，切勿留种。在实践中若能改善饲养管理，也可大大降低发病率。

发生自咬症对症治疗只能收到暂时的效果。其原则是给予抗菌药物防止继发感染，镇静缓解，补给多种微量元素和维生素营养物

质。①投给盐酸氯丙嗪 25 毫克、乳酸钙 0.5 克、复合维生素 B 0.1 克、葡萄糖 0.5 克，再加上铬、钴、镍、添加剂，混合喂给 2 次；②肌内注射 5% 氯化钙溶液和 10% 葡萄糖溶液各 1～2 毫升，24 小时后再注 1 次葡萄糖酸钙溶液；③肌内注射青霉素 25 万单位和烟酸 0.5 毫升。

（十六）乳房炎

母貂在以下 3 种情况下易得乳房炎：①仔貂咬破母貂乳头，造成外伤性感染；②貂舍垫草不洁感染乳房炎；③母貂乳腺发达，泌乳量大，仔貂吮乳力不强或仔貂死亡，致使过多的乳汁长期积蓄于乳房内，造成瘀滞性乳房炎。

防治方法。母貂的乳房炎要根据不同的病情采取不同的措施。一般情况下要用青霉素 20 万～30 万单位，每日 2～3 次肌内注射，也可视病情掌握剂量及注射次数。对未破溃化脓的可作热敷治疗，用温热的 0.3% 雷夫努尔溶液浸湿纱布后敷在乳房上进行按摩，每日 2 次；对已化脓破溃的不能进行热敷，要用 0.3% 雷夫努尔溶液洗净创面，并涂油质青霉素。仔貂 30 日龄后，可适当分出部分仔貂，必要时全部分窝。

二、貉常见疾病防治

貉的抗病能力较强，如果饲养管理不善，也会感染一些疾病，主要疾病有犬瘟热、狂犬病、炭疽病、破伤风等以及常见寄生虫病、消化系统、呼吸系统疾病和中毒症。

（一）犬瘟热

本病是由犬瘟热病毒引起的，主要通过病犬、病貉和带病毒动物（恢复后带毒期为 5～6 个月）传染。一旦发生便可造成全群性（毁灭性）的死亡。

1. 症状

自然感染潜伏期为 7～30 天，长者可达 3 个月。病貉开始体温升高 1～2℃，持续 2～3 天后降至常温。发热时精神郁闷，减食或完全拒食，有时出现呕吐，眼结膜潮红、肿胀、畏光流泪，有大量液体性分泌物或黏稠的脓性分泌物，上下眼睑常粘一起，流出黏性或脓性鼻液，鼻孔堵塞，呼吸困难，常出现呼吸道感染，发生卡他性鼻炎、喉头炎、气管炎或肺炎。有的出现神经症状，局部痉挛，运动失调，甚至四肢麻痹。足垫和趾间红肿，有的出现脓疮。

2. 诊断

根据流行病特点和典型犬瘟热症状可做初步判断。确诊需要做生物学试验、包涵体检查和血清学检查。

3. 防治方法

目前本病尚无法医治，定期预防注射犬瘟热疫苗是防止发生本病的根本措施。一般在幼貉断乳后半个月至冬毛成熟前，皮下或肌内注射 2～3 毫升，每年注射 1 次即可获得免疫力。

（二）狂犬病

狂犬病俗称疯狗病，是由一种嗜神经性的狂犬病毒引起的人畜共患急性接触性传染病。病毒主要存在于动物中枢神经组织、唾液腺和唾液内，在唾液腺和中枢神经细胞的胞浆内形成狂犬病特异的包涵体。病毒也存在于病狗的脾、肾、血液等处。本病主要因被患狂犬病的动物咬伤而感染，也可经损伤的皮肤和黏膜接触感染。此外，也有通过消化道和呼吸道感染的。一般春夏比秋冬较多发病，这与狗的性活动有关，哺乳动物和人都有易感性，以野狗、猫和野生食肉兽感染最多，幼龄兽比老年兽较易感染。在临床上以神经兴奋和意识障碍以及麻痹症状为特征。

1. 症状

本病潜伏期长短不定，貉患此病的潜伏期一般为 20～60 天，常为传染后的 21～42 天，其他食肉动物本病潜伏期平均为 2～8 周，大部分动物在感染后 15～25 天内发病，最短 8 天发病；也偶见潜伏期长达数月，甚至 1 年。临床症状一般分为狂暴型和麻痹型两种类型。

（1）狂暴型　狂暴型初期（即前驱期或沉郁期为 0.5～2 天），出现行动异常，表现为意识模糊，神经应激性增高，易受惊易被激怒，反射机能亢进，出现异嗜，喉头轻微麻痹，吞咽食物时颈部伸展，唾液增多。经 2 天沉郁期后病貉进入兴奋期，表现为狂躁不安，此时狂暴性发作往往和沉郁交替出现，反射紊乱，狂乱攻击人畜，或无目地奔走，眼睛向外斜视，吠声嘶哑，张口伸舌流涎，下颌、喉、尾肌肉麻痹，吞咽困难，口渴不能饮，见水惶恐，故有恐水症之称。此期约为 3～4 天，然后进入末期麻痹阶段。

（2）麻痹型　主要表现是机体消瘦，运动失调，身体其他部位呈现麻痹状态，如下颌下垂，流涎，后躯麻痹，张口，舌伸出口外，吞咽更加困难，卧地，呼吸中枢麻痹或衰竭死亡。病程一般2～4 天。

2. 诊断

根据病貉的神经兴奋和意识障碍以及麻痹临床特征可做初步的诊断。确诊时需要剖检，如见胃内空虚或充满异物，胃黏膜发炎明显而其他脏器无特异性变化，则应采取病样去化验室做特异性检查（为神经细胞内基氏小体检查）、荧光抗体或酶联免疫吸附试验，以查明脑组织中是否存在狂犬病毒。也可将细胞组织悬浮液接种给家兔或小白鼠做出确诊。

3. 防治方法

此病无特效治疗药物。预防本病主要是平时应加强对貉的管理。对外来的貉一定要实行隔离，4 周的检疫期，确认无病才能入圈混养。治疗时，病貉应及时捕杀，并烧掉或深埋，不可剥皮吃肉。

（三）炭疽病

本病是由炭疽杆菌引起的急性、热性、败血性传染病。

1. 症状

潜伏期 1～5 天，个别长达 14 天。其主要特征是急性肿大，皮下及浆膜下组织呈出血性胶样浸润。根据病程可分为最急性型、亚急性型、慢性型。最急性型病例发病急剧，突然倒地，呈昏迷状

态，病程仅数分钟到数小时。急性型病例开始表现短时期的兴奋和不安，食欲废绝，呼吸困难，黏膜发绀，排出带血的粪便或血块，尿液暗红，有的口鼻流血，病程 1～2 天，最后窒息而死亡。亚急性型病例的症状与急性型相似，但病情较长，约 2～5 天，常出现炭疽痈，有时可转为急性而死亡。慢性型病例表现为局部的咽型和肠型炭疽，主要侵害咽喉和颈部淋巴结及其邻近组织，引起炎性水肿，影响呼吸和采食，肠型炭疽常出现呕吐、停食、拉稀、便秘、粪便混有血液，重病可引起死亡。

2. 防治方法

注射无毒炭疽芽孢苗，每只 0.3～0.6 毫升，可获 1 年以上的免疫力。一般在每年秋季接种 1 次，春季新引进的貉可进行补种。治疗主要是采取血清疗法（每次 10～15 毫升，必要时 12 小时后再注射 1 次），在病初期有良好的效果。以磺胺嘧啶为最好，也可用青霉素、链霉素、土霉素、氯霉素等抗生素治疗。

（四）破伤风

本病是由破伤风杆菌引起的人畜共患传染病，病原体是厌氧菌，经创伤感染所致。

1. 症状

主要症状是病貉对外界刺激的兴奋性增强，全身的骨骼肌强直性痉挛，精神沉郁，运动受阻，张口咀嚼，吞咽困难，常将嘴插入食槽中而不能进食，流涎，鼻孔扩张，背脊坚硬，尾根抬起或偏向一侧，不能自如灵活，畏声响，当受到刺激时，惊恐不安，呼吸浅表，频次心悸亢进，节律不齐，排粪迟滞，体温正常。

2. 防治方法

预防本病的发生主要是减少和杜绝外伤，一旦发生外伤，要彻底消毒处理，本病康复后可获得一定强度的免疫力，因此可用抗破伤风血清及类毒素治疗或预防。病初需要查明伤口，做扩创消毒处理，同时肌内注射青霉素；肌内注射氯丙嗪、硫酸镁等以解痉镇静。后期可用补液疗法。病貉应置于阴暗避光处，减少接触，加强

护理。

（五）胃肠炎

貉的消化系统病主要有卡他性胃肠炎、出血性胃肠炎等。卡他性胃肠炎大多是由饲料质量低劣、饲料突变或饲料中含有异物或饲料不洁所引起的胃肠黏膜的炎症，主要是胃肠分泌和胃肠蠕动机能紊乱。

1. 症状

病貉表现为食欲减退，呕吐，精神沉郁，腹泻，粪便不成形并含有未消化的饲料残渣，有恶臭气味，病久被毛蓬乱无光，弓腰消瘦。当胃肠黏膜或肠道内伴发出血时，粪便呈煤焦油样，即为出血性胃肠炎，多为突然发病，治疗不及时易导致死亡。

2. 防治方法

找到管理不当之处后及时加以改进。药物治疗，可在饲料中加入少量四环素或氯霉素，1 日 2 次，1 次 20 万～50 万单位/只，或用其他抗生素，如链霉素或新霉素 1000～2000 单位/（日·只）或0.1%高锰酸钾水溶液治疗。因病貉渴欲增加，故可将药物溶于水中，倒入饮水盒令其自饮。重症者可内服羧苯甲酰磺胺噻唑（剂量0.1～0.2 克）。脱水严重时可皮下多点注射 20%葡萄糖溶液，樟脑油 0.5～1 毫升。对出血性肠炎还可用痢特灵 2～3 片，乳酶生 3 克内服，或核糖霉素 10 万～20 万国际单位，每日 2 次，肌内注射。

（六）肺炎

本病多因气候突变、环境不洁所致。天气突然寒冷，饲养室保温不良，由于貉抵抗力降低，上呼吸道被肺炎链球菌、葡萄球菌感染，蔓延到肺泡而致病。

1. 症状

体温升高 1～2℃，精神沉郁，食欲减退或废绝，鼻镜干燥、皲裂，可视黏膜潮红或发绀，呼吸困难，呼吸浅表、频速，咳嗽或流鼻涕，常卧于笼角，蜷曲成团。

2. 防治方法

应用抗生素或磺胺类药物治疗有一定疗效。也可用青霉素

5 万~10 万国际单位或青霉素与链霉素合用，每日 2 次，肌内注射，连续数日即可，结合用解热镇痛药物治疗疗效更好。

（七）中暑

中暑是由于盛夏季节气温过高、通风不良、饮水不足或受日光直射而引起的脑过热（日射病）或全身发热（热射病）的一种疾病，发热迅速，若不及时急救容易死亡。

1. 症状

病貉体温迅速增高，精神沉郁，步态摇摆，呕吐，呼吸困难，张口伸舌，气喘不止，可视黏膜发绀，最后昏迷，痉挛而死亡。

2. 防治方法

盛夏笼要放置在蔽日通风处，中午气温高，笼下地上洒水，供足饮水。发生本病时应立即向貉场地洒凉水，并将病貉转移到凉爽通风的背阴处，头部进行冷敷。心机能不全时，可肌内注射樟脑磺酸钠类强心药物，还可使用泄血补液疗法进行抢救。

（八）新生仔貉"红爪病"

本病多由母貉在怀孕期维生素 C 不足引起。

1. 症状

四肢浮肿、皲裂、溃疡，尤其爪趾间更为突出，足垫肿胀，趾间、口腔、舌、唇等部位潮红，患病仔貉发出尖锐的叫声，不间断地乱爬，向后仰头，仿佛打哈欠，吮乳力减弱，最后因饥饿而死。

2. 防治方法

母貉在妊娠期间应保证营养全价，增加新鲜蔬菜的供给，另外要补喂维生素 C（精制品）50 毫克/（日·只）。

（九）寄生虫病

貉在笼养条件下寄生虫病很少发生，以圈养和新引进的野生貉发病较多。发现有线虫、蛔虫等内寄生虫病以及跳蚤、耳虱、疥螨等外寄生虫病。

1. 症状

体内寄生虫寄生于肠道，常引起消化不良及营养缺乏。外寄生虫寄生在皮肤上或被毛内，病貉身体奇痒，不安，搔抓部位皮毛往往遭到损伤，严重时可出现贫血而影响健康。

2. 防治方法

引进前饲养室清扫后，用5％～12％滴滴涕（DDT）或666粉消毒。治疗体内寄生虫可用驱蛔灵，每次1～2片，1周后再重复1次即可。貉患有疥癣，可用废机油治疗，严重疥癣者可用疥癣擦剂治疗，但要特别小心，防止中毒。疥癣擦剂的配制方法是取DDT 1份，溶于9份煤油中，加热溶解后加入来苏儿1份和水19份，充分振荡后涂擦患部（注：不需剪毛，去痂皮后分片擦涂，以免中毒）。

（十）肉毒梭菌中毒

肉毒梭菌等厌氧菌，其外毒素有很强的毒力，能对各种动物致病，感染途径是消化道。

1. 症状

潜伏期数小时至10天。最急性发作时，病貉卧地不起，痉挛，昏迷，全身麻痹，经数十分钟至数小时死亡。急性发作较多见，病貉开始时表现为动作不协调，行走摇晃，以后出现全身麻痹，站立困难，侧卧，有的舌脱出，下颌麻痹而下垂，吞咽困难，不能采食或饮水，流涎，呼吸浅表、加快，排粪失禁，有腹痛感，最后心脏停搏窒息而死亡。慢性经过时，舌和喉头轻度麻痹，肌肉松弛无力，步态不稳，容易卧倒，站立困难，肠音减弱，粪便干燥，病程可持续10天左右。

2. 防治方法

平时应注意环境卫生，要确保饲料品质，对失鲜和可疑的动物性饲料一定要经过高温处理后再喂食。预防本病最好注射C型肉毒梭菌菌苗，每次每只1毫升，免疫期可达3年。

（十一）亚硝酸盐中毒

一些青菜类的饲料堆积腐烂发酵变质后所含的亚硝酸盐类，在

硝化菌参与的生化过程影响下，很快变成毒性很大的（主要是血循毒）亚硝酸盐。

1. 症状

饲喂后突然发病，表现全身无力，后躯麻痹，四肢发冷，呼吸困难，口吐白沫，呕吐下痢；有的不显示任何症状而死亡。

2. 防治方法

本病以预防为主，治疗意义不大。平时注意蔬菜类饲料储存要摊开存放，不要堆积储存，饲喂时要除去腐烂发酵变质部分，以免腐烂发酵的青绿饲料产生有毒的亚硝酸盐而造成中毒。治疗方式可试用剪耳尖、断尾放血，静脉或肌内注射1％美蓝（颜料店有售）溶液，按每千克体重1毫升，并配合投服适量糖水或蛋清水，往往有一定的疗效。

（十二）食盐中毒

因日粮中食盐过多引起中毒。

1. 症状

表现为兴奋不安，食欲增强，严重时，从口鼻中分泌出沫样唾液，呈急性胃肠炎症状。

2. 防治方法

在平时喂饲时应控制食盐的喂量，并注意与饲料调匀，应供给充足的饮水，内服牛奶或绿豆水。皮下注射14％～20％的樟脑油0.5～1毫升或皮下注射25％葡萄糖溶液15～20毫升。

三、紫貂常见疾病防治

（一）紫貂胃肠炎

饲养管理不当，饲料变质，采食有害物质，病原微生物感染等引发该病。

1. 症状

食欲不振、呕吐，起初吐出食糜，以后吐出泡沫样黏液和胃

液，严重时可带血液、胆汁或黏膜样碎片。精神沉郁，不愿活动，体温升高，腹部卷缩，黄色舌苔和特异的口臭。

2. 防治方法

如果是全群发生，应改善全群的饲料质量和卫生情况。如果是个别发生，就应注意饮食变化，投给健胃药。

（二）紫貂乳腺炎

乳腺炎多由乳腺感染而引发。母乳乳汁不足，仔貂数量多，仔貂抢食，造成乳房损伤或咬伤，被细菌感染而发生。也可因母貂泌乳量大，仔貂吃不完，蓄积过多而造成紫貂乳腺炎。

1. 症状

病貂表现为不安，徘徊，拒哺，乳房红肿，有硬块或有伤痕化脓，重者精神沉郁、拒食。

2. 防治方法

加强母貂的日常饲养管理，保持小室和垫草的干燥卫生。对泌乳过多或过少的母貂应及时采取措施，如仔貂代养等。每日多次按摩患貂乳房，挤出乳汁。对化脓者不可按摩，可用 0.25% 普鲁卡因 5 毫升，青霉素 20 万单位，混合溶解后，可进行点状封闭。局部化脓破溃，可用 0.3% 雷夫奴尔溶液洗涤创口，然后涂以青霉素油剂或消炎软膏。

（三）紫貂大肠杆菌病

该病是由大肠杆菌引起的。根据血清型有 200 多个变种，不同变种的致病性也不同。

1. 症状

新生仔貂患病，表现不安，不断尖叫，被毛蓬乱，发育迟缓，拉稀等，排出绿色、黄绿色、褐色、浅黄色等稀便。妊娠母貂患病时，发生大批流产和死胎，精神沉郁或不安，食欲减退。该病常发生在仔貂断奶和育成期，死亡率为 11%～79%。

2. 防治方法

大肠杆菌抵抗力不强，一般消毒药（石炭酸、福尔马林）5 分

钟即可杀死该病原。55℃经1小时，60℃经15～30分钟都可杀死大肠杆菌。改善饲养管理，除去不良饲料。1～2月龄的紫貂可注射仔猪、犊牛或羔羊大肠杆菌病的高免血清5～6毫升进行特异性治疗。也可用青霉素4000～10000单位，溶解在0.5%奴夫卡因溶液中或高免血清中进行注射。

（四）紫貂炭疽病

炭疽病是由炭疽杆菌引起的紫貂的急性、热性、败血性传染病，以脾脏急性肿大、皮下和浆膜下结缔组织浆液性出血浸润为特征，饲喂污染了炭疽的兔肉下杂和家畜肉下杂可引起紫貂炭疽病。炭疽本身抵抗力不强，75℃经1分钟就可杀死。但其芽孢的抵抗力较强，在干燥条件下于140℃经3小时，煮沸10～15分钟，110℃高压下5～10分钟才可将芽孢杀死。1%福尔马林2分钟，0.1%升汞数分钟到数小时，5%石炭酸24小时，才能杀死病菌。

1. 症状

紫貂炭疽病的潜伏期短，一般为10～12小时，很少有24小时的。患病紫貂，表现为超急性经过，无任何临床表现，刚吃完食突然死亡。

2. 防治方法

严格卫生防疫制度，严禁采购、饲喂死亡原因不明或非自然死亡的动物肉。疫区每年应注射炭疽疫苗，用法、用量可按疫苗说明书。对可疑病貂进行隔离治疗，死后不得剖检取皮，一律烧毁或深埋。被污染的笼舍可用火焰消毒。

（五）紫貂支原体感染病

紫貂支原体病原可导致家畜、家禽、犬、猫、灵长类及实验动物感染。

1. 症状

急性病例没有明显临床症状便突然发出尖叫声，倒于笼内，抽搐，十几分钟便死亡。慢性病例病程3～5天，病初病兽后躯不灵

活，爱在水盆中坐卧，运动失调，鼻镜干燥，视力下降，对刺激反应迟钝，腹式呼吸，食欲减退，有轻度腹泻，一般体温升高 0.2～0.5℃，有的病例体温正常，病后期出现麻痹，食欲废绝，排血便。

2. 防治方法

确定为支原体感染后，对产箱、笼舍进行彻底消毒，垫草晾晒以自然紫外线消毒。加强饲料室的卫生监督。自 1992 年起，仔兽分窝前 15 天，投土霉素进行全群预防。种兽定期使用羊支原体灭活疫苗接种，经几年观察，免疫效果可靠，没有再感染此病。治疗：急性病例没有治疗机会，慢性病例以卡那霉素结合其他辅助疗法有效，治愈率为 6.7%（11/165）。

四、狐狸常见疾病防治

（一）犬瘟热

犬瘟热是由犬瘟热病毒引起的狗及多种毛皮动物共患的高度接触性传染病。其主要特征是高热、急性眼结膜炎、急性鼻炎和支气管炎、卡他性肺炎、胃肠炎、皮肤病和神经症状等，多为细菌性并发症。该病是严重危害毛皮动物的疫病之一，在自然条件下，犬、狐、貉、水貂、黄鼬、獾、狼、熊等都易感染此病，幼龄动物，特别是断乳后的仔兽最易感染，老兽抵抗力较强。该病一年四季都可发生。

本病主要通过接触传染，如饲养员的衣、鞋、手套、各种用具等，昆虫、粪便、禽类也可起到传播作用。在配种期动物频繁接触、动物逃跑及串笼也可增加传播机会。

1. 症状

自然感染潜伏期为 7～30 天，长者可达 3 个月。病兽开始发病时，体温高，精神高度沉郁，减食或完全拒食，有的出现呕吐。眼结膜潮红、肿胀，怕光流泪，有大量浆液性分泌物，逐渐转为黏液性脓性分泌物，重者上下眼睑被黏稠的分泌物黏合在一起，并有角

膜炎和小的溃疡灶，鼻镜干燥，鼻裂较明显或肿大，鼻的皮肤皲裂，鼻黏膜发炎、肿胀，流出浆液性鼻汁，后变为黏液性或脓性，因而堵塞鼻孔，呼吸困难，或张口呼吸。

2. 诊断

根据临床症状可初步诊断。确诊必须做生物学试验和包涵体检查。①生物学试验：无菌采取濒死期病狐的肝、脾、脑组织，用生理盐水制成 10 倍稀释乳剂，在断乳后 15 天的健康犬、貉、貂等动物皮下接种 3～5 毫升，单独饲养、观察，10～14 天出现拒食、体温升高、鼻炎、结膜炎及下痢等犬瘟热特征性症状，即可确诊。②包涵体检查：刮取少量膀胱黏膜与生理盐水混合，制成涂片，自然干燥，用甲醛固定 3 分钟，苏木紫-伊红染色，显微镜检查。在膀胱黏膜上皮细胞的胞浆内有圆形或椭圆形鲜红色包涵体，胞浆染成淡红色，胞核染成紫色者即为阳性。

3. 防治方法

发现病狐应及时隔离，确诊，采取有效治疗措施。对于未发病的狐狸，应用疫苗进行紧急预防注射。对于病狐用高免血清紧急治疗，皮下或肌内注射 2～3 毫升/千克体重，最好每天 1 次，连用 3 次，务必选用质量好的高免血清，否则治疗效果不佳。用药物对症治疗，如使用退热、止痛、镇痉、消炎等药物，可降低死亡率。也可使用抗病毒药物如病毒唑，抗生素如氯霉素、青霉素、庆大霉素、卡那霉素、丁胺卡那霉素、先锋霉素系列药物等预防并发或继发细菌感染，降低死亡率。

（二）巴氏杆菌病

巴氏杆菌病又叫出血性败血病，简称出败，它是由多杀性巴氏杆菌引起的各种畜禽和野生动物均可感染的一种传染病。其特点是急性经过，主要呈败血症和炎性出血，慢性经过可表现为皮下组织、关节、各脏器的局灶性化脓性炎症。各龄期毛皮动物均可感染，幼兽更易感染。

1. 症状

临床表现为精神委顿，缩颈闭眼，尾巴无力而下垂，呈瞌睡

状，依笼坐立或站立。呼吸困难，病重狐呈犬坐状，能够听到喘鸣音。口鼻流沫或流涎，眼结膜发绀，耳、腹、四肢内侧皮肤涌现红斑，腹泻。濒死狐病程约80小时。刚发病时，喜饮水，饮量比平时多一半，食欲渐减到废绝，腹泻，嘴流黏液，每天呕吐5～8次，呕吐物主要为酱色液体。尿量增加并呈深黄色，体温升高达41.8℃，呼吸急促，脉搏28次/分钟，并明显瘦弱无力。

剖检濒死狐，剥皮后发现，全身多处黏膜和皮下组织有大批出血点。颈部咽喉坚硬、发热、红肿，并延至耳根，周围结缔组织有大批出血点。心脏内外膜均有出血点，冠状沟脂肪也可见针尖状出血点。全身多处淋巴结肿大出血，切面有红色珠状液体渗出。肝外表面有点状出血，背面肿胀明显，腹面大面积发生脂肪变性坏死，坏死处呈淡黄色，切面有淡红色液体渗出。肾脏被膜下有针尖状出血点，左肾外表面惨白，切面含丰富淡红色液体。

2. 诊断

取临死前动物的心、肝、脾和淋巴结涂片，染色、镜检，发现两极浓染的小杆菌，结合临床症状即可确诊。必要时做细菌培养和动物试验。

3. 防治方法

预防要做到对畜禽副产品类饲料严格检验，巴氏杆菌污染的饲料不能使用，可疑饲料煮熟后再喂。目前国内尚缺乏特异性疫苗，可试用家畜巴氏杆菌苗进行预防接种。本病最有效的疗法是皮下注射多价出败免疫血清，成年狐20～30毫升，幼狐10～15毫升。早期应用抗生素和磺胺类药物亦有较好的效果。青霉素每千克体重3万单位，土霉素每千克体重2.5万单位。每日2次，连用4～6日。或复方新诺明每千克体重0.2～0.3克混入饲料中喂服，每日1次，连服5～7日。

（三）沙门杆菌病

沙门杆菌病，又称副伤寒。本病是由沙门杆菌引起的狐狸急性传染病，主要特征是发热、腹泻、迅速消瘦和脾脏肿大，常呈地方

性流行，死亡率较高，幼龄狐的死亡率可达 60％左右。不同年龄和性别的狐都可以感染，但以幼狐发病率较高。本病具有明显的季节性，多在 6～8 月份发病。

1. 症状

本病随病狐抵抗力和细菌毒力的不同表现出不同的临床症状，分为急性型、亚急性型和慢性型三种。

（1）急性型　病狐拒食，体温升高至 41～42℃，背腰拱起，呕吐、腹泻，常于 1～8 天死亡，也有 6～10 小时死亡的。

（2）亚急性型　病狐胃肠机能高度紊乱，体温升高至 40～41℃，精神不振，呼吸急促，食欲废绝，皮肤和黏膜出现黄疸。有些病例咳嗽，流脓性鼻液，下痢，粪便中混有黏液、血液。后期两后肢发生不完全麻痹，常于 7～14 天死亡。

（3）慢性型　病狐食欲不佳，胃肠功能紊乱，下痢，粪中混有黏液，贫血，被毛松乱，消瘦。配种期和妊娠期发病，大批母狐空怀和流产，空怀率达 14％～25％，流产率达 10％～16％。

2. 诊断

可根据流行病学、临床症状以及剖检病变等初步诊断，确诊需做细菌学检查。无菌采取病狐耳静脉血，接种于普通琼脂平板或含胆汁的肉汤培养基内，37℃培养 6～8 小时后，将培养基与沙门杆菌诊断血清做凝集反应，若为阳性即可确诊。

3. 防治方法

改善饲养管理，喂给适口性好、易于消化的全价饲料。将新霉素混入饲料中，幼狐 5～10 毫克，成年狐 20～30 毫克，连用 7～10 天。还可用四环素和磺胺二甲基嘧啶治疗。维持心脏机能可皮下注射 20％樟脑油，仔狐 0.2～0.5 毫升，成狐 2 毫升。母狐妊娠期和泌乳期加强饲养管理，禁喂被沙门杆菌污染的饲料。幼狐必须喂给质量好、易消化的饲料，而且不得急剧变换饲料。接种沙门杆菌疫苗，免疫期为 7～8 个月。

（四）传染性肝炎

本病又叫蓝狐传染性肝炎和银狐传染性肝炎，是由腺病毒引起的，

常呈地方性流行。其患病率和死亡率不随季节而变化，但夏、秋季节，对本病的传播最为有利。病毒通过呼吸道、消化道及损伤的皮肤和黏膜侵入狐狸机体；病毒在子宫内及母狐哺乳期还可以传染给胎儿和仔狐。病毒通过毛皮动物可以使其毒力增强，引起成年毛皮动物发病。自然条件下感染本病时，潜伏期为 10～20 天以上；人工感染时，潜伏期为 5～6 天。本病分为急性型、亚急性型、慢性型 3 种。

1. 症状

急性病例，表现为拒食，反应迟钝，体温升高到 41.5℃以上，直至死亡；病狐出现呕吐，渴欲增加，病程不超过 3～4 天，逐渐昏迷而死亡。很多情况下病狐无任何症状而突然死亡。亚急性症例，表现为精神沉郁，出现弛张热，病狐躺卧，起来后站立不稳，步伐摇晃，后肢虚弱无力，迅速消瘦，眼结膜和口腔黏膜苍白和出现黄疸，后肢不完全麻痹或完全麻痹；发病期病狐体温升高达 41℃以上；体温升高时，伴有心血管系统功能障碍；心跳每分钟达 100～120 次，脉搏无节律、软弱；病狐出现上述症状后症状可能会消失，但过一段时间后则会重新出现上述症状，而且症状更加显著；病狐的尿呈暗褐色，兴奋和沉郁交替出现；病狐常隐居于笼的一角，给食时表现出攻击性；病程长约 1 个月，最后死亡或转为慢性。慢性病例，症状不显著和不稳定；病狐常出现食欲减退或暂时消失，有时出现胃肠道功能障碍（腹泻和便秘交替出现）及进行性消瘦；出现短时的体温升高；一般慢性病例能延长到屠宰期。

传染性肝炎与脑脊髓炎的区别是：传染性肝炎广为传播，脑脊髓炎常为散发性流行。前者不论是成年毛皮动物还是幼年毛皮动物均能发生，脑脊髓炎常侵害 8～10 月龄的幼狐；银狐易感脑脊髓炎，蓝狐则较少患此病。但传染性肝炎常传染给蓝狐，银狐则很少患此病。

2. 防治方法

本病目前无特异的防治方法。对患病蓝狐和银狐可肌内注射维生素 B_{12}，每只剂量为 350～500 微克，幼狐每只剂量为 250～300 微克，持续注射 3～4 天；同时在所喂的饲料中可掺入叶酸，每只 0.5～0.6 毫克，持续 10～15 天。对本病的预防措施是隔离病狐和

可疑病狐，直到屠宰为止；笼子和小室应彻底消毒，用10％～20％漂白粉消毒地面。

（五）狐大肠杆菌病

本病是由大肠杆菌引起的，主要侵害10日龄内的仔狐。1～5日龄仔狐的病死率可达50.8％，6～10日龄的为23.8％。

1. 症状

患病仔狐表现为神态不安，似有痛感，被毛无光泽、粗乱，排出黄绿色乃至黑褐色稀便，并混有泡沫，肛门周围污浊；继而沉郁萎靡，有的病例出现痉挛，也有的出现头盖骨膨隆；患病后期表现为共济失调，四肢麻痹，持续性痉挛或昏迷死亡。

2. 诊断

本病缺乏特征性临床症状，可根据细菌学检查和动物实验确诊。采取病狐痰、乳汁或粪便做抗酸性染色，镜检发现在绿色背景上有红色细长微弯曲或呈分枝状的结核菌即可确诊。或将病料制成乳剂给豚鼠肌肉、腹腔或腹股沟皮下注射，如接种部位附近淋巴结肿大，豚鼠采食减少，体重减轻或死亡即可确诊。或用变态反应诊断，眼睑皮下注射牛型结核菌素0.2毫升，经48～72小时眼睑肿胀、眼裂闭合或半闭合，大量流泪者为阳性反应，眼睑肿胀不明显者为可疑反应，无上述反应者为阴性反应。

3. 防治方法

本病早期治疗效果较好。治疗时用高免血清与新霉素效果较好。抗血清200毫升加新霉素50万单位、维生素B_{12} 2000微克、维生素B_1 30～60毫克和青霉素50万单位制成合剂，1～5日龄仔狐皮下注射0.5毫升，幼狐注射1毫升。

（六）伪狂犬病

伪狂犬病又称阿氏病，是多种动物共患的急性病毒性传染病。本病的特点是侵害中枢神经系统和引起皮肤瘙痒。病毒侵入机体的主要途径是消化道。当毛皮动物口腔黏膜有外伤时，更易感染本病，皮肤有外伤也可能感染。

在毛皮动物中，发生本病无季节性，但以夏秋季居多，常呈暴发流行，初期死亡率高，当排除污染饲料以后，病势很快停止。

1. 症状

病毒通过消化道侵入机体后，经血液循环到各器官和组织中。银黑狐、北极狐发病潜伏期为6～12天，主要症状是病狐精神沉郁，拱腰，在笼内转圈，行动缓慢，呼吸加快，体温稍增高，瞳孔缩小。由于严重痛痒，常用肢搔抓颈部、唇、颊部的皮肤。病狐呻吟，翻转打滚，往往先跳起，又重新倒下，不仅抓伤皮肤，而且也损伤皮下组织和肌肉，局部出现出血性水肿。

2. 诊断

根据流行病学、特征性临床症状（痛痒）及病理学变化特点，进行综合分析，可以做出初步诊断，为了进一步确认，可进行血清学和生物学试验。

3. 防治方法

预防本病发生，对饲料要严格检查，特别是喂猪内脏和肉类时更要注意，应煮熟或无害化处理后再喂。本病目前尚无特效疗法。发现本病后，应立即停喂被伪狂犬病毒污染的肉类饲料，同时用抗生素控制继发感染。

（七）狐钩端螺旋体病

钩端螺旋体病是一群致病的钩端螺旋体引起的人和动物共患的传染病。狐的钩端螺旋体病主要是由出血性钩端螺旋体引起的，特点是流传快，发病率和死亡率高（90％～100％），主要损害3～6个月幼狐，成狐较少发生。此病在我国有些场发生过，损失较大。

1. 症状

狐感染后潜伏期为2～12天，急性病例2～3天死亡。病狐粪便黄稀，多数病狐饮水量剧增，心脏跳动加快，食欲减退或废绝，精神沉郁。少数病例呼吸加快，反应敏感，后躯不灵活，眼结膜发炎，体温升高。严重的呈现贫血，后肢瘫痪，尿血，排出煤焦油样粪便，转归往往死亡。红细胞减少，血红素下降，有些病例白细胞

增多，多数是中性颗粒细胞增多。

2. 诊断

本病诊断办法良多，特异性诊断方式也不少。依据临床症状和流行病学可做出初步诊断，最后要依附实验室诊断。可采取暗视线显微镜直接镜检，或采用病料直接镜检，最后做动物接种实验确诊。

3. 防治方法

预防本病要侧重避免水源的污染和带菌动物的传播。接种钩端螺旋体病疫苗，是最有效的预防措施。病初用青霉素效果较好，每只狐用量 20 万～40 万单位。但狐患病早期不易发现，而晚期医治效果不显明。

（八）狐蛔虫病

病原为蛔虫。狐主要是吃了含有蛔虫卵的饲料，或饮了被蛔虫卵污染的水而感染；或者仔狐养在一起，其中有患蛔虫症者，经接触互相感染而发病。本病幼狐多于成年狐。狐蛔虫的雄虫长 2～4 厘米，雌虫长 3.5～5.5 厘米，主要寄生于肠道。

1. 症状

患狐身体虚弱，精神萎靡，腹部胀满，消化不良，下痢和便秘交替进行，被毛蓬乱无光，有时呕吐、痉挛、抽搐，有时可看到吐出或便出蛔虫。病情严重的患狐，常因蛔虫过多致肠梗阻而死亡，剖检可见肠内蛔虫堵塞成团。

2. 防治方法

预防本病，要加强饲料和笼舍的卫生管理。蔬菜一定要洗干净，畜禽内脏一定要高温处理后再喂。治疗可用驱虫灵，每只每日 1～2 片，隔 2 周再重复喂 1 次，或用四氯乙烯 0.3 克。驱虫要在仔狐断乳后进行，投药后 4～5 小时后喂食。对人用的其他驱虫药，都可酌情应用。

（九）狐绦虫病

本病是狐常见的一种寄生虫病，虫体为绦虫，寄生于小肠里，

常见的有大绦虫、线绦虫、裂头绦虫。

1. 症状

病狐生长迟缓，消瘦，被毛粗乱，有时出现癫痫、抽搐、惊厥等神经症状。

2. 防治方法

平时不喂生长在污染地区的生鱼，病痘猪肉必须经高温处理后饲喂狐狸，以预防本病的发生。治疗本病可采用氢溴酸槟榔碱粉驱虫。先让病狐饿 16～18 小时，然后按每千克体重 0.01 克粉剂混于饲料中喂饲。此药有时会引起病狐呕吐。为了防止呕吐，可用 0.5％的奴夫卡因溶液将氢溴酸槟榔碱粉溶解成 1％的溶液，然后按每千克体重 1 毫升混于饲料中投喂，服后 6～8 小时可对病狐正常投喂饲料。

（十）螨病

疥螨在体内外寄生，损害狐的被毛，致使养殖场经济损失严重。

1. 症状

病狐初期可见于脚掌皮肤有病变，然后蔓延到上部的关节部位，甚至体侧、尾、脑和颈部。病狐食欲下降，搔痒频繁，消瘦，从外观看毛皮质量严重下降。

2. 防治方法

对于病狐可用 2％敌百虫溶液，涂擦患部，2 天涂擦 1 次。重症者用 1％克辽林溶液水乳剂药浴进行治疗。治疗时注意不要伤害病狐的眼睛、鼻结膜或误入口中。

（十一）自咬病

此病种狐春季易发，幼狐 8～9 月份发作。

1. 症状

病狐自己咬自己的尾部、臀部或身体的其他某一部位，可造成死亡。病势急剧，常突然发作，一夜的时间便可将尾全部咬掉，或咬腹侧时，将肠管掏出。也有慢性经过的，先咬尾尖，后咬尾根，

再咬臀或腹侧。病狐安静时，精神状态和食欲正常；严重时几天不吃，消瘦、抽搐或营养不良、贫血而死亡。

2. 防治方法

此病尚无特异性疗法，但可对症施治。原则是镇静和外伤处理，还可注射抗生素类药物。盐酸氯丙嗪 0.25 克，乳酸钙 0.5 克，复合维生素 B 0.1 克，研碎混匀，分两份放于饲料中喂给，每日 2 次，每次 1 份；局部外伤处理是用双氧水或碘酊清洗消毒后，抹磺胺软膏；还可试用自咬灵、自咬停等新药，用法用量按说明书执行。采用中西结合治疗也可收到较好效果：①每千克饲料中加入硫酸铜和硫酸锰各 0.1 克；②用 2% 盐酸普鲁卡因 2 毫升后海穴注射；③苦参 15 克、百部 15 克、猪苓 15 克、蒿本 10 克、黄连 10 克、元芩 10 克、陈皮 10 克、甘草 10 克，水煎浓汤过滤，取汁后加等量的 40～50 度白酒，待温凉后，将患部浸入药液中 10～15 分钟，每日 1 次，连用 3 日。

（十二）脑脊髓炎

本病是由一种急性亲神经性病毒引起的疾病，在自然条件下 8～10 月龄的幼狐易感，其死亡率为 10%～20%。成年狐较有抵抗力，但在用不全价饲料饲养和因慢性疾病等引起机体抵抗力下降条件下，成年狐患病后的死亡率很高。本病主要发生于夏、秋季节，常为散发性流行。

1. 症状

病狐兴奋性增强，短时间癫痫发作，发作后个别病例肌肉群发生痉挛性收缩，步伐摇晃，瞳孔放大。本病发作时病狐常出现痉挛性咀嚼运动，从口内流出泡沫样液体。银狐有时大声鸣叫，可延续 3～5 分钟，然后病狐死亡或平息。病狐平息后，仍躺卧，对刺激、饲料、呼唤均无反应。本病发作前后有时病狐出现转圈运动，沿笼子走动、徘徊，不断咀嚼，其眼睛发直，有时丧失视觉，病程 2～3 天。慢性发作时，可引起母狐流产、难产和产后最初几天仔狐死亡。

2. 防治方法

本病目前无特效治疗药物，一般采用对症疗法。可对病狐应用麻醉药，使其深度睡眠 20～25 小时；但用药后，大多数病例重新发作，最后死亡。对有脑脊髓炎轻微症状者，一律进行隔离饲养，观察到取皮期。养狐场为消灭本病，必须实行综合性兽医卫生措施，定期对地面、笼子、用具及工作人员的工作服进行消毒。

（十三）子宫内膜炎

狐在交配过程中，由阴道或子宫带进异物或感染物而致病。特别是交配次数较多的狐，感染率高，影响繁殖，损失较大。

1. 症状

本病对成年或青年种狐均有感染，多发生在交配后的 7～15 天。病初表现为食欲减退或不食，精神不振，外阴部流出少量脓性分泌物。患狐精神沉郁，体温升高，常卧于笼网一角。如不及时治疗，死亡率较高。

2. 防治方法

及早发现，每只每次肌注青霉素 40 万单位，每天 2 次，亦可用乳酸诺氟沙星，每千克体重 1～1.5 毫升，或者用乳酸环丙沙星，每只 5 毫升，效果较好。重患狐，可先用 0.1％高锰酸钾或 0.3％利凡诺尔溶液清洗阴道和子宫，再用上述药物治疗，效果更好。

五、獭兔常见疾病防治

（一）皮肤霉菌病

皮肤霉菌病是由须发癣菌属和石膏样小孢子菌属引起的以皮肤角质化、炎性坏死、脱毛、断毛为特征的传染病。许多动物及人都可感染此病。自然感染可通过被污染的土壤、饲料、饮水、用具、脱落的被毛、饲养人员等间接传染以及交配、吮乳等直接接触而传染，温暖、潮湿、污秽的环境可促进本病的发生。本病一年四季均可发生，以春季和秋季换毛季节易发，各年龄兔均可发病，以仔兔

和幼兔的发病率最高。

1. 症状

由于病原菌不同，表现症状也不相同。须发癣菌病多发生在脑门和背部，其他皮肤的任何部位也可发生，表现为圆形脱毛，形成边缘整齐的秃毛斑，露出淡红色皮肤，表面粗糙，并有灰色鳞屑。患兔一般没有明显的不良反应。小孢子霉菌病患兔开始多发生在头部，如口周围及耳朵、鼻部、眼周、面部、嘴以及颈部等，皮肤出现圆形或椭圆形突起，继而感染肢端和腹下。患部被毛折断、脱落形成环形或不规则的脱毛区，表面覆盖灰白色较厚的鳞片，并发生炎性变化，初为红斑、丘疹、水泡，最后形成结痂，结痂脱落后呈现小的溃疡。患兔剧痒，骚动不安，食欲降低，逐渐消瘦，最终衰竭而死；或继发感染葡萄球菌或链球菌等，使病情恶化，最终死亡。泌乳母兔患病，其仔兔吃奶后感染，在其口周围、眼睛周围、鼻子周围形成红褐色结痂。母兔乳头周围有同样结痂，其仔兔基本不能成活。小孢子霉菌病是对獭兔危害最为严重的皮肤病，在某种程度上，其危害程度不亚于疥癣病，必须提高警惕。

2. 防治方法

平时要加强饲养管理，搞好环境卫生，注意兔舍内的湿度和通风透光。经常检查兔群，发现可疑患兔，立即隔离诊断治疗。对于个别患有小孢子霉菌病的患兔，最好就地深埋，不必治疗，以防成为传染源。而对于须发癣，危害较小，可及时治疗。环境要严格消毒，可选用2%的火碱水或0.5%的过氧乙酸。患兔局部可涂擦克霉哩水溶液或软膏，每天3次，直至痊愈；也可用10%的水杨酸钠、6%的苯甲酸或5%～10%的硫酸铜溶液涂擦患部，直至痊愈。据报道，以强力消毒灵（中国农科院兰州牧药所研制）配成0.1%的溶液，以药棉涂擦患部及周围，每天1次，连续3～5天，同时环境以0.5%的该药消毒，有良好效果。大群防治投服灰黄霉素，有较好效果。

（二）球虫病

獭兔球虫病是由艾美尔属的多种兔球虫寄生于肝脏、胆管上皮

细胞和肠上皮细胞内而引起的一种寄生性原虫病，是最为常见的而且是危害最严重的寄生虫病之一。以断乳至 3 月龄以内的幼兔最易感，死亡率高。成年兔抵抗力强，一般为隐性感染。在饲养管理和卫生条件差的兔场，球虫的感染率可高达 100%，幼兔死亡率可高达 80% 以上；耐过的兔生长发育受阻，一般体重为正常体重的 70%～80%，而且影响以后的生产性能。

1. 症状

根据球虫种类和寄生部位不同，球虫病分为肠球虫病、肝球虫病和混合型球虫病。

肠球虫病多呈急性经过，死亡快者不表现任何症状突然倒地，四肢抽搐，头往后仰，角弓反张，惨叫一声而死。慢性型病例表现为顽固性下痢，有时出现便秘，有时粪中带血，腹部胀满。患兔精神沉郁，食欲减退，伏卧不动，多于 10 天后死亡。

肝球虫病患兔肝脏肿大，在肝区触诊有疼痛表现，可视黏膜轻度黄染。患兔精神不振，食欲减退，逐渐消瘦，后期往往出现神经症状，四肢麻痹，最终衰竭而死。

混合型球虫病具有肠型和肝型两种疾病的症状表现，而生产中多数属于混合型。

2. 诊断

急性肠型病兔可见肠壁血管充血，十二指肠扩张、肥厚，黏膜充血、出血，小肠内充满气体和大量微红色黏液。慢性经过时，肠黏膜呈淡灰色，有小而硬的白色结节，有时可见化脓性坏死灶。肝型病兔则表现为肝脏肿大，肝表面及实质有数量和大小不等的白色或淡黄色结节性病灶，沿胆管分布，切开流出乳白色、浓稠物质，内含球虫卵囊，胆囊肿大，充满浓稠胆汁，色淡，腹腔积液。混合型可见以上两种病理变化。

3. 防治方法

预防球虫病首先加强饲养管理，搞好饮食卫生和环境卫生至关重要。笼具、兔舍勤清扫，定期消毒，粪便堆积发酵处理，严防饲草、饲料及饮水被兔粪污染。成兔与幼兔分开饲养，仔兔在哺乳期

实行母子分养，定时哺乳，可降低仔兔的感染率。治疗方法：最理想的药物为"球净"（河北农业大学研制），仔兔断奶后饲料中添加1％，连用15天停5天，直至3月龄，可100％控制。治疗可按饲料的1.5％添加，5天后改为1％即可。

（三）螨病（疥癣）

螨病是由螨寄生于獭兔皮肤而引起的一种体外寄生虫病，引起家兔发病的螨主要有兔疥螨、兔背肛螨、兔痒螨和兔足螨。该病一年四季均可发生，以冬季和春秋季节多发，各年龄兔均易感，兔舍潮湿、环境卫生差、管理不当、营养不良、笼舍狭窄、饲养密度大等都可促使本病发生，可直接接触或通过笼具等传播。

1. 症状

耳癣主要由痒螨引起，其口器为刺吸式，以渗出液和淋巴液为食，当其侵入耳道，引起外耳发炎，渗出物干燥后形成黄褐色结痂，塞满耳道，如纸卷样，患兔奇痒不安，不断摇头，用爪挠抓耳朵。患兔精神沉郁，食欲减退，逐渐消瘦，最后衰竭而死。

脚癣主要由疥螨引起，其口器为咀嚼式，在患部皮肤挖掘隧道，以角质层组织和渗出的淋巴液为食，一般先在嘴、鼻孔周围和爪部发病。患兔不停地用嘴啃咬脚爪部或用脚爪挠抓嘴和鼻孔等。在患部出现灰白色痂皮。患兔精神不振，食欲减退，不能安静地休息，患脚不敢着地，迅速消瘦，最后衰竭而死。

2. 防治方法

保持兔舍清洁卫生，干燥、通风透光，兔场、兔舍、笼具等要定期消毒，引种时不要引进病兔。如有螨病发生时，应立即隔离治疗或淘汰，兔舍、笼具等彻底消毒。选用1％的敌百虫水溶液、3％的热火碱水或火焰消毒，对健康兔每年进行1～2次预防性药物处理。治疗病兔可用阿维菌素（虫克星），每千克体重0.2毫克皮下注射（严格按说明剂量），具有特效。伊维菌素（灭虫丁）按每千克体重0.2毫克皮下注射，第1次注射后，隔7～10天重复用药

1次；2%～2.5%敌百虫酒精溶液喷洒或涂抹患部，或浸洗患肢；0.25%的杀虫脒溶液涂抹患部或药浴。

(四) 黏液性肠炎

本病又称大肠杆菌病，发病迅速，是一种暴发性、死亡率很高的仔兔肠道疾病。本病特征为有水样或胶胨样粪便和严重的脱水现象而引起死亡。本病一年四季均可发生，各种年龄和性别的兔都易被感染，主要发生于1～4月龄的幼兔，断奶前后的仔兔发病率更高，成兔发病很少。此病的发生与饲养条件和气温条件等环境因素有关。如笼养兔发病率低于群养兔，球虫病污染区发病率高于无球虫病区，春秋季又比其他季多发此病。兔群中一旦发生本病，就会引起大流行，造成仔兔大量死亡。

1. 症状

临床症状以下痢和流涎为主要特征。有些病例则未出现腹泻就突然死亡。急性的病程很短，1～2天后死亡，很少有康复的。亚急性的一般经7～8天死亡，病兔体温一般低于正常，精神不振，被毛粗乱，身体消瘦，腹部膨胀，剧烈腹泻，肛门周围及后肢的被毛被黏液或黄棕色水样稀粪沾污，常夹带明胶样黏液和两头尖的干粪。病兔四肢发冷、磨牙、流涎。

2. 防治方法

无病的兔群、断奶前后的仔兔，更换饲料要逐渐进行，不要突然变更。本病一经发生，病兔要立即进行隔离治疗，同时对笼具进行消毒，以防蔓延。病兔一般常用青霉素治疗，每千克体重2万单位，肌注，每天2次，连续3～5天。在有疫情的兔场，断奶前后的仔兔，可用上述药物口服预防。有条件的可采用本场所分离到的大肠杆菌制成大肠杆菌氢氧化铝甲醛苗进行预防注射。21～30日龄的仔兔，可肌内注射1毫升。

(五) 蛲虫病

1. 症状

病獭兔毛乱无光泽，流泪，眼睛结膜炎症状明显，消瘦，生长

受阻，且有下痢症状，时常用嘴啃肛门处，所排粪中可发现 6 毫米左右白色针状线虫，经诊断为蛲虫。

2. 防治方法

清扫兔笼、兔舍，将病兔所排的粪便堆积发酵，笼舍、食槽及饮水槽要彻底消毒。并用 2% 的阿维菌素粉，按兔每千克体重 0.25 克的量拌料饲喂，10 天后再重复用药 1 次，效果显著。也可用抗螨敏片（即丙硫苯咪唑片，规格为每片 50 毫克）按兔每千克体重 15 毫克的量研碎拌料饲喂，10 天后再重复用药 1 次。同时，结合病兔有轻微下痢症状，用复方敌菌净按兔每千克体重 1 片的剂量，酵母片每兔每次 2 片，研碎拌料饲喂，每天喂 2 次，连续饲喂，直到病兔下痢症状消失。为使病兔迅速恢复健康，待病兔下痢症状消失后，用能促进食欲、帮助消化的纯中药粉剂饲料建曲精拌料饲喂，每兔每次 1.5 克，每天喂 3 次，连喂 3 天，效果明显。

（六）霉变饲料中毒

獭兔霉变饲料中毒是以口吐白沫，呼吸急促，粪便腥臭，并混有黏液或血液为特征的疾病。

1. 症状

大部分病兔主要表现为食欲废绝，精神沉郁，被毛粗乱，体温升高，呼吸急促，流涎或口吐白沫，粪便腥臭，并混有黏液或血液，步态不稳或卧地不起，最后衰竭而死。

剖检可见病变肝脏肿大、质脆，肝细胞坏死、变性，表面有大量的出血点和不规则的坏死区；胆囊肿大，胆汁充盈；肺脏有大面积出血性坏死或气肿；肾脏有出血点或坏死灶；心脏内、外膜有明显的出血点；胃、肠黏膜脱落、坏死，肠壁薄且有大量出血点；喉头黏膜和气管黏膜均见弥漫性出血或环状出血。

2. 防治方法

立即停止饲喂发霉饲料，更换新鲜饲料，适量添喂适口性好、易消化的青绿饲料。内服制霉菌素 4 万～5 万单位，每天 3 次或静脉注射高渗葡萄糖溶液，同时加入维生素 C，以保肝、解毒、增强

机体抵抗力。为防止继发性感染，按每吨水加 200～300 克环丙沙星饮水，同时加强饲养管理。

（七）肺炎

1. 症状

病兔表现为呼吸困难，头部向上仰，摇头，体温高达 41℃，眼内充满泪水，鼻流黏性液体，打喷嚏，咳嗽，病兔拒绝采食。病危兔，除有上述症状外，卧地不起，食欲废绝，被毛粗乱，可视黏膜发绀，四肢末梢发凉，张口喘气，呼吸困难。听诊肺部，呼吸音粗裂，出现湿性啰音。

2. 防治方法

① 保持清洁卫生，对兔舍底笼、食槽及用具用不同的消毒药及方法进行彻底消毒，并将病兔放于通风、气温适宜及干燥处饲养。②加强饲养，给喂配制合理、营养全面的精料，经常供给优良青绿饲料，以满足对维生素的需要，提高兔体自身的抗病能力。③及时对病危种兔进行抢救，针刺人中、耳静脉、蹄趾等穴。④应用青霉素、链霉素各 20 万单位，安痛定、病毒灵各 2 毫升，与青霉素、链霉素稀释后 1 次给病兔肌内注射，日注 2 次，2 日后，病兔开始采食、饮水，逐渐进入恢复期，经连续 6 日治疗，病兔恢复健康。

（八）乳腺炎

泌乳母兔最易发病，该病由金黄色葡萄球菌引起。

1. 症状

发病后乳腺肿胀、发红，体温升高，拒绝仔兔吮乳。

2. 防治方法

炎症轻者，局部抹消炎药膏；重者可肌注 20 万～30 万单位青霉素，每日 1 次，连用 3 日。

（九）沙门杆菌病

此病常见于怀孕母兔。

1. 症状

表现为体温升高，腹泻，食欲下降、消瘦，常在流产后死亡。

2. 防治方法

严防怀孕母兔与传染源接触，定期消毒灭蝇，母兔感染后可用氯霉素肌注，每次2毫升，每天2次，连用3～4天。

（十）巴氏杆菌病

任何年龄阶段都可发病，该病常引起大批死亡。

1. 症状

该病临床表现为急性型、亚急性型、慢性型三种类型。

急性型，患兔体温高达40℃以上，呼吸急促，绝食，下痢，1～3天后死亡。

亚急性型，表现为呼吸困难，鼻腔中有黏液或脓性分泌物，打喷嚏，有时腹泻，4～5天后虚弱死亡。

慢性型，病史长，生长停滞，长期带菌并具有传染性。

2. 防治方法

保持兔舍卫生是最有效的预防方法。病兔可用链霉素肌注，每千克体重0.5万～1万单位，每天2次，连用5天；口服磺胺嘧啶也很有效。

（十一）有机磷农药中毒

误食喷洒过有机磷农药的蔬菜、禾苗等青绿饲料引起有机磷农药中毒。

1. 症状

表现为口吐白沫，瞳孔缩小，心跳加快，呼吸急促，腹泻，抽搐，重者窒息而死。

2. 防治方法

严格控制青绿饲料来源，误食后用阿托品0.5～1毫升肌注，隔1～2小时再重复1次。症状减轻后，剂量减半，再注射1～2次。

（十二）兔瘟

本病是由病毒引起的一种急性烈性传染病，死亡率在95%以上，但仔兔、幼兔很少发生。

1. 症状

最急性型，常不见症状突然倒地抽搐，惨叫而死，死后肛门松弛，鼻孔有红色泡沫流出。

急性型，食欲减退或废绝，而后体温急剧下降，呼吸急促，突然惊厥兴奋，在笼中和场地狂跳，倒地后抽搐惨叫死亡，很少康复。

剖检：肺部瘀血、水肿、出血，肝脏肿大、出血、瘀血，脾脏变成蓝紫色，这是兔瘟最典型的解剖症状。

2. 防治方法

本病只能采取以预防为主的措施，在管理中，只要按照免疫程序按时足量注射疫苗就能得到有效的控制。经常使用的有兔瘟-巴氏二联苗和兔瘟-巴氏-魏氏三联苗。一般在幼兔30～45日龄按使用说明足量注射即可。

（十三）魏氏梭菌病

1. 症状

急剧腹泻下痢，拉黑色水样或带血胶胨样粪便，并有恶臭味，腹泻后精神呆滞，萎靡停食。

剖检：胃底黏膜脱落，肠黏膜有弥漫性出血，小肠充满气体，肠壁薄而透明。盲肠和结肠充满气体，内容物呈黑绿色，并有腐败气味。肝脏变脆，脾脏呈深褐色。

2. 防治方法

本病以预防为主，按免疫程序定期足量注射疫苗，常用疫苗有兔瘟-巴氏-魏氏三联苗、大肠-魏氏二联苗。治疗方法为肌内注射氯霉素，成兔每次1.5毫升，每日2次，连用3日，幼兔酌减；也可按说明口服磺胺二甲嘧啶片。

六、家兔常见疾病防治

（一）兔瘟（兔病毒性出血症）

兔瘟，又称兔病毒性出血症，是由一种过滤性病毒引起的烈性传染病。本病主要传染途径是病兔与健兔直接接触传染，兔毛、饲料、饮水及饲养用具等被病毒污染后通过消化道和呼吸道也可使健康兔感染得病。兔瘟病毒的传播主要是从疫区带进病毒传播给当地易感兔引起发病。兔瘟主要发生在 3 个月龄以上青年兔和中年兔；3 个月龄以下的仔兔很少发病，或病状较轻。兔瘟一年四季均可发生，但以春、秋两季多见，常呈暴发性流行，本病发病急，传播快，死亡率高。

1. 症状

根据病程长短和发病急缓，兔瘟可分为以下 3 种类型：

（1）最急性型 发病迅速，常看不到症状就死亡。病兔体温往往升高至 41℃ 左右，死前无其他症状，经 6～8 小时突然死亡，多发生于成年兔和青年兔。

（2）急性型 病兔精神不振，不愿活动，被毛蓬乱，食欲废绝，渴欲增加，体温升高至 41℃ 以上，呼吸困难，闭眼惨叫，有的鼻孔流出带血液体，身体迅速消瘦。病兔突然兴奋，在笼内拼命挣扎，乱撞，口咬笼架，然后两前肢伏地，两后肢支起，全身发抖，侧卧，四肢不断扒动；部分病兔头扭向一侧，最后在短时间内抽搐而死。多数病兔死前肛门松弛，肛门周围被毛有少量黄色胶样分泌物；病程约经 1～2 天死亡，死后多呈角弓反张，多发生于成年兔和青年兔。

（3）慢性型 此型症状类似急性型，病兔精神委顿，被毛杂乱、无光泽，体温升高至 41℃，食欲减退，甚至完全不食，渴欲显著增加。病兔常迅速消瘦，病程较长。多发生于断奶前后的幼兔，死亡率较前 2 种类型低些。

剖检可见兔胃内容物充盈，胃黏膜脱落，胃壁有出血点。肝肿大，实质脆弱，有出血点和坏死区。胆囊肿大，胆汁充盈。直肠空荡，有黄白色黏稠状物，肠壁有出血点，膀胱积满黄茶色尿液。气管、喉头出血、充血，肺气肿，并有严重出血、瘀血和坏死灶。脾脏肿大，呈紫色至黑红色，肾脏肿大，呈褐红色，心肌变软，心腔内有凝结不良的血块，心膜有小出血点。

2. 诊断

根据本病流行特点、临诊症状与病变可初步诊断。确诊需要做红细胞和血清等诊断。

3. 防治方法

目前兔瘟无特效治疗药物，应预防为主，防重于治。预防本病要坚持自繁自养，禁止无病地区养兔场户到疫区采购种兔。引进兔种应隔离检疫2周证明无病后方可合群饲养。疫病流行期间，养兔场户均应停止参观和对外配种。疫区喂家兔应预防接种兔瘟预防疫苗。每年春秋季注射1次，通过兔瘟灭活疫苗来控制和扑灭疫情。每只兔在颈部皮下注射1毫升，疫苗注射后5～7天产生免疫力，免疫期达6个月，必须做到1兔1只针头，以防接种感染。发现病兔及时隔离封锁，对疑似兔瘟病兔立即隔离饲养，对患兔皮下注射抗兔瘟血清2毫升/千克体重，1天后补注1次防治效果更佳。死兔必须深埋或烧毁，不吃死兔肉；粪便及其污染物应进行生物发酵处理。病兔的兔舍笼用具及粪便等用3%烧碱或20%生石灰或用甲醛熏蒸法彻底消毒。

（二）副伤寒（沙门杆菌病）

兔副伤寒病是由鼠伤寒沙门杆菌和肠炎沙门杆菌所引起的一种急性败血性传染病，以败血症与具有腹泻和流产的迅速死亡为特征。由病原微生物污染的饲料和饮水及鼠蝇传播，通过消化道传染。饲养管理不当，卫生条件差，兔体瘦弱，易患此病。本病几乎一年四季均有发生。

1. 症状

根据病程长短该病分为急性型、亚急性型和慢性型3种。

（1）急性型　患兔白天未见异常变化，晚上突然死亡，有的突然拉稀，排出绿色或清稀粪，不到 24 小时即死亡。

（2）亚急性型　患兔病初精神委顿，食欲废绝，拱背，行动迟缓，体温 40～41℃，粪便软，暗绿色或灰黄色，有的粪便清似水，肛门周围被毛被粪便污染，孕兔阴道有暗红色黏液，随即流产、死亡。

（3）慢性型　病兔精神稍差，食欲减退或无食欲，咳嗽，鼻孔有稀或浓鼻液，部分病兔呼吸次数明显增加；有的腹部膨胀，粪便少，粪球似鼠粪粒。

2. 诊断

根据本病流行特点、临诊症状和生物化学试验及凝集反应（发现沙门杆菌）即可确诊。

3. 防治方法

加强饲养管理，改善兔笼舍卫生，笼舍用具要及时消毒。禁止喂食被污染的饲料和饮水，疫区兔群注射灭活疫苗，每兔每年 2 次。消灭蚊和鼠，能防止本病的流行。若发生本病，应立即隔离，用以下疗法治疗。

（1）民间验方　将 1 份蒜头洗净捣成蒜泥，放入 2 倍酒中，密封浸泡 15 天，取出备用。用法：取 1 份大蒜酊兑水 3 份，给病兔灌服，每日 3 次，每次 5 毫升，连用 5～7 天。

（2）草药疗法　用黄连 5 克，黄芩 10 克，黄檗 10 克，马齿苋 12 克，加水煎服。

（3）西药疗法　用磺胺脒（SG）每千克体重 0.1～0.2 克，每天 2 次服用，连喂 3 天。或用磺胺二甲嘧啶每千克体重 0.2～0.3 克，内服，1 天 1 次，连服 5 天。也可用 0.5% 痢菌净注射液每千克体重 1.5 毫升，肌内注射，每天 1 次。

（三）兔巴氏杆菌病（兔出血性败血症）

兔巴氏杆菌病是由多杀性巴氏杆菌引起的传染病。病原菌可以通过消化道、呼吸道和皮肤、黏膜、伤口而感染。兔对该病非常敏

感，不分品种和年龄均易感染，一般呈散发，很少大流行。但气候骤变，饲养管理不善，卫生条件差，兔抵抗力下降也可局部流行。本病多发生于春秋两季，尤其在季节转换，环境温度急剧改变的时候。

1. 症状

本病的潜伏期为1～6天，在临床上可分为全身性败血症、传染性鼻炎、地方性流行肺炎、中耳炎和结膜炎等几种类型。饲养实践中常见的斜颈病即属中耳炎型。根据病程长短本病分为急性型和慢性型两种。

（1）急性型　主要表现为精神不振，食量减少或不食，体温升高，鼻流脓性黏液。有时有腹泻症状，尿液呈红褐色或黑褐色，很快死亡，死前有发抖、痉挛症状。

（2）慢性型　主要表现为呼吸道炎症，鼻流脓性分泌物，有时也有咳嗽和打喷嚏。部分病兔结膜发炎，流泪。病程较长，一般7～10天，长的可达2～3周，病兔逐渐消瘦，直至死亡。

2. 诊断

根据本病流行特点、临诊症状和病变做出初步诊断。确诊需进行细菌学检查。

3. 防治方法

坚持自繁自养，疫苗预防注射有一定预防效果。本病多为空气传播，应以预防为主，注意环境清洁卫生，保持干燥，及时隔离病兔，并用以下方法治疗。

（1）民间验方　取水井内或河沿阴湿地方青苔1把，用水洗净捣烂，过滤取汁，每日滴鼻3次，每次2～3滴有显著疗效。

（2）草药疗法　①黄连5克，黄檗10克，水煎服；②蒲公英20克，菊花10克，赤芍10克，水煎服；③三黄素、黄连、黄芪各3克，黄芩6克，熬水拌料内服，每日2次；④治疗支气管肺炎用板蓝根、大青叶、金银花藤、鱼腥草、牛尾菜根各适量煎服，每日2次。

（3）西药疗法　①抗生素治疗：用链霉素肌内注射，每千克体重 1 万～2 万单位，每天 2 次，连续 5 天。②口服磺胺甲基嘧啶每千克体重 0.01～0.02 克，每天 3 次，连服 3 天，停 2 天再服 3 天。

（四）传染性水疱性口炎（俗称烂嘴病、流涎病）

兔的传染性水疱性口炎是一种过滤性病毒引起的以口腔黏膜水疱性炎症为主的急性病毒性传染病，本病病毒通过消化道而传染，如健兔吃食被污染的饲料和饮水。健兔口腔黏膜损伤容易感染。本病多发生在春秋两季。阴雨天、低温、饲养管理不当、喂给发霉变质的饲料、兔体的抵抗力降低时容易发病。本病最易危害 3 月龄的幼兔，有很高的发病率和死亡率。

1. 症状

本病潜伏期为 3～4 天，病兔发病初期食欲不振，口腔黏膜有红肿斑点、充血，舌面紫红，同时口腔流出大量唾液，使嘴周围、颌下、胸部、前爪等处被毛沾湿结块，被毛如水洗。继而口腔黏膜出现一层白色小水疱和小脓疱，水疱破溃后，产生烂斑，黏膜出现层层脱落，形成大的溃疡面，口角流涎不止且伴有恶臭，吃食困难，最后食欲废绝，逐渐消瘦，衰弱。死前病兔瘫痪，侧卧不起。病程一般 5～8 天死亡，短的 2 天即死亡。

2. 诊断

根据口腔炎症及流大量唾液等症状即可诊断本病。

3. 防治方法

加强饲养管理，搞好饲料卫生，食具和兔笼舍用 1‰～2‰烧碱水或 20%的草木灰水进行定期消毒，防止病从口入。发现病兔及时隔离并用以下疗法。

（1）民间验方　①用 2%的明矾水洗涤口腔，涂以碘甘油或撒上黄芩末，每天 2～3 次，连续 3～4 天，疗效较好。②用一见喜鲜全草 20 克，水煎灌服，每天 2 次，每次 15 毫升。③用中成药六神丸 3～6 粒喂服，并用冰硼散抹病兔口腔，每天 2 次也有较好治疗效果。

（2）草药疗法　①用紫花地丁、大青叶、鸭跖草少许或少量橘

皮作饲料喂食。②用金银花、野菊花煎水拌料喂食。③用草药黄芩粉末撒布于口腔内。

（3）西药疗法　①流涎轻微，用磺胺二甲基嘧啶，按每千克体重0.1克，每天1次，连用3～4天。②口腔溃烂严重，出现全身性症状的病兔，可肌内注射硫酸庆大霉素，每次按每千克体重1～1.5毫升，每天2次；或按每千克体重喂给敌菌净1片，每天1次。

（五）球虫病

兔球虫病是由艾美尔科艾美尔属的多种球虫寄生在兔小肠的上皮细胞或肝脏内所引起的一种常见的肉兔寄生虫病。兔球虫是一种虫体很小的单细胞寄生虫，只有在显微镜下才能看到，球虫卵随病兔大便排出体外，在一定的温度和湿度下，经24～72小时发育为成熟卵囊，依附在草上被家兔采食家兔即感染发病。家兔营养不良，可增加球虫的感染和发病概率。1～3月龄的幼兔最易感染，死亡率较高。成年兔发病轻微。兔球虫病多发于温暖潮湿的季节，梅雨期流行。

1. 症状

兔球虫病分为肠型、肝型和混合型三类。

（1）肠型　病兔有顽固性下痢，甚至血痢，或便秘及腹泻交替发生，很快死亡。

（2）肝型　肝型病兔多见于3月龄以上的大兔，病程长，表现为眼球发紫，结膜苍白，腹泻痉挛。肝脏被侵害时则肿大，触诊疼痛，黏膜黄染。家兔患球虫病往往出现神经症状，四肢痉挛麻痹。如急性发病多表现为突然侧身倒地，头向后仰，两条后腿伸直划动，咬牙，经10～15天最后极度衰竭而死。拖延不死的则食欲不振，双眼无神，腹部膨胀，下痢。

（3）混合型　病兔精神沉郁，伏卧不动，开始时食欲不振，以后废绝，生长停滞，眼鼻分泌物增多，体温上升，下痢，排尿频繁或常做排尿姿势，腹圆增大。

2. 防治方法

加强饲养管理，喂饮未污染的饲料和清水，喂青绿饲料时，加喂大蒜、洋葱也可预防球虫病。同时每天保持饲料新鲜清洁，清理粪便并深埋，定期给兔舍进行药物消毒。对新购兔要隔离消毒，观察饲养半月，经检查无病后再与健康兔混合饲养。发现病兔应及时隔离治疗。民间用喂马齿苋、田基黄、车前草、鸭跖草、铁苋、雷公藤（用量过多会引发中毒，如中毒可喂蛇含解毒）预防球虫病；或用葱或大蒜 5%～10% 的浸液每次 1～2 汤匙灌服，每天 2 次或拌在饲料中喂服预防球虫病。发现病兔可用以下疗法：

（1）民间验方　用大蒜或洋葱 5%～10% 的浸液灌服，每天 2 次，每次 1～2 汤匙。也可用 1 份大蒜，4 份洋葱切碎混合，成年兔每天 50 克，小兔每天 10 克喂服，连喂 3～5 天。

（2）草药疗法　①用黄连 30 克，黄檗 50 克，黄芩 25 克，大黄 35 克，蒲公英 100 克共研细末，每只兔每天口服 4 克，治愈率 98%。②蒲公英、紫花地丁、车前草、铁苋、鸭跖草和新鲜苦楝树叶喂兔，每只每天早晨各喂 30～50 克，苦楝树叶量少于 30～50 克，隔天 1 次。③四黄散：黄连 6 克，黄檗 5 克，黄芩 15 克，大黄 5 克，甘草 8 克共研细末，每天 4 克，1 天 2 次，分早晚服，连服 2～3 次。④常山柴胡合剂：按常山 500 克，柴胡 80 克，加水 5 升煎汁，每只兔灌服 8～10 毫升，连用药 3 天。

（3）西药疗法　①在 100 毫升水中，加 10% 碘酊 1 毫升或 2 毫升，配成 0.01% 或 0.02% 的稀碘溶液。母兔从怀孕 25 天起至产仔 5 天止，每天喂给 0.01% 稀碘溶液 100 毫升。停 5 天后再用 0.02% 稀碘溶液，每天 200 毫升，连用 15 天，仔兔断奶后也可给母兔继续服用。成年兔用 0.1%～0.2% 碘溶液，每天内服 50～100 毫升，连喂 10 天，停药 5 天。幼兔剂量适当减少。②磺胺甲基嘧啶或磺胺二甲基嘧啶，按兔体重大小给 0.2～0.5 克，拌料喂服，连喂 4～5 天。③复方敌菌净，由磺胺-5-甲基嘧啶与敌菌净混合而成，对细菌的繁殖和代谢过程具有双重阻断作用。用量按每千克体重 30 毫克喂服，首次量加倍。每天 1～2 次，连服 3～5 天为 1

疗程。

（六）疥螨病（"癞"）

疥螨病是疥螨寄生引起的兔体的一种接触性慢性传染性外寄生虫病。本病主要是接触感染，尤其是阴湿和密集饲养更易发生。

1. 症状

病兔表现为患部瘙痒，皮肤发炎，有溃疡和痂皮，病兔奇痒不安，常用嘴爪抓咬患部致患部脱毛，红肿发炎，流出黄色带血渗出物，使皮肤鳞片和被毛黏合在一起，结成硬痂，病兔精神衰退，食欲减退，逐渐消瘦，虚弱，贫血，后期极度衰弱死亡。

2. 防治方法

加强饲养管理，搞好兔舍（箱、笼）清洁卫生，兔舍、饲具及被毛的清洁消毒，用2%敌百虫药液喷洒。发现病兔隔离治疗，分泌物、痂皮及时消毒，以防再度感染。治疗该病时先把患部用肥皂水或煤油泡软、洗净，除去分泌物和痂皮后选下列疗法。

（1）民间验方　①辣蓼全草煎汁（愈浓愈好）涂擦患处。②硫黄4份，石灰1份，加桐油适量调涂患处。③鲜百部100克，切碎加烧酒100毫升，浸泡1周，去渣取汁涂擦患处。④取土大黄鲜根捣烂，取其汁10毫升，加米醋等量，枯矾0.1克，调匀外涂患处，每天1～2次。⑤柑橘叶、烟叶等量，加20倍水煮至10倍量，取上清液涂患处，每天5次，治愈为止。⑥用木槿皮或烟丝5～10克，浸泡在0.5千克醋中，1周后涂擦患处。⑦苦楝树皮烧成灰研末拌猪油，擦涂患部。⑧大枫子30克，百草霜（锅底灰）60克，研末调花生油或茶籽油涂擦患处。⑨2%敌百虫水溶液擦洗与浸泡患部（温水），每天1次，连用3天。

（2）草药疗法　①雄黄、硫黄、茶油各适量涂擦患部。②药浴治疗：用木槿皮、苦参各60～100克，加水250毫升，煎汁过滤，再加硫黄粉60～100克，最后加水5000毫升搅匀，待药液稍温时使用，此药可连续药浴20只病兔。③地肤子15克，车前草15克，蛇床子15克，大枫子15克，硫黄、苍术各30克共研末，调桐油

涂擦患处。

（3）西药疗法 ①耳癣用 3%～4% 碘酒滴数滴于耳内，2～3 天后痂皮即脱落，以后再滴 1～2 次即可痊愈。②硫黄擦剂疗法：将患部毛剪掉，用 2% 的苛性钾溶液涂擦，然后涂擦硫黄擦剂（配方：升华硫黄 10 克，克辽林 10 毫升，煤酚皂溶液 10 毫升，酒精 70 毫升混匀），隔 1 天擦 1 次。③用 20% 的杀灭菊酯 5000～7500 倍稀释液，涂擦患部，一般 1 次即可治愈。个别未治愈者隔两周重复用药 1 次。④克霉唑癣药水治疗：治前先将患部剪毛除去硬痂，用温水洗净，然后涂癣药水，每天 2 次，连续 2 天即愈。愈后隔 7 天再涂 1 次不再复发。

注：用以上药方治疗时，1 次用药面积不宜超过表皮面积的 1/4～1/3，要分片涂擦。也不要把药涂擦在口唇等处，防止病兔舔食药物中毒。此病很易复发，治疗要连续彻底。

（七）积食（伤食）

积食主要是贪食难以消化的饲料如玉米、麦麸或过度膨胀的饲料如豆类等致使胃肠机能紊乱，引起消化不良，出现伤食，胃肠机能受阻所致，2～6 月的幼兔最易发生。

1. 症状

通常于采食后几小时开始发病。病兔表现不安，胃部增大，食欲不振，有的拒食，粪便为长条形或成堆的软粪，并有刺鼻的酸臭味。

2. 防治方法

喂饲要求定时定量，防止饥饱不均。禁喂难以消化的饲料。治疗本病前停食 1 天，经常按摩患兔腹部，并让其充分运动，配合以下药物治疗：

（1）民间验方 ①灌服萝卜汁 10～20 毫升或大蒜捣汁，取汁配成 5%～10% 大蒜水灌服 1 食匙，每天 2～3 次。②鸡内金（鸡肫皮）半个煎服。③每次用大黄苏打片 1 片（0.5 克），研末水溶后灌服，或粉碎后拌饲料中喂食，每天 2 次。

（2）草药疗法　①用山楂、神曲、麦芽各 5 克，水煎服（怀孕或哺乳母兔改为谷芽 3～6 克煎水喂服）。②石菖蒲、青木香、山楂肉各 6 克，橘皮 12 克，神曲 2 克，加水煎取药液拌饲料喂，1 次可治愈。

（八）胀气病（鼓胀、胀肚）

胀气病多因饲养失宜，营养不良，饲料品种突变或大量采食污染发酵、霉败、腐烂、冰冻草料而发病。由于胃内容物停积于胃中膨胀发酵，产生大量气体，使胃肠鼓气，逐渐增大。兔舍寒冷、潮湿，阳光不足也能诱发该病，尤其是 2～3 月龄幼兔。

1. 症状

通常采食后几小时发病，病兔拒食，胃肠膨大，触诊胃腹部充满气体，用手轻轻拍打如同鼓响。病兔喜伏卧，表现腹痛，不断鸣叫，呼吸困难，常蹲着。严重胀气时，呼吸更加困难，心跳加快，眼黏膜呈紫红色，流口水，肛门有稀粪水外溢，继之痉挛而死亡。

2. 防治方法

加强饲养管理，定时定量饲喂易消化的饲料，禁喂淋露水青草或污染、发酵、霉败、腐烂、冰冻的草料。治疗本病的方法是让其运动，并用鞋底从前向后轻轻按摩腹部，胀气严重时，用注射器从肠管缓慢抽气。配合以下方法治疗。

（1）民间验方　①灌服植物油如菜籽油或麻油（豆油亦可），大兔 10～15 毫升，小兔 7～10 毫升。②萝卜汁 10～20 毫升，1 次灌服。③大蒜 6 克，捣烂加醋 15～30 毫升，1 次灌服。④十滴水 3～5 滴，加薄荷油 1 滴，1 次灌服。

（2）草药疗法　①石菖蒲、青木香、山楂各 6 克，橘皮 10 克，神曲 1 块，加水煎服。②中成药大黄苏打片 1 片（0.5 克）内服。

（3）西药疗法　用磺胺脒 1 片，酵母 6 片研成细末，加水调成糊状，倒入 20 毫升的注射器内（去针头）向兔口腔缓缓推入药液，2 小时后腹胀减轻，再用大蒜 3 瓣捣碎，调水 15 毫升，如前法推入病兔口中，3 小时可愈。

（九）痢疾

本病由痢疾杆菌引起。家兔吃了霉变饲料，饮了被污染的水，或气候突变，笼舍潮湿，均易感染此病，苍蝇是传播病菌的主要媒介。

1. 症状

病兔被毛松乱，耳冰冷，食欲减退或废绝，排出粪便稀，有时带血，附有鼻涕样黏液，脱水严重，逐日消瘦而死亡。

2. 防治方法

加强饲养管理，搞好兔舍（笼）卫生，按时清除粪便和消毒。严禁吃污染变质和不清洁的饲料，病兔、健兔要隔离饲养，防止互相感染。发病后停喂饲料，对病死的兔焚烧、深埋，以消灭病源。病兔治疗方法如下：

（1）民间验方　①大蒜用火烧成炭，碾细备用，幼兔每次服1.5～2克，成年兔每次服3～4克，每天3次，连服2天即可治愈。②用鲜苦参根15克，加水煎服或用马齿苋60～100克加红糖少许，加水煎服。③取大蒜3～4瓣，切碎去皮加蜜糖、炭粉适量，1次灌服，每天1次，连服3天。④用山苍子5～10粒，鸡内金（鸡肫皮）1个，焙干研细末给兔喂服。⑤用白头翁3克，黄连3克，黄檗2克，陈皮2克，黄芩3克，加水500毫升，用瓦罐熬至200毫升。凉后，用吸管或滴管给病兔灌服，第1次用量6～8毫升，以后每隔6小时用4～6毫升，连服4次，疗效可靠。⑥鲜马齿苋、马鞭草各25克，捣烂取汁调红糖灌服，每次15毫升，1天2次。⑦鲜车前草喂兔每天3次，或干车前草50克加水煎汁，每次20毫升灌服，早晚各1次，连喂2～3次。

（2）草药疗法　①蜂蜜30克，花椒15克，大黄6克，甘草6克，加水200毫升煎成100毫升，每次灌1～2毫升。②白头翁或马齿苋50～60克洗净晾干混料喂兔，每天2次，连喂3天。③白头翁、川连、金银花、槐花各2.5克煎服。

（3）西药疗法　用磺胺脒每次半片或1片，1天2次。严重病

症用磺胺二甲基嘧啶、小苏打各1片，仁丹数粒，共研成细末加少许温开水，1次灌服，幼兔减半。

（十）便秘

本病是由于精粗饲料搭配不当，单食干饲料，缺乏青绿多汁饲料，缺少饮水和运动，使兔肠内容物停滞而引起。

1. 症状

病兔排粪减少，粪球坚硬而细小，或频频拱腰做排粪姿势，但不见粪便排出，且不时回顾后躯，腹部膨胀，食欲不振或废绝，排尿量少（粪粒积聚过多会引起尿闭）。

2. 防治方法

发现便秘暂时停喂干料，按摩腹部，适量多饮温水和运动。并配合以下药物治疗：

（1）民间验方　①将白蜡切碎，对有食欲的患兔可拌入精料中喂饲，对食欲废绝的病兔可灌服。成兔每次服10～20克，青年兔10～15克，幼兔5～10克，日服2次，连服2～3天。②蜜糖10毫升加等量水喂服。③喂服植物油如菜籽油（香油），15～20毫升。

（2）中药疗法　①芒硝5～6克，以温水20～30毫升溶化，1次灌服。②中成药大苏打片1～2片，1天2次。

（3）西药疗法　兔便秘严重时，用医用橡皮导尿管徐徐插入病兔肛门至直肠部，灌入温热肥皂水（45℃左右）30～40毫升，并内服盐类泻剂如硫酸钠、人工盐，成年兔5～6克，幼兔减半，或油类泻剂，每次20～30毫升。如用蓖麻油，成年兔用量5～15毫升，内服，连喂1～2次。也可用果导（每片含酚酞0.1克），成年兔每次2片，幼兔1片，内服，每天2次，连喂2～3天。

（十一）误食野生有毒植物中毒

兔是食草性动物，饲草种类多样，饲草中有很多有毒植物，如曼陀罗、洋金花、防风、独活、毛茛、毒芹等植物，含有毒素，兔误食后，会中毒或死亡。

1. 症状

兔误食有毒植物后 30 分钟至 1 小时突然发病，出现中毒症状。由于野生有毒植物种类多，含毒量和毒素成分不同，病兔行走摇摆不稳，甚至抽搐或兴奋不安，所表现症状也较复杂，一般表现为食欲减退或废绝，流涎呕吐，尿少或尿闭，便秘或腹泻，心跳加快，心律不齐，有些兔中毒后体温升高或下降，最后惊厥，昏迷死亡。

2. 防治方法

采集饲草时注意不能混有有毒饲草，不能喂兔的有毒饲草，如车前草、牵牛子、唐松草（马尾连）、灰菜、大碗花蔓、毛茛、毒芹、龙葵、苦参、白头翁、回回蒜、地枣儿、酸模、天南星、半夏、苍耳、土大黄、白屈菜（土黄连）、石龙芮、芫花、夹竹桃、万年青、凤仙花（指甲花）、曼陀叶、洋金花、菖蒲、樱桃叶、蓖麻叶、土豆芽、棉花叶、烟叶、患有黑穗病的大麦和小麦、患黑斑病的地瓜、软腐萝卜等等。另外，一些青饲草料堆放过久、发霉也会产生有毒物质，被兔食后也会引起中毒发病。发生饲料中毒后立即停止投喂原有饲料，经全面检查是何种有毒植物中毒，采用相应方法对症治疗。

（1）民间验方　①解毒中药用生姜 50 克，甘草 6 克。②甘草 10～20 克，1 次煎服。

（2）西药疗法　①硫酸钠（芒硝）泻剂，成兔 1～2 克。②急性中毒初期可进行洗胃，洗液中加 5～10 克木炭末。严重中毒病例用 25%～50% 葡萄糖溶液静脉注射 10 毫升，每日 1～2 次，连续 2～3 次。严重中毒者还需用樟脑油皮下注射。

（十二）感冒

家兔感冒多见于幼兔或长毛兔，家兔体质较差，特别是早春、晚秋和冬季天气突变，寒热不定，兔舍潮湿，通风不良等易引起感冒。

1. 症状

病兔精神萎靡，食欲不振，体温达 41℃ 以上，大便干燥，常

闭眼卧于墙角，眼结膜和口鼻发红，流泪，鼻不通，常打喷嚏和咳嗽，流清鼻涕或稠鼻涕。重者耳朵变青白色、发凉，呼吸困难，易发生支气管炎和肺炎。

2. 防治方法

加强饲养管理，天气寒冷时做好保暖工作。冬季室外兔舍要在笼门前挂上草帘或麻袋，笼内多加垫草，兔舍应保持干燥通风。发生感冒的病兔通常用以下方法治疗：

（1）草药疗法　鲜薄荷全草10克，生姜1片，水煎灌服，每日2次，每次10～20毫升；用一枝黄花、紫花丁地、金银花各5克煎水喂服，连服2剂。

（2）西药疗法　①内服病毒灵，成兔每次1片，幼兔减半，每日2次；②感冒继发肺炎者，用青霉素、链霉素各5万～10万单位，肌内注射，每日2次，连注数日。

（十三）中暑（热射病）

家兔汗腺不发达，体表散热慢，在夏季常因闷热，通风不良，舍内饲养兔只过多发生热射病，夏季在烈日下直射更容易发生热射病。

1. 症状

病兔表现为全身无力，站立不稳，体温升高，呼吸急促，口腔、鼻腔和眼睑黏膜充血、潮红，唾液黏稠，心跳加快，高度兴奋，盲目奔跑。病重时呼吸困难，黏膜发绀，眼球突出，很快倒地，四肢划动，呈现震颤或抽搐而死亡。

2. 防治方法

气温超过35℃时用冷水喷洒兔舍地面，注意兔舍内空气流通，防止兔只过于拥挤，并供给足够饮水。夏天不要把兔放在强光下照射，运动场、长途运输的车、船要设遮阴篷。兔中暑后要立即将病兔置于阴凉处，并在头部敷冷水浸湿的纱巾。同时用以下简易疗法治疗：

（1）在耳两边大静脉、尾间、脚趾间等处消毒后用消毒小针放血。

（2）民间验方 ①西瓜芯 100 克加白糖适量，加水调和后灌服，可缓解症状。②十滴水 2～3 滴或薄荷水 3～4 滴，或口服仁丹 2～5 粒，用温水 1 次灌服。③严重中暑昏倒的用辣蓼叶捣烂取汁，灌服或滴鼻，或用大蒜汁、韭菜汁滴鼻并用清凉油擦眼鼻，使其兴奋清醒。

（3）草药疗法 ①去暑汤：薄荷、山楂、麦芽、甘草各 5 克，加水 500 克，熬汤放凉即可饮用。②酸梅汤：乌梅 150 克，用水清洗后加入适量白糖，煮沸后冷却饮用。③山苍子 5 克研成细末，加少许食盐，开水冲服（灌服）。

（4）西药疗法 兔中暑急救可肌内注射樟脑磺酸钠注射液 0.5～1 毫升，同时用大量生理盐水灌肠。

（十四）烂蹄病

本病多因兔舍地面或笼底潮湿污秽，兔脚长时间在潮湿中浸渍，引起溃烂，化脓感染；笼底或舍内有露出的钉、木刺、碎玻璃等，刺伤了兔脚，引起化脓感染，是一年四季比较常见的兔病。

1. 症状

初期爪部潮红充血，继而肿胀脱毛，形成长期不愈的出血性溃疡。病兔很少活动，食欲减退，逐渐消瘦死亡。

2. 防治方法

兔舍内和运动场内要定期用生石灰消毒杀菌，保持笼舍、运动场地面清洁卫生，垫草要及时更换，发现烂蹄病应及时隔离用以下简易疗法治疗。

（1）草药疗法 用金银花、地丁、蒲公英各 10 克，煎汁灌服。

（2）西药疗法 ①初期可涂紫药水，或涂碘酒使其干燥结痂，已溃烂的要清除坏死组织，再涂土霉素软膏或青霉素软膏等，用敷料绷带将兔脚包扎好，每 2～3 天换药 1 次。②局部感染处涂碘酒后撒上止血消炎粉，再涂消炎软膏包扎。③严重烂蹄用青霉素肌内注射，每次每只成兔 10 万单位，每天 3 次，连续 3～5 天。

（十五）兔毛球病

兔的毛球病多见于长毛兔。其病因是饲料中缺乏矿物质和维生素，使兔发生食毛癖或兔笼狭小拥挤而吞食其他兔的绒毛；兔换毛或剪毛时，兔吃了掉落在饲料或饮水中的兔毛，吃下去的毛糅合成毛球堵塞肠胃，逐渐蓄积也易发生此病。

1. 症状

病兔喜卧好饮，消化不良，食欲减退，还可造成腹痛、胀气、便秘、肠阻断等消化障碍，最后衰竭死亡。

2. 防治方法

加强饲养管理，经常梳理兔毛，换毛季节或剪毛期间，要勤清除兔舍内脱落的兔毛。兔舍宽敞卫生，并给予充分的饮水和运动。患有食毛癖的兔应单独饲养治疗，治疗无效的病兔应予以淘汰。

（1）民间验方 ①每只兔在饲料中添加石膏粉 0.5～3 克，并用手轻轻按摩病兔肠胃，排出毛球团。②用食盐或肥皂水 30 毫升排出毛球团。③毛球团排出后应喂健胃药物，如大苏打或龙胆酊片或酵母片及容易消化的精饲料和青绿饲料。

（2）西药疗法 内服蓖麻油、蜂蜜、菜油等泻剂，1 次 15～20毫升，配合按摩胃肠，使兔毛泻下。

（十六）脚皮病

脚皮病又称"干爪病"。本病是由致病性金黄色葡萄球菌引起的兔常见慢性病，本病传染性强。当皮肤损伤时，病菌乘机入侵兔体而发病。

1. 症状

病兔初期脚趾脱毛，破皮出血溃烂。在脚掌心的表皮上，开始出现充血、稍肿胀，皮肤发红，有热痛感，继而出现脓肿，以后形成溃疡，久不愈合或于溃疡面形成干硬痂皮，脱落时流血不止。常在趾骨部侧面形成脓性溃疡。严重时病兔卧地不起，精神萎靡，食欲减退，体温升高，消瘦。一旦病菌进入血液引起全身感染，病兔很快死亡。

2. 防治方法

（1）民间验方　①生石灰1份加水2份混合，置2～3小时后涂抹患处。②大蒜头适量捣成碎泥，浸泡在2倍量的白酒中，密封15天取出涂擦患处，1天1次，连用10天左右。

（2）西药疗法　将磺胺类药物和大蒜以2∶1的比例配合，捣烂敷于患处。

（十七）不孕症

1. 症状

母兔配种后不怀孕，除公兔方面的原因外，母兔配种时如发情不明显，由于肥胖导致脂肪挤压子宫颈，还可使母兔卵巢脂肪化，影响排卵。母兔生殖器官有病变，特别是患子宫炎、子宫肿瘤而影响受精，屡配不孕。或配种方法不当也可造成母兔不孕。

2. 防治方法

加强对种兔的饲养管理，如母兔过于肥胖，适量减少精料，增加青绿饲料喂量，并适当增加运动量。母兔患有子宫产道疾病应及时治疗。兔不孕症常用以下疗法治疗。

（1）人工催情法

① 挑逗催情法。早上将母兔放入公兔笼内，让公兔追赶、爬跨，给母兔以挑逗刺激，然后送回原笼，傍晚待母兔阴部变红，再捉入公兔笼中进行交配，较容易受孕。

② 拍阴部催情法。交配前用左手提起母兔尾巴，右手以轻快的动作拍其阴部，待母兔直尾时，送入公兔笼中很易发情配种。

③ 按摩催情法。捉住母兔，待安静后用手指按摩阴部1～2分钟，出现发情征兆时，将其放入公兔笼中很易发情。

若母兔经上述处理后仍拒绝交配，则可将母兔尾部用细绳吊到头部固定，让公兔强行交配。交配前将母兔阴部毛拔光或剪净，交配后8～10小时，可换1只公兔再交配1次，可提高母兔受胎率。

（2）催情激素疗法　在母兔交配前几分钟，先肌内注射绒毛膜促性腺激素80单位，或耳缘静脉注射15单位，有助于母兔排卵。

交配结束时，将母兔腹部朝上轻轻拍两下，可防止精液从母兔阴道内流出。

（十八）乳腺炎

乳腺炎是由链球菌、葡萄球菌侵入乳房引起乳房发生红肿、增温、疼痛的一种疾病。其病因多为饲喂多汁饲料和优质精料，泌乳量过多，乳汁过浓，引起乳房膨胀；如果出乳不通畅，乳汁较长时间积聚在乳房内，有利于细菌在乳房内繁殖而引起发炎；泌乳量不足时，仔兔吃不到乳汁而咬伤乳头；哺乳期剪毛时将乳房皮肤剪伤，或乳头损伤，伤口被细菌感染而引起发炎。乳腺炎大都发生于哺乳期，尤其以哺乳初期和断乳时多发。

1. 症状

病兔表现为精神不振，乳房红肿，皮肤紧张，触诊灼热，拒绝按压或哺乳。乳房周围皮肤呈紫黑色，乳房内有硬结，乳汁稀薄，有絮状物或凝乳块。严重时病兔体温升高，食欲减退或拒食。如不及时治疗会引起化脓、脓肿、败血症而造成死亡。

2. 防治方法

加强对母兔的饲养管理，合理调配日粮，母兔产前适当减少精料和多汁青料，以防产后最初几天泌乳过量或过浓。兔笼内应保持清洁卫生，并定期消毒，同时要注意防止尖锐物体损伤母兔乳房。母兔患乳腺炎可用以下疗法。

（1）乳腺炎初期，发病 1 天内，用冷毛巾进行冷敷；24 小时后，用毛巾浸热水（水中加盐配成 1% 的食盐水溶液）温敷患部。每天 2～3 次，每次 15～20 分钟。

（2）民间验方　①乳腺炎初期，将活泥鳅置于碗中，撒入食盐 1 小撮，用小碗扣住，不久泥鳅就有滑涎流出，用这种滑涎涂患处，干了再涂。②用金钱草 100 克，炒熟捣烂，加白酒 50 克拌匀，趁热敷于患处，用纱布固定好，每日 1 次。轻者 1 次治愈，重者 2～3 次即愈。③取蒲公英鲜全根 25 克捣烂加少许盐，涂敷于患处，每日换药 1 次。

（3）中药疗法　①用金银花、连翘、蒲公英、地丁各 10 克，煎水拌料或温敷乳房，每日 2～3 次，连用 3～5 天。②当归 6 克，赤芍 6 克，皂刺 3 克，白芷 3 克，甘草 2 克，煎水服，连服 2 剂。③用金银花、野菊花、蒲公英各 3 克，煎水喂服，连用 3～5 剂即可痊愈。

（4）西药疗法　①外敷硫酸镁溶液或加热至 25℃ 左右，患部热敷（用毛巾蘸药液热敷）。②局部用樟脑酒精涂擦，并用 0.5% 普鲁卡因 10～20 毫升，青霉素 20 万单位（用蒸馏水 2 毫升溶解），混合在一起，在乳房四周分点环状注射，每日 1 次，连用 2～3 次可痊愈。若已形成脓肿，可施行针刺，流出脓汁后按外科治伤处理。

（十九）无乳或泌乳不足

无乳或泌乳不足是母兔泌乳量显著减少，甚至完全无乳。发生无乳或泌乳不足的原因是乳腺发育不良，母兔年老而乳腺机能下降，或饲养管理不善、营养不足，母兔患有某种疾病的影响均可造成母兔产后无乳或泌乳不足。

1. 症状

主要是母兔产后泌乳量减少或无乳，乳房及乳头缩小，乳房皮肤松弛，母兔拒绝仔兔吃乳。

2. 防治方法

主要是从改善母兔饲养管理着手进行预防。母兔缺奶，若因营养不良则应增加富含蛋白质的精饲料，尤其是要增加蛋白质和多汁饲料供应量。若因母兔食欲不好则应给予开胃健脾的药物进行治疗。

（1）民间验方　①黄豆豆浆催奶：将黄豆 20～30 克用开水浸泡或煮成半熟，拌入饲料中喂兔，也可将豆浆，添加开水稍凉后供母兔饮用。但豆浆要随用随制，喂量不宜过多，此法催奶效果良好。②豆饼催奶：将豆饼切碎后加水浸泡 9～12 小时，供产仔母兔饮用，剩渣拌入饲料中喂兔。③花生米催奶：将花生米 2～3 粒用

温水使其充分泡开，拌入饲料让母兔自行采食，连用 2～3 次。④用蚯蚓催奶：用开水泡蚯蚓直至发白为止，将蚯蚓切碎后拌红糖喂给母兔，1 日 2 次，每次 1～2 条，连喂 4～5 天。⑤拉毛催奶：在母兔分娩拉毛时，将其拉下的毛取走，母兔发现毛少了就继续拉毛，直拉到腹部毛光秃。如初产母兔不会拉毛，可人工帮助拉毛，使乳房充分暴露。此法有明显的催乳效果。

（2）草药催奶　①紫花地丁、车前草、蒲公英切碎，拌料喂兔，连喂 3～5 天。②王不留行、木通等催奶。

（3）西药催奶　喂妈妈多催乳片，1 日 2 次，连喂 3～4 天。

（4）仔兔寄养　母兔缺乳，母性不强或患有乳腺炎拒绝喂奶，体弱有病，或哺乳母兔需频密繁殖或哺乳母兔死亡，可将全窝仔兔寄养，在同一品种内进行。采用"保姆"兔代奶应注意以下问题：①两母兔最好是同日分娩或先后 3 天以内；②"保姆"兔要选体格健壮无病、奶水充足、母性强的母兔；③交"保姆"兔代奶最好是在开眼之前；④如在仔兔开眼后交"保姆"兔代奶，应在"保姆"兔的鼻子上涂上它自己的尿或在仔兔的阴部涂上"保姆"兔的尿。一般要先进行人工强制哺乳，2～3 天后等母、仔兔之间"气味相投"了即能寄养成功。

七、海狸鼠常见疾病防治

（一）沙门杆菌病

沙门杆菌病也叫副伤寒，是多种毛皮动物如银狐、蓝狐、水貂、貉、紫貂、麝香鼠等的急性传染病，海狸鼠对本病十分容易感染。被沙门杆菌污染的水、饲料（包括乳、肉骨粉）是海狸鼠沙门杆菌病的主要传染源，麝香鼠、田鼠、水禽、野鸟、家畜、家禽以及人体都能携带这种病原菌，并能传到海狸鼠的饲养场。本病多发生在春秋两季，冬季也有发生，常是地方性流行。4 月龄之前的幼鼠和妊娠期的母鼠易得此病，怀孕的母鼠得本病后，大多发生流产或产弱仔。不清洁的圈舍、饲养密度大、营养缺乏、天气骤变、感冒、日粮突然变化以及变质的饲料引起的胃肠疾病，饲养卫生制度不健全都能促使本病的发生和发展。各种使机体变弱的因素（如换齿、寄生虫病，断奶时食物不佳等）也能成为本病的诱因。

1. 症状

被沙门杆菌感染后，有大约 2 周左右的潜伏期，按病程可分为急性、亚急性、慢性 3 种类型。

急性发病经过时，大多数病鼠表现为活动减少，常常蹲在墙角，多数流泪，鼻孔流出黏液或血样分泌物；拉稀，有黏液，有时粪中带血；病鼠体温升高，不吃东西，但很兴奋，体温有轻微的波动，临死前体温下降。患病鼠很快变瘦，后期出现两后腿麻痹，多在昏迷状态下死亡。急性沙门杆菌病的死亡率很高，能高达 90％。

亚急性的沙门杆菌病主要使病鼠胃肠机能高度紊乱，体温上升，精神沉郁，呼吸加快而浅，不吃东西，被毛蓬乱无光，眼睛下陷没有神，有时出现化脓性结膜炎，少数病例则有黏液性或化脓性鼻漏或咳嗽，瘦得很快，经常下痢，个别的带血，四肢无力，喜欢躺着，后腿无力，后期后腿呈现半麻痹状态，在高度衰竭下死亡。

慢性的病例则表现为食欲下降，胃肠机能紊乱，活动减少，行动逐渐变慢，逐渐消瘦。总之，慢性的沙门杆菌病鼠症状不太明显，病程长达几个月，个别的病鼠取皮时才发现。

2. 防治方法

要改善饲养管理条件，喂给质量好易消化的饲料。对健康鼠做免疫血清和疫苗注射；用毛皮动物、家禽、牛和猪的抗沙门杆菌病及大肠杆菌病的多价疫苗，间隔 5～7 天接种 2 次，免疫期为 7～8 个月。哺乳期的仔鼠通过已经注射过疫苗的母鼠的乳汁获得免疫，不必另行注射疫苗。发现病鼠及时隔离，经化验后，已经确定所患类型的沙门杆菌病（有鼠型、牛型、猪型）的海狸鼠应立即注射沙门杆菌病的高浓度免疫血清，幼鼠每只注射 5～10 毫升，成年鼠每只 15～30 毫升，每日 1 次，于后腿部皮下注射。场内健康的鼠群

也应注射相应的血清以防被传染，或是在饲料中混拌呋喃唑酮，连喂 5 天后注射疫苗。或用抗生素药物，如氯霉素、土霉素等连续注射，每只肌内注射 4 万～5 万单位，7 天后有良好的效果。

（二）巴氏杆菌病

巴氏杆菌病也叫出血性败血病，是由多杀性巴氏杆菌引起的一种多种毛皮动物共患的急性败血性传染病，这种病以败血和内脏器官出血为特征。凡是被巴氏杆菌污染过的各种饲料和饮水，携带这种菌的家鼠、野鼠、家畜、家禽等都可以传播此病。凡是引起海狸鼠身体抵抗力下降的各种因素都是发病的诱因，如营养缺乏、密集饲养、卫生条件不良、兽医保健制度不健全、天气骤变、长途运输等都会促使本病的发生和发展。巴氏杆菌主要是通过消化道和呼吸道传染的，损伤的皮肤也可以感染上这种病菌。特别是被污染的饲料，海狸鼠经消化道感染，便会突然发病，并很快波及大群。经呼吸道和皮肤感染的不会很快波及大群。不同年龄的海狸鼠都可感染此病，但以 2～6 月龄的幼鼠最为易感。

1. 症状

巴氏杆菌病大多是急性的，病鼠往往见不到任何症状就突然死亡。患病的海狸鼠不吃食，沉郁，好睡觉，流泪，流涎，鼻孔流出血样的黏液，时常呕吐，走路蹒跚，拉稀，后期出现抽搐，四肢麻痹。仔鼠得了这种病时出现黏液性鼻漏并混有血液，体温升至 39.5～40.5℃。慢性的病例表现为越来越瘦，并出现浆液性、化脓性结膜炎，关节肿胀。确定本病必须经过细菌学检查，因为有许多疾病的症状与巴氏杆菌病相类似，经过兽医化验室做过接种试验和从其内脏中分离出巴氏杆菌纯培物方可确诊为巴氏杆菌病。

2. 防治方法

对圈舍彻底消毒。同时改善饲养管理条件，从日粮中剔除可疑饲料，喂新鲜的易消化的饲料，以提高动物体对疾病的抵抗力。发现本病，应将整个饲养场立即封锁，隔离病鼠。目前还没有研制出海狸鼠巴氏杆菌病的特异性疫苗和血清，而多采用抗家畜巴氏杆菌病高度免疫的单价或多价血清治疗本病。成年鼠注射血清量为20～40毫升，幼鼠10～15毫升。在发病初期，用抗生素和磺胺类药物治疗，效果良好，如青霉素、庆大霉素、链霉素等，每天2～3次，连续注射，直到康复为止。

（三）大肠杆菌病

大肠杆菌病是动物常见的一种传染性疾病。各种毛皮动物，特别是幼兽极易感染。本病常以急性败血、严重腹泻等特征。大肠杆菌病的主要传染途径是消化道，通过带菌的饲草、饮水及笼舍用具等外源感染而得病。由于正常时的海狸鼠体内就有大肠杆菌，当机体内抵抗力下降时，或不良因素作用下，如母乳质量低或缺奶，气候恶劣，环境突然变化，营养不良等情况，都可诱发肠道内机能紊乱，肠道菌群的生态平衡被打乱，致使大肠杆菌的抑制因子被削弱，大肠杆菌大量繁殖，超过病理阈限引起内源性自发感染致病。哺乳期仔鼠最易得本病，3～5月龄幼鼠也易感本病。该病长年都可发生，但一般夏季流行。流行时，可能是散发式的，也可能是群体暴发，还可能先散发然后流行蔓延起来。

1. 症状

潜伏期3～5天，根据临床表现可分为急性和亚急性两种经过。新生的仔鼠患此病时表现为烦躁不安，尖声叫唤，难以安静下来，随后萎靡不振，精神颓废，发病期间常拉稀，并伴有血液和气泡。幼鼠患此病，精神萎靡，经常躲在窝室内不愿活动，拒食，消瘦，持续拉稀，后期站立不稳，被毛蓬松无光，病程一般10～15天，死亡率高达90％。妊娠母鼠患此病，大多发生流产和死胎。

2. 防治方法

预防本病发生，可给海狸鼠注射家畜大肠杆菌病和副伤寒病多价福尔马林疫苗，间隔7天重复接种1次，每次剂量1～6毫升。另外，在日粮中加入抗生素（土霉素、金霉素、新霉素、链霉素等），有良好的预防效果和治疗效果。防治上首先应从日粮中剔除不良饲料，改善饲养管理条件，使母鼠和仔鼠能吃到新鲜、适口性

强、易消化的全价饲料，以提高机体的抵抗力。特别治疗可用仔猪、牛犊、羊羔的大肠杆菌病高免血清，其剂量为每次每只 5～10 毫升。

（四）李氏杆菌病

李氏杆菌病是以败血经过并发内脏器官和中枢神经系统病变为特征的急性传染病。本病的主要传染源是病鼠，被污染的饲料和饮用水也能使健康鼠感染发病，饲养场内外的家鼠、野鼠及禽类，对传染本病也有很大的威胁。海狸鼠因各种不良因素使机体抵抗力下降也能诱发本病。该病多发生在春夏两季，但没有明显的季节性。

1. 症状

临床表现为体温升高达 39℃，拒食，精神萎靡，呼吸困难。重症病例出现脑炎症状，下颌和颈部肌肉震颤，呈痉挛性收缩。

2. 防治方法

由于本病还没有特效的治疗药物，应以预防为主。发生这种传染病时，应先将所有病鼠隔离，然后用 5% 的来苏儿或 2.5% 的火碱溶液消毒。在清除地表土的基础上，用漂白粉溶液消毒地面。尽量消灭饲养场周围的家鼠和野鼠，并严防野禽进入场内。

（五）结核病

本病是由结核分枝杆菌感染而引起的。这种病的发生没有季节性，但夏秋季较多。圈舍狭窄、密集饲养、粪便堆积、营养不良、蠕虫寄生和感冒均能促使本病发生和流行。幼鼠易得本病，成年鼠较少患病，死亡率比较低。

1. 症状

大多数病例表现为衰弱，被毛蓬乱无光泽。当肺部出现病变时，表现为咳嗽、呼吸加快、呼吸困难、不爱活动等。肝、肾等脏器感染结核病时，常无可见的临床症状，有的可发生腹泻或便秘，腹腔积水。淋巴结被感染时，可出现长久不愈的溃疡或结节。

2. 防治方法

平时要请兽医做结核菌素的试验，对阳性反应和可疑反应的海狸鼠要隔离饲养。病鼠住过的圈舍，要用火焰喷灯或2%的火碱溶液消毒，地面用漂白粉水溶液喷洒消毒。得了结核病的海狸鼠，根治不易，而且这种病的病程较长。没有治疗价值的病鼠应淘汰，以免疫情扩散。

（六）病毒性肠炎

病毒性肠炎是一种胃肠黏膜的炎症，以出血性、热性、坏死为特征，死亡率较高。病原体是副黏病毒，其抵抗力较强，有很强的致病力。该病为急性高度接触性传染病，海狸鼠、麝香鼠、毛丝鼠都能感染本病，主要是由患病鼠和某些带病动物传染，野鸟也可以成为病毒的中介宿主，它们能把副黏病毒从疫区传到非发病区。副黏病毒感染后，首先进入肠道，再通过循环系统进入肝、肾等实质脏器，迅速繁殖致病，引起急性坏死。

1. 症状

本病可根据发病的方式及死亡的发生特点分为急性、亚急性、慢性三种类型。

（1）急性型　带病鼠外观表现不明显，被毛仍很光亮，身体肥胖。发病的前1天饮食、起居和活动均未见异常，第2天早晨便暴死在圈舍中。病例多发生于仔鼠和幼鼠。

（2）亚急性型　比急性型的症状要缓慢、温和一些，不表现为暴死。病初患病鼠精神稍显萎靡，食欲仍很好。仔细观察，可以发现眼屎增多，鼻镜干燥。病程稍长一些，则可见精神沉郁，行动明显缓慢，对周围的刺激反应不灵敏，进而食欲逐渐下降，直到废绝，眼睛逐渐被眼屎封闭。这时体温升高，有时达39℃以上，粪便时干时稀，有时呈大团，有时呈小粒，有时血便，极个别的还会发生鼻腔出血。呼吸困难，有喘鸣音，亚急性型的病程一般是10～15天。

（3）慢性型　病例一般先进行性消瘦，被毛无光、蓬乱，精神沉郁，食欲时好时坏，粪便时干时稀。这种慢性型的患鼠，在眼上有明显的特点，其单眼或双眼被眼屎封闭，但病鼠常以爪洗眼，致

使眼周围的被毛干枯、脱落，眼圈呈红色形成"烂眼圈"。慢性病例的病程有几周乃至数月，多数病鼠由于长时间的消耗最终死亡，少数能熬过漫长的病期活下来。

2. 防治方法

治疗本病时，除了进行必要的紧急处理外，应及时投药治疗。一般用土霉素每只每次 20～30 毫克，喹乙醇每只每次 25 毫克混入饲料中喂喂，1 日 2 次，每疗程 3～4 天。对病情严重的，应立即肌内注射青霉素，每只 5 万～10 万单位或链霉素 50 毫克，早晚各注射 1 次，连用 3～5 天即可控制病情。

（七）球虫病

所有年龄的海狸鼠都能感染球虫病，但 1～2 月龄的仔鼠最易感染，死亡率也高。成年母鼠往往成为球虫病的携带者，是仔鼠的主要传染源。

1. 症状

患球虫病的病鼠，体温由 37～38℃下降至 35.5～36℃，食欲不振，精神沉郁，粪中有带血的黏液，被毛欠光泽，腹胀气，不爱活动。轻微感染的病鼠和多数成年鼠症状都不明显，而仔鼠出现症状后 10～15 天便死亡。

2. 防治方法

预防球虫病最理想的措施是平时要保持圈舍清洁干燥，随时更换垫草，对窝室用火焰喷灯或热来苏儿溶液定期消毒，食具经常用 2%～3% 的克辽林消毒。病鼠的粪便中有大量的球虫卵，必须妥善发酵处理后，方可作为农家肥使用。患病幼鼠，每只每次服肽酰磺胺噻唑 0.1 克，每日 2 次；成年鼠 0.2 克，连服 5～7 天。也可将药溶于水中，病鼠自饮，药量加倍。

（八）断发癣

这是一种由皮霉菌类引起的皮肤病。海狸鼠的断发癣最常见于 2～4 月份，50～60 日龄第 1 次换毛时易感染，成年鼠发病较少。

1. 症状

被感染的部位出现大小不等的灰色椭圆形斑块，上面无毛或有少许被折断的毛，由鳞屑或外壳覆盖着，剥下外壳就会露出充血的皮肤，压迫时从毛囊中流出浓样物，干枯后形成很厚的痂皮。发病初期，被感染的毛失去光泽和弹性，经 7～15 天后，被毛上端被折断，像剪断似的，断面很整齐，呈灰色，斑块直径 2～3 厘米。如不及时治疗，其他部位会不断出现灰色斑块，随着扩散和皮肤受损伤，海狸鼠逐渐变瘦，生长缓慢，严重的也会死亡。

2. 防治方法

一旦发现本病，除积极治疗外，还要立即隔离病鼠，用火焰喷灯烧被病菌污染的圈舍和用具，或用 2% 的火碱溶液消毒。凡廉价的用具和粪便、污物立即烧毁。病鼠轻者隔离，重者淘汰。治疗本病，夏季可用 5% 碘酒或 10% 水杨酸酒精涂擦斑块及其周围的健康皮肤，反复多次。还可在涂药的同时喂服灰黄霉素，每千克体重15～20 毫克拌在饲料中，连服 30～40 天。

（九）炭疽病

炭疽病是由炭疽杆菌引起的一种急性、热性和败血性的人畜共患的传染病。该病以脾脏急性肿大，皮下和浆膜下结缔组织浆液性出血性浸润为特征。

1. 症状

染病后，发病很急，一般在感染后 10～12 小时就能出现临床症状。整个病程很急，不超过 10 个小时，开始时体温迅速升高，呼吸加快，步行困难，见到水狂饮，随后产生拒食、咳嗽、呼吸障碍等反应，严重的开始抽搐（抽风）。仔细观察，身上有局部水肿，并逐渐向全身扩散。此病突发性强，而且反应强烈，有的七窍流血后死亡。

2. 防治方法

预防炭疽病十分重要，因为它是一种人、畜、野生动物都可以感染的烈性传染病。首先饲养人员严格遵守防疫制度，对疑有炭疽病的病鼠死后不得取皮去卖，更不能收取其肉、油、内脏等副产品，应严格进行防疫处理，如彻底焚烧、深埋等。另外，疫区每年

都需做炭疽疫苗的预防注射，这种疫苗一般在国内各兽药生物制品厂都有生产、销售。治疗本病，最好是采取特异性治疗法，即应用抗炭疽血清进行皮下注射，成年鼠 10 毫升，幼鼠酌减。药物治疗的办法是青霉素肌内注射，每次 10 万～20 万单位，每日 3 次，3～4 天为一疗程。

（十）口腔炎

由于食物尖硬或食物中混有尖锐物刺破海狸鼠口腔黏膜而感染，导致海狸鼠患口腔炎。有的可能由病毒引起，或青饲料不足造成维生素缺乏，也会导致该病。

1. 症状

病鼠采食减少，流涎，下颌湿润，被毛蓬乱，无光泽，沥水性差，消瘦。

2. 防治方法

喂给全价、不变质的饲料。冬天多喂青菜类饲料，或在精饲料中添加维生素制剂。治疗病鼠用青霉素肌内注射，每次 20 万～40 万单位。投喂病毒灵片，每次 1 片，每日 2 次。或肌内注射长效核黄素，每次 1 支，每日 1 次。也可喂服牛黄解毒丸，每日 2 次。还可用食用醋加冰片适量擦洗口腔。

（十一）挤伤

海狸鼠具有见孔就钻、见缝要挤的习性，因而往往被挤伤、擦伤。当海狸鼠钻洞逃逸时，饲养人员强拉硬拖，也会造成拉伤、挤伤。

1. 症状

海狸鼠被挤伤的皮肤或肌肉等部位出现红肿现象，个别病鼠卧地，食欲下降。有的海狸鼠因内出血过多而死亡。

2. 防治方法

若海狸鼠已钻进狭小的地方，不要强行拽拉，应让它慢慢地自行退出。窝室若有缝隙，应及时修补好。治疗挤伤鼠可肌内注射青霉素，每日 2 次，每次 20 万～40 万单位；或对挤伤鼠灌服云南白

药，每日 2 次。

（十二）咬伤

海狸鼠与异家族成员相遇时，有发生一时性斗咬的情况，常因斗咬而受伤。

1. 症状

有的海狸鼠双方以嘴咬嘴，造成口腔流血。有的海狸鼠被咬伤皮肤或尾巴，被咬伤的海狸鼠乱跑乱窜，发出尖叫声，或卧地不起。若失血过多，可造成死亡。有的海狸鼠受伤后食欲减退，生长受阻；也可因咬伤处受感染而形成疮，或引起伤口溃烂。

2. 防治方法

各窝室之间的隔墙要牢固，以防隔墙被海狸鼠打通而乱窜斗咬。非同一家族的海狸鼠开始合群饲养时，应密切注意个体之间是否有敌对行为。若出现斗咬现象，应立即将它们分开。把烈性、好斗的个别凶鼠圈围起来单独饲养，待其变得温顺后再合群饲养。治疗斗咬后的较大伤口，对伤口处先采取消毒止血措施，进行包扎。每隔 3 天换 1 次药。对受伤鼠可注射青霉素 20 万～40 万单位，每日 2 次，以防感染。若伤口不大，可用酒精消毒后，涂抹红药水；同时投喂土霉素，每次 1 片，每日 3 次。被咬伤的海狸鼠宜单独饲养，以利早日痊愈。

（十三）泌尿生殖系统疾病

在泌尿生殖系统中也有一些常见病，例如雄鼠在严寒的冬季，窝中垫草过少，泌尿生殖系统易患病，排尿时发出痛苦的叫声。

1. 症状

患睾丸炎的病鼠，睾丸部位长出如鸡蛋大小的肿瘤，雌鼠常患有卡他性阴道炎。其症状为生殖孔流脓，阴道黏膜有结节和溃疡。

2. 防治方法

发现这种病鼠，可用高锰酸钾和雷夫奴尔溶液（1∶1000）洗涤阴道，直至痊愈。患过阴道炎的母鼠，也不宜留种。有的母鼠有时出现阴道、子宫或直肠脱出的现象，对这种母鼠先用温水洗净脱

出的部位，用高锰酸钾溶液消毒后，将脱出部位轻轻地送至腔内，最后在肛门周围实行袋口缝合。如脱出的子宫未能送回原处或不易整复的，可实行切除手术。患乳腺炎的母鼠乳头常变硬，可涂抹鱼石脂软膏或鱼石脂水杨酸软膏，内服乌洛托品 0.5～0.6 克，或用链霉素 0.3～0.5 克，日服 1 次，直至痊愈。另外，公鼠在交配时，有时龟头基部由于细毛缠结形成环状毛环，阴茎不能缩回包皮内，这种现象称为阴茎脱出。发现此病，应立即剪去毛环，洗净污物，再用高锰酸钾洗净阴茎，扯紧包皮，实行整复。

（十四）农药中毒

海狸鼠误吃杀虫剂、除草剂等发生中毒。

1. 症状

发生中毒后海狸鼠会出现腹痛、呕吐、厌食、口渴、抑郁、运动失调、昏迷、痉挛、麻痹、尿血等，但不同的中毒则有不同的特点，要注意掌握和区分。农药中毒和霉玉米中毒常出现抽搐、震颤、口吐白沫、角弓反张、癫痫性发作等现象。

2. 防治方法

各种农药包括灭鼠药中毒后，如果中毒时间不长，毒物尚在胃内时，可用温水加 0.1％高锰酸钾和 5％碳酸氢钠反复洗胃；毒物已进入肠道时，要服盐类泻剂以促进毒物排出。有机磷农药或毒鼠磷中毒时，可皮下或肌内注射阿托品注射液，每次 0.5 毫克；同时肌内注射速效解毒药——碘解磷定，每千克体重每次 30 毫克；也可用氯解磷定或双复磷注射液，用量用法与碘解磷定相同。敌鼠钠盐中毒时，用维生素 K 具有特效，每千克体重 0.1～0.5 毫克，1日 2～3 次，肌内注射，连用 5～7 天。

（十五）门齿过长

海狸鼠门齿生长迅速，如平时投给的树枝、木棍等少，海狸鼠未能经常进行磨牙而使门齿越长越长，使上下门齿发生卷曲，或刺入上下唇中，口腔不能合拢，采食困难，久之可溃烂成疮。

发现门齿过长应及时剪短。剪齿时，先将鼠保定好，用骨钳或果树剪枝剪将过长部分剪去，注意保护齿龈，防止造成疼痛或流血不止。

（十六）中暑

中暑又称日射病或热射病，是由阳光辐射或气温过高、炎热引起的神经、血液循环和呼吸系统的综合征。

1. 症状

中暑的海狸鼠体温迅速升高，精神沉郁，步态摇摆，脉搏加快或减弱，呼吸困难，全身痉挛，四肢麻痹，处于晕厥状态，最后在昏迷状态下死亡。

2. 防治方法

一旦发现海狸鼠中暑，圈舍内要速浇凉水，并将病鼠转移到凉爽地方，对着病鼠头部浇凉水。心脏机能不全的，可皮下注射20％樟脑油1～2毫升，或者皮下注射20％葡萄糖溶液10～20毫升。治愈后，2～3周内尽量避免过度兴奋。

（十七）鼓胀

本病主要是由于大量饲喂容易发酵的或不新鲜的饲料引起的，如煮熟的土豆、豆科植物等。

1. 症状

胃内产生大量气体而使腹部胀气。体弱的和幼鼠易患本病。病鼠叩诊有鼓音，呼吸困难。

2. 防治方法

一旦发现鼓胀病，先要从日粮中剔除劣质饲料和易发酵的饲料，然后停喂1天，第2天服泻剂，同时将日粮减少一半。根据病情，数日后恢复到正常量。治疗本病，先口服3％～5％乳酸溶液5～8毫升，或口服2％的福尔马林溶液1～2毫升，然后用温肥皂水灌肠，并轻做腹部按摩。

（十八）尿道结石

1. 症状

病鼠逐渐消瘦，食欲减退，精神沉郁，撒尿不畅、淋漓、有痛

苦感，严重时尿血，阴部肿胀、呈球状凸出。待至尿液浑浊、混血时，病鼠趴卧不动，迅即死亡。

2. 防治方法

饲料要多样化、新鲜，宜用生活标准水，保证水量充足；一些含矿物质高的饲料如马铃薯、大白菜等不能长时期喂给。

（十九）便秘

便秘主要是因日粮中长期缺少多汁饲料或粗饲料，而多喂了干、精饲料或缺少饮水所致，怀孕后期的母鼠易患此病。

1. 症状

患便秘的病鼠食欲下降，精神沉郁，排粪受阻，多数较长时间地侧卧，怀孕母鼠易流产。抚摸腹腔结肠部位，能摸到硬粪块。

2. 防治方法

治疗时要先灌肠，排出硬粪块，然后服泻剂。并发胃肠炎的，可将 50 万～80 万单位的链霉素稀释于 3 毫升 0.25％普鲁卡因溶液中，皮下注射。

（二十）难产

1. 症状

主要表现为，初期有分娩征兆，但不见胎儿娩出。继而长久努责不产，阴门肿胀，精神沉郁，或流出污液而不见胎儿，或仅见部分胎儿外露而不出。最后无力努责，腹部仍膨大。

2. 防治方法

当胎儿已进入盆腔、子宫已开张、产力不足时，可注射催产素，如 1 小时后阵缩仍不加强，应进行剖腹产。术后禁止母鼠下水，单独饲养，喂给新鲜饲料。

（二十一）肺炎

海狸鼠肺炎分急性和慢性两种，是由支气管炎引起的并发症。

1. 症状

听诊肺部时，常能听到干啰音或湿啰音。海狸鼠患肺炎之后，精神沉郁，生长发育受阻，身体消瘦。

2. 防治方法

治疗本病多采用青霉素和链霉素一同肌内注射 2 万～3 万单位，每日 2 次；或服磺胺嘧啶或磺胺二甲基嘧啶 0.1～0.3 克，日服 2～3 次，连服 3～5 天。

八、毛丝鼠常见疾病防治

（一）肺炎

毛丝鼠患重感冒、受凉或饲养管理不当，都能引起肺炎，特别是房舍潮湿、穿堂风侵袭时，尤其宜患该病。

1. 症状

肺炎的症状与感冒相似，淌鼻涕、流眼泪并有眼屎。病鼠蜷缩，呼吸困难。捉病鼠靠近耳边，可听到呼噜呼噜的呼吸声。

2. 防治方法

首先应将患肺炎的毛丝鼠病鼠转移到温暖的房中饲养，保持恒温。一般来说，青霉素注射可收到良好效果。同时给患病鼠喂一些营养含量高的饲料，以补充食量减少引起的营养不良。新生仔鼠在体毛未干时，如受凉而患肺炎，最易引起死亡。在寒冷的季节里，应给产仔箱加热，以保护仔鼠。

（二）腹泻

腹泻常与其他疾病相伴发生。

1. 症状

出现腹泻的病鼠活动迟缓，头下垂，眼无神，尾部拖在地（网底）上，粪粒稀软并含有水样泡沫，有的粪便呈青绿色，食物明显可辨。肛门周围及后肢被稀粪污染，严重的粪便带血或脱肛。

2. 防治方法

对发病鼠，先查病因，如果是由于饲料而引起的腹泻，通常在改善饲料条件后，病鼠即可恢复健康，有时给鼠喂一片烘焦的馒

头、面包或喂一匙燕麦片就可治愈腹泻。也可用数滴薄荷油或镇痛剂溶于少量温开水中，用注射器滴喂。重症腹泻，需用药物治疗，口服磺胺类药物、四环素或以链霉素针剂皮下注射，或将矽碳银药片 1.5 片，研成粉末拌入干饲料中喂服。

（三）感冒

拥挤、闷热、潮湿或受凉，都能引起毛丝鼠感冒。

1. 症状

感冒的主要症状是流鼻涕，精神沉郁，呼吸较快，食欲减退，体温升高。

2. 防治方法

感冒易于传染，患感冒的毛丝鼠病鼠应及时隔离，防止传染。被隔离的病鼠，要饲养在遮阴而又温暖的笼舍里，供给充足的干草和少量的蔬菜，同时改善环境，注意笼舍卫生，热天注意降温。可肌内注射青霉素 50 万单位，每日 2 次，同时肌内注射安痛定 0.5 毫升/只，解热镇痛。

（四）便秘

便秘是毛丝鼠较常见的疾病，引起便秘的因素很多，饲喂过分浓缩的食物，而又缺少能够刺激肠道蠕动的干草或饮水不足，温度骤变，房舍不良，缺乏运动，以及抓鼠动作不谨慎等，都能引起便秘。

1. 症状

病初食欲无明显变化，或轻度减食，排粪减少，粪球干硬细小，颜色变深，往往伴有高热，病程长者，精神不振，食欲锐减，拒食干料，逐渐消瘦，体重下降。

2. 防治方法

针对病因采取合理的饲养管理措施，预防疾病的发生。治疗可用液体石蜡 5～10 毫克灌服，也可用菜油或豆油。发热的可注射青霉素，也可用双醋酚丁 1～1.5 毫克研碎，用阿拉伯胶制成舔剂，涂布舌面自服。

（五）消化不良

消化不良由饲料变质、饲喂不当或感染等引起。

1. 症状

毛丝鼠的消化不良常见有食滞、气胀和腹泻3种类型。急性消化不良一般在食后数小时内突然发生。急性食滞性消化不良常有便秘、粪量减小，继而停止排粪，胃部显著膨胀。腹泻性消化不良的主要症状表现为排粪次数增多，粪不成形或呈液体状。急性气胀消化不良表现为肚腹膨胀，腹压增高，腹壁紧张，重者呼吸急促，如不及时治疗，很快死亡。

2. 防治方法

①食滞性消化不良以消食为主，投喂蛋白酶20～50毫克，并加入稀盐酸数滴。出现便秘可用温开水灌肠或开塞露直肠灌注，喂乳酶生和干酵母片等。②腹泻性消化不良，病轻者不需要治疗，排除病因即可，病重者以消炎止泻为主，可用诺氟沙星或环丙沙星25～50毫克/次，每天2～3次，磺胺二甲嘧啶60～100毫克/次，1次/12小时，同时补充饮水（100毫升饮水中加入0.9克食盐、40毫克氯化钾）。③气胀性消化不良，采取胃肠减压的措施。用普通外科镊子横嵌于病鼠上下齿之间，将镊子适度张开，将胃导管（医用橡皮导尿管）从镊子缝中插入口腔，小心插入胃中，使气体从管中逸出，用注射器吸出胃内容物，注入温牛奶3～5毫升，芳香氨醑10～20滴，用于制止发酵。

（六）螨病

由寄生于皮肤上的疥螨虫引起的皮肤病，通称为疥螨病。

1. 症状

患鼠皮肤红肿，尤其四肢、趾掌、耳颈部等处；被毛脱落，形成黄白痂皮，患部发痒，表现不安，经常可以见到其用爪趾抓挠和摩擦笼舍等现象。

2. 防治方法

用5%辛硫磷乳剂，配成0.1%的膏剂（100克黄凡士林加上

50%辛硫磷乳剂 0.1 毫升，调到均匀）涂擦患部，或用 2%洗必泰软膏涂于患部，直到病愈。

（七）乳腺炎、乳头发炎

母鼠有时也会感染乳腺炎或乳头被仔鼠咬破而引起乳头发炎。

防治方法：可用青霉素或链霉素涂抹乳头上的伤口，用樟脑油涂抹发炎乳头和乳腺来治疗炎症。当乳腺产生硬结时，可用热湿布热敷、按摩，谨慎地将乳汁挤出等方法治疗。

（八）脱毛

1. 症状

主要有营养不良性脱毛及皮肤病引起的脱毛两种类型。

2. 防治方法

营养不良性脱毛，在毛丝鼠各年龄阶段均可发生，引起鼠发育不良。对此可通过选种选配，加强饲养管理，增加饲料中蛋白质的比例，注意矿物质，包括微量元素的补充和供给优质牧草而加以解决。

皮肤病引起的脱毛，可以用樟脑油涂擦患病部位，每 2 天涂 1 次，一般涂 3～4 次后即有好转，以后在患处逐步长出新毛。

（九）啃毛

啃毛主要由于鼠舍潮湿，空气污浊、管理不良、长时间的噪声等引起的。此外，提前断乳的仔鼠、性成熟前的小公鼠同居一笼或数只鼠同居，笼舍拥挤，均会导致互相撕咬毛皮。

1. 症状

毛丝鼠用嘴啃毛或互相撕咬，严重损坏毛皮。

2. 防治方法

在啃毛鼠的脖子上套一个由塑料或硬纸板制成的大颈圈，使它的牙齿无法接触自己的毛皮。在鼠笼内一侧的铁网上固定一个直径 10 厘米、长 25 厘米的圆筒，毛丝鼠喜欢爬到筒里去，它无法转动身子，也就不能啃毛了。但在使用此法前，要拔掉啃咬部分的被毛。

（十）假单胞菌病

本病主要是由于雨季室内湿度较大，颗粒饲料和苜蓿草等回潮，使鼠群食欲和机体抵抗力下降而致。

1. 症状

病鼠初期食欲差，精神沉郁，呼吸极度困难，在 2 米内就能听到喘鸣声，体温 35.7℃，鼻流脓性分泌物。后期鼻孔结痂，前爪抓鼻，共济失调，拒食，经 4～7 天死亡。

2. 防治方法

鼠笼、饮食具、浴盆、产仔箱用喷灯消毒；3％来苏儿消毒地面；1％高锰酸钾溶液洗刷饮食用具，更新浴沙；增加苹果、胡萝卜片和葵花籽；饮水中添鲜橘汁。将病鼠彻底隔离，专室、专人、专用具饲养。患鼠肌内注射链霉素 3 万单位/（只·日），大群肌内注射链霉素 2 万单位/（只·日）。

九、竹鼠常见疾病防治

（一）严重外伤或脓肿

竹鼠发生脓肿多由于打架致伤未及时治疗或治疗不当而引起，常见竹鼠的头部、腹部、四肢及尾根部有黄白色化脓肿块，触压外硬内软。

防治方法：切开脓肿，排出脓液，冲洗消毒创口，用氯霉素片研粉拌花生油涂擦，同时肌内注射青霉素消炎，防止创口重新感染。

（二）外伤

外伤是饲养竹鼠过程中最常见、发生最多的一种疾病。常常由于互相抢吃、受惊吓、争窝室而互相咬伤，或运输时被铁笼钩伤，捉拿方法不当而造成人为误伤。

防治方法：发现外伤要及时涂擦药水蓝天碘酒、锅底灰、万花油等，人用的外伤止血药均可使用；创口较大、较深、出血较多

时，要撒敷云南白药以止血消炎。创口不能用纱布包扎，也不能涂药膏或胶布，否则竹鼠会将包扎物撕扯掉。

（三）胃肠炎

胃肠炎主要是由于饲料不洁和发霉变质而引起，病鼠精神沉郁，减食或不吃，肛门周围沾有稀粪，晚间在窝内呻吟，日渐消瘦，最终脱水死亡。

防治方法：停食 1～2 餐后，将土霉素（如使用人用药物的话，用量为 1/4～1/6）1 片（0.5 克）研末拌精料喂服，每天 2 次；或肌内注射土霉素注射液，每次 0.4～0.5 毫升，每天 1 次，连续用药 3 天；严重时可在大腿肌肉内侧注射氯霉素，每次 0.5～0.6 毫升，每天 1 次，连续注射 2 天可痊愈（此病到中后期后比较难治疗，故在喂养的过程注意经常性地细致观察，前期可使用 1～2 天的烧木柴的锅底灰掺精料喂食）。

（四）大肠杆菌病

该病多发生于春夏季，病鼠腹大，触摸有波动感，母鼠常被误认为怀孕，剖检可见腹中有大量凉粉状（透明胶状）渗出物。

防治方法：采用新霉素和先锋霉素治疗，每次大鼠肌内注射 0.5 毫升，幼鼠剂量减半。

（五）中暑

夏天如温度高达 32℃ 以上运输竹鼠，在车厢里通风不畅，或暴晒 20～30 分钟后，加上缺乏多汁饲料，竹鼠体内水分得不到补充，就会发生中暑。

防治方法：将病鼠移到阴凉处，用湿沙将其身体埋住，只露出头部，经 10～15 分钟，竹鼠就会苏醒；如找不到湿沙，可将竹鼠放到冷水里浸泡，让其露出头部，防止大量饮水，否则即使中暑解除，该鼠也难养活；另外也可在竹鼠鼻孔处涂擦清凉油。

（六）感冒

感冒是由于气候突然变化，竹鼠被风吹雨淋受寒而引起。病鼠

呼吸加快，畏寒，流清鼻涕，减食或拒食，体温下降，严重时体温上升，如不及时治疗，容易并发肺炎。

防治方法：肌内注射复方氨基比林，每次 0.3～0.5 毫升，每天 2 次，病重者肌内注射 10 万～15 万单位青霉素，每天 3 次。并发肺炎时，需用青霉素、链霉素交叉注射，用药技术较复杂，应在兽医指导下进行。

（七）产后脱宫

有的母鼠产第一胎时，由于用力过度，较容易导致产后子宫脱出，如未及时发现，子宫会发黑并发出难闻气味，最终母鼠会将其咬断，从而失去繁殖能力。

防治方法：如产后 2～3 天内不断听到仔鼠在叫（无奶吃），这时就应该检查一下母鼠的状况了，确定为脱宫后，有两种方法治疗，第一种，用黄豆炒熟后放到猪胆囊里面让炒过的黄豆吸收猪胆的汁液，半小时后拿出，稍晾干，磨成粉掺到食料里喂食，2～3天后子宫会自行纳入体内；第二种，发现脱宫后，用清凉油每天涂抹宫头 3～4 次，涂抹后母鼠会不断地舔弄，几天后也会慢慢恢复。

十、豚鼠常见疾病防治

（一）豚鼠瘟

1. 症状

发病时全身衰竭，被毛蓬乱，震颤，神经症状严重，四肢及枕部痉挛，皮肤黏膜发绀。

剖检：内脏及脑膜显著充血。

2. 防治方法

要严格执行防疫检疫制度，淘汰病鼠，病鼠用过的器具和饲养场地严格消毒后再使用，对全群封锁隔离，检疫 1 个月。

（二）伪结核病

本病是由啮齿类伪结核杆菌引起的一种传染病。

1. 症状

常呈慢性经过，亦有急性者，慢性病鼠得病后食欲减退到拒食，体重下降，逐渐消瘦，被毛蓬乱，并出现浆液性结膜炎，病程缓慢，最后衰弱死亡；急性患鼠，未察觉症状就死亡。

剖检：肝脾中（有时肾肠中）有粟粒样微白色或黄白色小结节，结节中心部分或全部干酪化，各处淋巴也有类似病灶。呈急性死亡者，病变主要为肝肾脾急性肿大，间有肠卡他。从病变脏器与淋巴结中分离到该病菌可以确诊。

2. 防治方法

定期体检，对体重下降者进行检疫，隔离可疑病鼠，发现本病后应立即淘汰病鼠，并将病鼠用过的一切器具和饲养场地进行消毒，彻底清扫干净再使用。

（三）肺炎

本病常由溶血性链球菌、肺炎球菌、克氏肺炎杆菌或巴氏杆菌引起。

1. 症状

多呈急性经过，精神萎靡，毛粗蓬乱，食欲减退，直至消失，呼吸急促，常咳嗽，黏膜淡蓝，可用 X 射线检查诊断本病，剖检可见肺充血或突变。

2. 防治方法

改善饲养管理条件，消除致病因素，对鼠实行定期检疫，发现病鼠隔离治疗，用 20％磺胺噻唑钠注射液肌内注射，成年鼠用药量为 1 毫升，1 日 2 次，病死鼠和患鼠用过的器具和饲养场地应做好消毒工作，以后再使用。

（四）传染性卡他

1. 症状

本病由金黄色葡萄球菌感染引起，发病时患鼠不停地鸣叫，牙齿轻而快地吱吱作响，流鼻涕，被毛蓬乱无光泽或脱落，有的耳朵发生坏死，呼吸困难并伴有结膜炎。剖检：见有鼻炎、中耳炎、肺

炎，鼻腔有黏液及脓性渗出物，肺部病变部分布满红色或灰色的斑点，支气管周围的淋巴组织充血。

2. 防治方法

患本病的鼠应予以淘汰，笼具和饲养场地用福尔马林药液彻底消毒后再使用。

（五）鼠伤寒

本病由鼠伤寒或肠炎沙门杆菌感染引起，可成为流行性疾病。

1. 症状

病鼠被毛蓬乱，活动减少，身体蜷缩，拒食，腹部胀大，下痢，粪呈黄绿色，黏膜泡沫状，恶臭，有时混有血液。病初体温升高至41.5℃，而后降至正常，剖检可见病鼠肠黏膜潮红，点状出血或肠内容物呈浅黄色，肝、脾、淋巴结内有坏死结节。确诊需从脾肝中分离到沙门杆菌。

2. 防治方法

预防本病首先要消灭饲料中的病原菌，并消灭野鼠、蚊蝇等传播媒介，发现病鼠应及时扑杀淘汰，病鼠用过的笼和食具等应用福尔马林药液等消毒后洗净晒干再使用。

（六）体内寄生虫病

小白鼠体内寄生虫主要以四翼无刺线虫为主，其次是鼠管状线虫。

1. 症状

患病鼠食欲旺盛，贪食，但生长发育缓慢或停滞，被毛无光泽，种母鼠有咬食仔鼠现象。镜检病鼠粪便见虫卵即可确诊。

2. 防治方法

加强饲料管理，搞好清洁卫生工作。治疗时用哌嗪，成年鼠0.001克（幼鼠用药量减半），日服1次，下午4～5时投药为佳；投药时，药粉与粉状饲料制成软块状料喂饲病鼠。

（七）体外寄生虫——鼠蚤

小白鼠体外寄生虫最多见的为鼠蚤。

1. 症状

患鼠体表可见虫体，鼠蚤吸血时，分泌有毒唾液引起痒觉，病鼠到处擦痒造成皮肤损伤、脱毛。

2. 防治方法

加强饲料管理，尤其是加强鼠舍的卫生管理，增加更换垫料次数，可减少鼠蚤寄生，发现鼠体上有鼠蚤寄生，可在垫料锯末中加10％滑石粉让鼠干浴，隔日更换，连用1～2周，同时对鼠舍所用器具进行消毒。

（八）霉玉米中毒

该病由于喂食了霉玉米或玉米面、玉米粥发霉变质引起。霉玉米有三种毒性较强的镰刀菌，极易产生毒素引起中毒。在同一时间内，多数发病或死亡。

1. 症状

病鼠食了大量霉玉米造成急性中毒，临床上看不到明显症状而发生死亡。一般霉玉米中毒临床症状是食欲减退、呕吐、拉稀、精神沉郁、出现神经症状、抽搐、震颤、口吐白沫、角弓反张、癫痫性发作等。

2. 防治方法

加强饲养管理，禁喂霉变玉米。立即停喂有毒饲料，撤出尚存的剩食。饲料加喂蔗糖或葡萄糖、绿豆水解毒；静脉或腹腔注射等渗葡萄糖注射液。为防止出血可用止血剂，如维生素 K_3 等。

第七章

特种水产动物常见疾病防治

一、河蟹常见疾病防治

(一) 黑鳃病 (叹气病)

本病主要是由于过量投喂动植物饵料造成沉积,进而变质腐烂变臭,使水环境恶化,有害菌类大量繁殖,导致河蟹鳃部感染致病。该病多发生在成蟹养殖的后期。

1. 症状

病蟹的鳃部感染而变色,鳃丝部分呈暗灰或黑色,轻者行动迟缓,呼吸困难,严重时鳃丝全部呈暗黑色,几小时内死亡。

2. 防治方法

蟹种放养前干塘,用生石灰 100 千克/亩 (1 亩 = 666.67 平方米) 清塘。养殖期经常大量换水,高温期每隔 7~10 天换水 1 次。并撒生石灰 15 千克/亩,投饵要坚持"四定"(定时、定量、定点、定质),捞除残饵防止水质恶化。治疗病蟹可在饵料中添加 0.5% 的"鳃病灵"投喂治疗。

(二) 水霉病

水霉病是蟹常见的真菌性蟹病,主要是由于捕蟹、运输、放养

等操作过程中蟹体受伤以及软壳蟹受伤导致水霉菌侵入伤口。该病还大量危害抱卵蟹的卵块与幼体。

1. 症状

病蟹体表及附肢等处，尤其是伤口部位，长有灰白色的棉絮状菌丝；病蟹行动迟缓，摄食减少，伤口不愈合，损伤部位组织溃烂并向四周蔓延；身体瘦弱无法蜕壳而死亡。

2. 防治方法

在放养、捕蟹、运输等操作过程中勿使蟹体受伤；大批蜕壳期间应增投动物性饲料；发现抱卵蟹的卵块受霉菌侵害，立即除掉。治疗病蟹可用孔雀石绿溶液全池泼洒（使其在池中的含量为 0.25×10^{-6}），5 天后再施 1 次，或用 3%～5%食盐水浸洗病蟹 5 分钟，并用 5%的碘酒涂抹患处。

（三）腐壳病

本病是由蟹的步足尖端或甲壳等处受损伤感染病菌所致。

1. 症状

病蟹步足尖端损伤后逐渐形成黑色溃疡并腐烂，然后步足各节及背甲、胸板出现白色斑点并逐渐变成棕色、红棕色锈斑点，严重时斑点连成不规则形状，边缘呈黑色，溃疡中心凹陷，甲壳被侵蚀成洞，可见肌肉或皮膜，导致河蟹死亡。

2. 防治方法

放养蟹前要用生石灰彻底清塘消毒，保持水质清洁，夏季常加注新水，塘底淤泥要控制在 10 厘米以下。治疗病蟹可用生石灰兑水全池泼洒，使池中生石灰含量为（15～25）$\times 10^{-6}$。

（四）水肿病

该病是因在养殖过程中，蟹腹部受伤感染病菌所致。

1. 症状

病蟹腹部、腹脐及背壳下方肿大呈透明状。病蟹匍匐在池边，拒食，最后在池边或浅水处死亡。

2. 防治方法

在河蟹养殖过程中，尤其是在河蟹蜕壳时，尽量减少对蟹的惊

扰以免使其受伤。病蟹治疗按每千克蟹用 0.1～0.2 克土霉素或红霉素拌饵投喂，每 7 天为 1 个疗程。

（五）蜕壳不遂病（蜕壳障碍症）

蟹蜕壳不遂病，为常见的营养性蟹病。该病与生长过程中缺乏矿物质（主要是微量元素）有关。

1. 症状

病蟹的头胸甲后缘与腹部交界处出现裂口，头胸甲上有明显棕色斑块点，因无力蜕去旧壳或只蜕出部分蟹壳，病蟹周身发黑，脱壳困难而造成死亡。

2. 防治方法

保持水质清洁，投喂饵料中经常加入适量的钙、铁元素，同时在饵料中添加适量的蜕壳素、贝壳粉、骨粉、蟹壳粉、禽蛋壳粉和鱼粉等矿物质含量较高的物质，以供给河蟹生长发育所需的营养元素，治疗病蟹可用生石灰兑水全池泼洒，使池中生石灰含量为 $(1.0～1.5) \times 10^{-6}$；或用过磷酸钙兑水全池泼洒，使池中过磷酸钙含量为 $(1～2) \times 10^{-6}$。

（六）烂肢病

该病是因河蟹在放养、捕捉、运输等操作过程中受伤或河蟹肢体受敌害致伤感染病菌所致。

1. 症状

病蟹摄食减少至拒食，活动迟缓，腹部及附肢腐烂，肛门红肿，最终导致无法蜕壳死亡。

2. 防治方法

在捕捞、运输、放养等操作过程中勿使蟹体受伤；放养前用生石灰全池泼洒，使池中生石灰含量为 $(15～20) \times 10^{-6}$，连施 2～3 次。

（七）纤毛虫病

该病是由于河蟹放养密度过大、蟹池长期不注新水、有机质含量过高、池水过肥、水质恶化等诱发纤毛虫大量繁殖并寄生蟹体

所致。

1. 症状

纤毛虫附生的蟹活动力弱，行动迟缓，对外界刺激反应不敏感，蟹体表长满棕色或黄绿色绒毛状物，污物较多，食欲减退或停食，终因营养不良，无力蜕壳而死亡。死蟹腹部常观察到较多黏液块。

镜检可发现其体表、关节、步足、背壳、额部、附肢、鳃等处有许多累枝虫、钟形虫、腹管虫等纤毛虫体寄生。

2. 防治方法

每隔 7～10 天换 1 次水，换水量为 1/3 池水体积，换水后每亩泼洒生石灰 20 千克（池水深 1 米）。如蟹有纤毛虫采用蟹虫净、纤虫必克等药物。或用 0.1% 福尔马林浸洗病蟹 1～1.5 小时杀灭纤毛虫。

（八）聚缩虫、单缩虫病

该病主要是由于水质过肥，长期不换水，水质恶化，致使聚缩虫、单缩虫大量繁殖，寄生于河蟹及其幼体的体表及鳃部。抱卵蟹或饵料易将该病带给幼体，一般多发生于蟹苗期。个体肥大的成蟹易患此病，在干旱或离水时间较长环境生活的河蟹发生此病者较多。

1. 症状

病蟹体壳黏液、污物较多，活动、摄食能力减弱，全身寄生时可使蟹苗无力脱壳变态而死亡。

镜检可发现其额部、步足、背壳及鳃等处布满聚缩虫、单缩虫。聚缩虫、单缩虫还大量危害蟹幼体，虫体布满幼体全身而影响幼体发育，致使其大量死亡。

2. 防治方法

本病预防同纤毛虫病。抱卵蟹进厂房入池前，用含量为 10×10^{-6} 的孔雀石绿溶液消毒 45 分钟至 1 小时（20℃），杀死聚缩虫，然后用清洁的水洗净；卤虫卵与孵池分别用 30×10^{-6} 与 20×10^{-6}

的福尔马林消毒。蟹有聚缩虫或单缩虫病用含量为（0.5～1）×10^{-6}的新洁尔灭与含量为（5～10）×10^{-6}的高锰酸钾混合液浸洗病蟹；将病蟹用含量为1.0×10^{-6}的孔雀石绿溶液浸洗45分钟可杀死寄生虫。还可用含量为（5～10）×10^{-6}的福尔马林全池泼洒。

（九）敌害防治

蟹田中河蟹密度大，腥味重，特别是正在脱壳的河蟹，受到水老鼠、蛙、水鸟（鹭鸶、翠鸟等）、水生昆虫等多种敌害动物侵袭易使河蟹致伤或死亡。特别是蛙对个体重2～3克的河蟹危害很大，1只蛙1天可吞食2只以上脱壳后的软壳蟹。

在放养幼蟹和蟹苗前，应彻底消毒、清除蛙卵和蝌蚪等，在放养过程中应加强管理，每天巡池防除天敌动物对蟹的危害。

二、青虾常见疾病防治

（一）黑鳃病

本病病因较多，主要是细菌、真菌感染，加之聚缩虫等寄生虫寄生，幼虾和成虾均会感染。

1. 症状

病虾鳃部由红色、棕色变成黑色（故称黑鳃病）。患病后造成组织病变，呼吸困难。患病幼虾活动能力明显减弱，多在底层缓慢游动，趋光性减弱，幼虾变态期延长或不能变态，腹部卷曲，体色变白，不摄食。成虾浮于水面，行动迟缓或停滞，有些病虾的头胸甲和腹甲侧面均有黑斑。虾体消瘦，病后期死亡。

2. 防治方法

平时加强饲养管理，放养密度不宜过大，饵料投喂要合理，以防过剩饵料腐烂变质而污染水体。经常加注新水，使水中溶氧量保持在4.8毫克/升以上。治疗虾病按每立方米养殖水体2克漂白粉的用量，将漂白粉溶解于水中后全池泼洒消毒，每天泼洒1次，连泼3天。

（二）红体病

本病多因操作不当导致虾体受伤感染细菌而引起，多发生于7～8月份的高温季节。

1. 症状

病虾活动能力减弱，对外界的反应迟钝，食欲减退，甚至停止摄食，病初虾尾节基部色泽变红，随后红色范围逐渐扩大至整个腹部附肢。病情发展到头胸部的步足使之呈红色（故称红腿病）。除了所有附肢呈红色以外，整个腹部呈红色，最后影响到头胸部而死亡。

2. 防治方法

本病以预防为主。在运输、放苗、除野、选捕等操作过程中动作要轻，带水作业，不要推压虾体，防止虾体受伤。若有红体病虾，可按黑鳃病防治方法处理。

（三）固着类纤毛虫病

本病是由累枝虫、聚缩虫、钟形虫、单缩虫和壳吸管虫等固着类纤毛虫成群附生在虾体上所引起的一种常见疾病，常与细菌性疾病并发，危害幼体青虾和成虾。

1. 症状

病虾的体表、附肢、鳃上附着污染物，呈白色絮状。镜检观察可见寄生虫的伸缩、摆动。病虾表现为行动迟缓，食欲减退，呼吸困难，严重时导致病虾衰竭而死。

2. 防治方法

用 0.6 毫克/千克的硫酸铜全田泼洒，或用 0.6 毫克/千克的盐酸奎钠克林全田泼洒。

（四）敌害防治

青虾的天敌动物很多，主要是青蛙、水蛇和鼠类等敌害动物。在青虾放养过程中，坚持每天清晨和傍晚沿稻田埂巡查、检查田埂四周的围栏有无破损，要严防敌害动物进入虾田，并注意随时清除敌害动物。

三、罗氏沼虾常见疾病防治

（一）黑鳃病

本病主要由于养虾池塘水严重污染或有较多的有机碎屑，虾呼吸时，碎屑随水流贴附在虾的鳃丝上，致使鳃部堵塞而导致鳃丝发黑或虾的鳃部有细菌、真菌侵袭。另外，池底金属离子含量过高，也易致使虾体中毒而使鳃部变黑。

1. 症状

病虾的鳃部颜色由红棕色变成黑色，病虾呼吸困难，最后死亡。

2. 防治方法

定期进行池塘水体消毒，以减少细菌、真菌感染致病；并经常对养虾池塘进行大换水，铲除池底污泥，保持池水清新。治疗虾黑鳃病要查清病因对症下药。真菌感染所致，可用浓度 0.1～0.25 毫克/升孔雀石绿溶液全池泼洒治疗。如果发现罗氏沼虾有其他细菌性疾病，可用 1 克/米^2 的漂白粉全池塘泼洒防治。

（二）褐斑病（甲壳溃疡病）

虾褐斑病多发生于腐殖质过多的水田养殖的虾。

1. 症状

病虾体表甲壳有斑点状黑褐色的溃疡，溃疡的中部凹陷，边缘呈白色，褐斑大小不定，在虾体的各个部位都可发生，在头胸甲和腹部前 3 节的背面发生较多，有时触角、尾扇和其他附肢也有褐斑和烂断，在断痕处也呈褐斑，严重影响虾的生长、蜕壳。

2. 防治方法

改善水质，精心管理、喂养，提供足量的隐蔽物。在放养过程中要防止虾体受伤。治疗本病可用浓度为 20～25 毫克/升的福尔马林和浓度为 0.1～0.25 毫克/升的孔雀石绿混合后全池泼洒。严重

病症可用土霉素按 0.45~0.5 克混合在 1 千克饲料中投喂治疗，连续喂两周以上有一定疗效。

（三）软壳病

本病主要由于虾营养长期不足，池塘水质老化，有机质过多，水质恶化或放养密度过大，pH 值低等引起。

1. 症状

病虾甲壳明显变软，体形消瘦，活动减弱，生长缓慢，最后死亡。

2. 防治方法

加强饲养管理，供应优质饲料及改善水质。

（四）硬壳病

本病是由于虾营养不良，水草大量繁殖，水质中钙盐过高或池底水质不良，或疾病感染，附生藻类或纤毛虫等引起。

1. 症状

病虾厌食，全身甲壳变硬，有明显粗糙感，虾壳无光泽，呈黑褐色，生长停滞。

2. 防治方法

当水质或池底不良时，应先大量换水或换池，治疗本病用浓度为 5 毫克/升的茶粕水浸浴病虾，同时调节温度、盐度以刺激病虾蜕壳。

（五）肌肉坏死病

本病主要由水温过高，放养密度过大，溶氧量降低、水池水质受污染引起，特别是以上因素突变时易引发此病。

1. 症状

病虾初期腹部 1~6 节出现轻度白浊，斑状，以后向背面扩伸，肌肉色泽浑浊，肌肉细胞成批坏死。

2. 防治方法

控制放养密度，在饲养过程中养虾池塘在高温季节应经常换水，注入新水及增氧。要防止水温升高过快或突然变化。

（六）白体病

1. 症状

多由尾部开始，发病初期，病虾尾部有几块小斑，然后由后向前扩展，最终使整个机体除头部外全部发白，肌肉呈坏死状，失去弹性，活力减弱，摄食能力减弱，逐渐死亡。

2. 防治方法

发病初期用菌毒双效宁全池泼洒，同时每万尾苗每天用土霉素2克，并添加适量维生素C和维生素E投喂，连喂5～7天。

（七）寄生虫病

1. 症状

病虾体表或鳃上寄生有聚缩虫、累枝虫、钟形虫等寄生虫，虾常表现为烦躁不安，在池边频频移动，阻碍虾的摄食和蜕皮。在鳃上大量寄生时，引起虾的缺氧死亡。

2. 防治方法

加强饲养管理，合理投饵，养虾池需经常换水保持水质清新。用硫酸铜和硫酸亚铁（5∶2）合剂（0.7毫克/升）全池泼洒。病情严重时再用药1次。

（八）弧菌病

弧菌病是由弧菌中的一些菌如副溶血弧菌、拟态弧菌等感染引起的。

1. 症状

患病青虾体表无明显症状，少数病虾表面有少量似黏液的物质。体色略呈灰白。发病后表现为摄食量明显下降，濒死前活动迟缓，常伏于水面水草或池边泥滩地。剥离甲壳，可见肝胰腺颜色略深，肌肉也显得浑浊。

2. 防治方法

预防本病，养殖池水用生石灰15毫克/升全池泼洒，发病季节1个月用2次。治疗本病可在饲料中添加适量土霉素，用量为每千克饲料0.5～1克，每天1次，连喂5～7天。或选择晴天的上午9

时至下午 3 时在发病虾池中用 0.2～0.3 毫克/升三氯异氰脲酸，全池泼洒治疗。隔天用药 1 次，连用 2～3 次。施药后要加强巡塘，发现问题及时采取处理措施。

四、河蚌常见疾病防治

（一）烂鳃病

本病主要因受外伤感染嗜水气单胞菌等细菌引起发病。

1. 症状

鳃丝糜烂，残缺不全，呈苍白色或淡紫色，有淡黄色黏液，鳃片上附着许多泥浆污物，闭壳肌弹性差，两壳张开无力闭合。

2. 防治方法

养殖和育蚌手术操作搞好卫生，洗涤和植片时动作要轻，不要损伤鳃瓣。预防本病要清除池塘底的过多淤泥，每亩用 15 千克左右生石灰或漂白粉全池泼洒消毒，每月 1 次。治疗病蚌用 2%～4%食盐水或 0.1%～0.2%多菌灵每亩 20～30 千克，浸泡 10～15 分钟。严重细菌性烂鳃病蚌，每蚌需要注射 0.1%金霉素 1 毫升。

（二）水霉病（肤霉病、白毛病）

本病由水霉菌和绵霉菌引起。主要由于操作不小心擦伤蚌体，霉菌侵入蚌体伤口所致。

1. 症状

发病初期，肉眼难以发现，严重时患处组织肿胀、坏死，可见絮状菌丝。病灶常附着大量污物，严重影响蚌的呼吸，并导致死亡。

2. 防治方法

手术开壳固塞后，先用整鳃板将鳃瓣轻轻从外套膜一侧推到内脏团上，以免植片、核作业损伤鳃瓣而受污染；伤口最好用抗菌药涂擦。治疗蚌病全池泼洒孔雀石绿溶液（0.2～0.5 毫克/升），间隔 2 天后再用 1 次，每次用药后 24 小时适量加注新水。若养蚌池

套养食用鱼禁用该药。

（三）原虫寄生

本病主要由纤毛虫、斜管虫、车轮虫等引起。特别是小水体高密度养殖的蚌更易发生。

1. 症状

目检可见鳃上有白点，在显微镜下观察病灶组织，可见原生虫虫体。

2. 防治方法

加强饲养管理，改良水质；河蚌在放养前，用20毫克/升高锰酸钾溶液浸泡20分钟。在发病季节，定期泼洒晶体敌百虫（1毫克/升）。治疗病蚌用4%食盐或40毫克/升高锰酸钾溶液浸病蚌5分钟；水体用1毫克/升晶体敌百虫消毒。

（四）萎瘪病

本病主要由养殖密度过大或混养鱼类过多，导致饲料摄入量不足所致。或由于水体的pH值、溶氧量等长期不适于河蚌生存，导致摄食量下降所致。

1. 症状

病蚌贝壳停止生长，生长年轮间隔缩小；内脏团萎缩干瘪，闭壳肌松弛无力，珍珠质分泌迟缓。

2. 防治方法

本病为非传染性疾病，不会出现大量死亡，但河蚌生长迟缓，影响产量和效益。治疗本病可将其迁移到新的水域中养殖；捕出过多的混养鱼类；补充肥料、饲料，调节水质。

（五）水肿病

一般认为本病属营养性疾病。由于水体中含钙不足，导致蚌排泄功能失调所致。

1. 症状

发病初期，蚌壳后端微开，喷水无力，病重时，出水孔不能喷水，只能滴水，外膜的中央膜，因积水而高鼓成流动状的水泡，无

法排出，边缘膜呈波浪状鼓胀，刺破水泡，有淡黄色黏液流出，有味，更严重时病蚌两壳完全裂开。该病常与烂鳃病并发。

2. 防治方法

一般以石灰或钙肥来增加水质中的钙离子含量加以预防。治疗本病可将吊养的蚌取下，洗去壳表面的污物，用针轻轻刺破中央膜，排出积水，再用 0.1% 的盐酸金霉素进行注射，每只蚌 0.1 毫升，之后将病蚌浸入 1%～2% 的盐酸金霉素溶液中 15 分钟，移至另塘中培育，隔天用相同方法再治疗 1 次。

五、黄鳝常见疾病防治

（一）赤皮病

赤皮病又叫赤皮瘟、擦皮瘟，大多因黄鳝的皮肤在捕捞或运输时受伤，由荧光极毛杆菌侵入而引起。此病春末夏初较为常见。

1. 症状

患病黄鳝行动迟缓、无力，全天都将头伸出水面，体表局部出血、发炎，表皮脱落。鳝体表面黏液变色，出现许多大小不等的圆形小红疹斑块，尤以腹部和两侧最明显。部分鳝鱼腹部有蚕豆大小的紫斑，有时病鳝表皮烂坏，肠道、肛门充血发炎，发病鳝体瘦弱。

2. 防治方法

放养前彻底清塘消毒，用 1/20～1/5 的漂白粉浸洗，时间约半个小时，再将鳝种放入池中。发病季节每隔半个月左右用 2 毫克/千克的生石灰消毒或用漂白粉挂篓进行预防。运输和捕捞时，操作要小心，勿使鳝体受伤。治疗：①漂白粉挂篓。方法是每平方米用 0.4 克，大池用 2～3 个篓，小池用 1～2 个篓。用竹子搭成三脚架放在池里，再用绳子把篓吊在水中。②每立方米用漂白粉 5 克配成溶液全池泼洒，连续使用 3 天。再将磺胺噻唑拌入饵料投喂，每立方米水用药 2.5 克，3～7 天为 1 疗程。③用 10% 盐水擦洗患部，

或把病鳝放入 2.5％盐水中浸洗 15～20 分钟。④每立方米水体用明矾 0.05 克泼洒，2 天后用生石灰 25 克（每平方米水面）泼洒，隔 1 天按每立方米水含 1 克漂白粉浓度泼洒全池。⑤严重的用 10％聚维酮碘溶液，每立方米水体 0.5～1 毫升，1 天 1 次，连用 3 天。

（二）细菌性肠炎病（烂肠瘟、乌头瘟）

本病是由于黄鳝吃了腐败变质的饵料或过分饥饿而引起的。此病多发生在 4～7 月份。

1. 症状

病鳝在水中行动缓慢，失去食欲。体色变青发乌，头部特别黑，腹部出现红斑，肛门红肿，轻压腹部有血黄色黏液流出，很快死亡。剖检肠子可见发炎充血，严重时发紫。

2. 防治方法

放养前用生石灰彻底清田消毒。发病季节每 10～15 天用漂白粉消毒 1 次，预防发病。治疗：用磺胺胍加大蒜喂服，每 50 千克体重按 0.5 千克大蒜头拌饵料饲喂，连用 3 天。严重病症饲喂磺胺胍，每 50 千克黄鳝第 1 天按 5 克，第 2～6 天减半。

（三）打印病（腐皮病）

本病的发生是由鳝体损伤感染了细菌所致，夏、秋季黄鳝发病较多，流行时间为 5～7 月。

1. 症状

病鳝整天都将头伸出水面。鳝体背部与体表出现圆形、卵形或椭圆形红斑，主要发生在尾柄、腹部两侧。以后表皮霉烂，严重者肌肉腐烂，若剥去腐肉，可见骨骼和内脏，有时尾梢部分烂掉。

2. 防治方法

用生石灰彻底清塘消毒，水深 30 厘米的水池中每周每平方米水面用生石灰 7 克全池泼洒。一般采用改变水质与药物治疗相结合的方法，首先放干池水，清除底泥，另取沙质土壤铺底后，注入新水，然后放鳝入池。在发病季节用漂白粉进行全池消毒，水深 30

厘米的水池中每半个月每平方米水面用漂白粉 0.2 克，溶于水后全池泼洒。治疗：用漂白粉全池泼洒，每立方米水用药 1 克或五倍子全池泼洒，每立方米水用药 1 克；治疗本病用漂白粉涂伤口；严重病症大鳝每千克体重注射 5 毫克金霉素或氯霉素，或用磺胺噻唑拌饵，每 10 千克黄鳝用药 1 克，次日用药减半，然后再用漂白粉消毒。

（四）烂尾病

此病是由产气单胞菌引起的，密集养殖黄鳝和长途运输时容易发生。

1. 症状

患病黄鳝尾部充血发炎，继而尾部肌肉坏死腐烂。严重时尾柄和尾部肌肉烂掉，尾脊椎骨外露。患病黄鳝反应迟钝，头伸出水面。病鳝体表有许多大小不同的圆形红斑，有的腹部出现蚕豆大小的紫斑，严重时会导致死亡。

2. 防治方法

运输过程中防止机械损伤。经常清洗鳝池，更换池水，保持良好水质。用呋喃唑酮（0.2～0.25 毫克/升）全池泼洒。治疗用金霉素每立方米水体 25 万单位（0.25 单位/毫升），或每立方米水体用土霉素 2 克，化水全池泼洒。也可每 100 千克鳝种用诺氟沙星药物 3 克，拌料投喂，1 天 1 次，连用 3～5 天。

（五）赤斑病

本病常因受伤后由水肿产气单胞杆菌感染而引起，流行时间为 4～6 月。

1. 症状

患病黄鳝体表毛细血管扩张发红，皮肤红肿，在背、腹部和两侧腹壁出现大小不等、形状不同的红斑，肠道发炎，病鳝肠子萎缩，眼球向外凸出，严重时可引起死亡。

2. 防治方法

最重要的是不要让鳝体受伤。彻底清池，并定期对养殖池进行

消毒。避免转塘次数过多。治疗用 2.5％的盐水浸洗病鳝 15～20 分钟。或用漂白粉泼洒，每立方米水中用药 1 克。或每条黄鳝用 15 毫克兽用氯霉素拌饵料连续投喂 3 星期。或用磺胺剂每千克黄鳝每天喂 100～150 毫克，次日后喂 150 毫克，投喂数日。也可用 0.01％高锰酸钾溶液擦涂患部。

（六）水霉病（白毛病、肤霉病）

本病是由黄鳝互相抢食时咬伤或捕捞、放养操作与运输过程中使伤口感染水霉菌引起。本病一年四季均有发生，晚冬、早春多见，春夏季节鳝卵在静水中孵化也会感染此病。

1. 症状

体表长有棉絮状菌丝，呈灰白色。由于霉菌能分泌一种酶来分解鳝鱼的组织，使鳝鱼分泌大量黏液，黄鳝常表现为焦躁不安，并有与固体摩擦现象。同时，菌丝繁殖，逐渐在黄鳝体表上蔓延、扩散。患处肌肉腐烂，病鳝往往食欲不振，逐渐消瘦而导致死亡。

2. 防治方法

清除池内的腐败有机物，并用含量为 20×10^{-6} 的生石灰水消毒。在捕捉、放养过程中不要使鳝体受伤。治疗：将病鳝捞起在含量为 6.67×10^{-5} 的孔雀石绿溶液中浸洗 3～5 分钟。

（七）发热病

鳝鱼发热病常因养殖或运输过程中投放密度过大而引起水体环境严重恶化，鳝鱼体表分泌的黏液在水中积聚过多，加速了水中微生物的分解，因而消耗了水里大量氧气；或因用饵料过多而发酵，释放出大量的热量，使水温上升到 40℃以上；尤其是在运输过程中，水温明显升高，有时候竟高达 50℃，水呈浑暗绿色且发臭，溶解氧含量少。

1. 症状

黄鳝焦躁不安，不停地乱游乱窜，相互缠绕成团，甚至体表黏液脱落，头部肿胀，最后窒息而死亡。

2. 防治方法

放养鳝鱼前，需要用生石灰对养殖池彻底消毒，放养密度不要

过大，水质恶化时应及时换水，及时清除残饵，保持良好的水环境，如果放养池中栽培一些水生植物或放入少量泥鳅，让泥鳅在水体中上下窜动，摄食黄鳝吃剩下的残饵，还可增加溶解氧和防止黄鳝相互缠绕，减少发生疾病。发现这种病需要及时换注新水，改善水质，同时在鳝池中每升水放 30 万单位青霉素或泼洒 0.07% 硫酸铜溶液每平方米 150 毫升防治。

（八）感冒

鳝鱼遇到天气变化或灌注新水导致体温与水温相差太大，水温突变，造成鳝鱼一时不能适应而刺激神经末梢，引起鳝鱼生理机能紊乱，器官机能失调，致使鳝鱼发生感冒。

1. 症状

患病黄鳝表现出食欲减退，游动迟缓，漂浮于水面，焦躁不安，行动失常；皮肤失去光泽，黏液增多，体色变得暗淡。严重时黄鳝个体呈休克状态，失去活动能力，以致发生死亡。

2. 防治方法

在换注新水时要注意水的温度差，不大于 ±3℃，换水量不宜过大，新加水不超过老水的 1/3。秋末冬初，当水温降到 12℃ 左右时，黄鳝开始钻入泥穴越冬，这时可以排去池水，但要保持池底泥土湿润，以利于黄鳝呼吸。池底泥土上需要覆盖一层稻草或麦秸秆，以增加温度，防止池水结冰而使黄鳝受冻发生感冒。对已经发病的黄鳝应立即设法调节水温，或转移到适当水温的水体中。

（九）梅花斑病

在稻田养鳝多见此病。

1. 症状

患病黄鳝背部出现黄豆或蚕豆大小的梅花形黄黑色斑纹。除此病状以外，病鳝的口腔和肛门常流血，从水中捕捞起来可见全身颤抖，一般病程 3～4 天死亡。

2. 防治方法

捕捉几只蟾蜍（俗名癞蛤蟆，由于它的身上能分泌白色浆液，尤其是耳后腺内的白色浆液更多，可取出入药，中药名蟾酥），黄鳝发病期间，用镊子夹住蟾蜍耳后腺，注意切勿过分用力，挤出白色的蟾酥浆液少量放入病鳝池中。预防鳝病可捉几只蟾蜍放于黄鳝养殖池中，具有一定消毒杀菌作用。

（十）黄鳝出血病

该病亦称黄鳝出血性败血病，由产气单胞菌引起，为黄鳝的常见病和多发病。

1. 症状

黄鳝身体表面出现绿豆大小至蚕豆大小不等的出血斑，有时呈弥漫性出血，由鳝体腹部逐渐发展到鳝体两侧及背部。将病鳝尾部提起倒置，黄鳝口腔有血状液体流出。肛门红肿、外翻。24小时后浮出水面深呼吸，呼吸频率很快，此后病鳝不停地按顺时针方向打圈翻动，最后死亡。

2. 防治方法

放养黄鳝之前，用生石灰彻底清塘消毒，改善水质，加强饲养管理，搞好环境卫生。治疗按每25千克鳝体用10～20克大蒜素拌饵料投喂3天；或外用0.2～0.25毫克/升呋喃唑酮化水全池泼洒，连续3天；也可用金霉素药液按每立方米水体25万单位浸洗患病鳝体15分钟。

（十一）毛细线虫病

由毛细线虫寄生在黄鳝肠道内引起发病，虫体为长圆筒形，细长如线，体长2～11毫米，乳白色，有时呈淡黄色。寄生于肠道内的为成虫，寄生于其他内脏器官的为幼虫及其包囊。虫体常从头部钻入黄鳝肠壁，破坏肠黏膜组织，引起其他病原菌侵入而发病。该病主要危害幼鳝，发病期多在7月份。

1. 症状

黄鳝感染毛细线虫病后没有明显的症状，一般感染不会引起死亡，大量感染可使肠壁变薄、腐烂或阻塞肠管，甚至造成肠穿孔，引起黄鳝死亡。被毛细线虫幼虫感染者，腹部膨大，有时腹部有充

血现象，严重影响黄鳝生长。

2. 防治方法

黄鳝入池饲养前，鳝池用15～20毫克/千克的生石灰全池泼洒，浸泡鳝种10～15分钟，预防毛细线虫病。在发病期间，每立方米水体用90％晶体敌百虫0.7～1克，加水溶解后全池泼洒或用阿苯达唑40毫克/千克体重拌饵料投喂，每日2次，连续3天。

（十二）棘头虫病

棘头虫病是由于棘头虫寄生于鳝肠道前端引起的。

1. 症状

外表症状不明显，解剖前肠能看到许多白色柱状的虫体寄生。棘头虫钻在肠黏膜内吸取营养，阻塞肠道。病鳝体质消瘦，引起肠道明显充血发炎，破坏部分组织，严重者可造成肠穿孔或溃烂而死亡。

2. 防治方法

放养前用20毫克/千克生石灰彻底消毒或于放鳝种前将池水排干，经太阳长时间暴晒，杀死中间宿主。治疗患病黄鳝每千克体重用90％的晶体敌百虫0.1克或用阿苯达唑40毫克/千克体重拌饵料投喂，每日2次，连续3天。

（十三）蛭病、锥体虫病

蛭病又称蚂蟥病，水蛭牢固地吸附于鳝体，多数寄生在个体较大的黄鳝头部，吸取黄鳝的血液，使被寄生部的表皮组织受到破坏。此外，蚂蟥还是锥体虫的中间宿主，锥体虫在黄鳝血液中营寄生生活。

1. 症状

患病黄鳝活动迟缓，食欲减退，影响生长。黄鳝感染锥体虫后，引起鳝鱼贫血、消瘦和继发性病，影响鳝鱼生长，严重者引起失血过多而死亡。

2. 防治方法

利用蚂蟥趋动物血腥味的特性，可用干枯的丝瓜浸湿猪鲜血后，放入有蚂蟥的鳝池中，诱蚂蟥聚集，待1～2小时取出丝瓜，将蚂蟥捕灭，或在养鳝池中插上一个内装有畜禽血的细小竹筒，待蚂蟥钻到筒内吸血后再捕捉。发现蚂蟥在鳝头部和鳝体寄生时，可将池中黄鳝投笼捕出后，放在木盆内，用0.2%晶体敌百虫溶液浸洗10～15分钟，浸洗后，蚂蟥即死亡脱落，黄鳝无损伤，安全，效果好。已患锥体虫病鳝，可用2%～3%的食盐水浸洗病鳝5～10分钟，或用0.5毫克/千克硫酸铜和0.2毫克/千克硫酸亚铁合剂洗病鳝10分钟左右。

六、泥鳅常见疾病防治

（一）赤皮病

此病的病原体是液化产气单胞菌。当池水恶化、蓄养管理不善或捕捞及运输、装运操作不当，鳅体受伤易患本病。此病多流行在夏季，发病率较高，对泥鳅的危害很大。

1. 症状

患病初期病泥鳅的尾鳍、胸鳍鳍条或体表部分表皮脱落，呈灰白色，腹部皮肤及肛门周围充血发红，继而在腹部和体侧出现血斑，并逐渐变为深红色，肠管糜烂，进而并发水霉病。病泥鳅不摄食，常在流水口处或田埂、沟边水面悬垂。

2. 防治方法

加强饲养管理，在捕捞或运输操作中尽量避免鳅体受伤。在泥鳅苗放养前先用孔雀石绿溶液消毒可预防本病。治疗用3%食盐水混在饵料中连续投喂3天。严重病症可用0.1毫克/千克的四环素溶液浸泡1昼夜。

（二）气泡病

因水质恶化，水中氧气不足或其他有害气体过多引起，该病多

见于泥鳅苗生长阶段。该病多发生于春末夏初，对幼泥鳅危害较大。

1. 症状

病泥鳅苗的肚皮膨起呈气泡状，常浮于水面。

2. 防治方法

平时避免投料过多或施肥过量，并注意及时换注新水，并防止浮游植物繁殖过量。治疗用 2％～3％ 的食盐水浸洗 5～10 分钟；或每亩用 4～6 千克食盐对养殖池全池泼洒。

（三）水霉病（肤霉病）

此病是由一种肤霉菌引起的，多发生在水温较低的早春、晚秋和冬季，泥鳅卵孵化期或鳅体受伤更易患此病。

1. 症状

病泥鳅行动迟缓，食欲减退，病泥鳅体表有白色绒毛状的水霉滋生，数日后死亡。

2. 防治方法

冬季蓄养时应防止鳅体受伤而感染。鳅体受伤可用 2％～3％ 食盐溶液浸洗 5～10 分钟，人工繁殖避免在低温阴雨连绵期进行，若受精卵感染此病，可用 0.0001％ 的孔雀石绿溶液浸洗 30 分钟。

（四）腐鳍病

此病是一种短杆菌感染引起的泥鳅病。

1. 症状

病泥鳅背鳍附近表皮脱落，严重时呈灰白色，肌肉腐烂。严重时，背鳍的鳍条脱落，肌肉外露，体两侧从头部至尾部浮肿，病泥鳅废食，衰弱而死。

2. 防治方法

病泥鳅可用 1％～5％ 的土霉素溶液浸泡 10～15 分钟（或同样剂量的金霉素溶液浸泡 5～10 分钟），每天 1 次，连续 3～5 天。

（五）红鳍病

此病主要是由泥鳅捕捉后放流水中长时间蓄养所致。

1. 症状

病泥鳅的体表和鳍呈灰白色，此外，体表出现红色环纹。

2. 防治方法

病泥鳅可用 1 毫克/升的孔雀石绿溶液浸洗 15～30 分钟。

（六）寄生虫病

泥鳅苗培育阶段体内常有车轮虫、舌杯虫和三代虫等寄生虫寄生。车轮虫寄生在鳅体皮肤、鳃部，对幼泥鳅危害最大，多在 4～7 月发生。舌杯虫寄生于泥鳅鳃瓣或皮肤，多危害幼泥鳅。

1. 症状

被寄生的泥鳅苗常浮于水面，急促不安或在水面打转。有寄生虫寄生的泥鳅发黑、瘦弱、离群缓游。若寄生在鳃瓣时还会引起鳃组织腐烂，窒息死亡。

2. 防治方法

泥鳅寄生虫治疗：车轮虫和舌杯虫，每立方米水体可用 0.5 克硫酸铜和 0.2 克硫酸亚铁合剂挂袋或溶液进行全池泼洒治疗；三代虫寄生于泥鳅体表和鳃，5～6 月份流行，可用 0.5 毫克/升晶体敌百虫溶于水中进行全池泼洒治疗。

（七）敌害防治

泥鳅的敌害主要是乌鳢（又称乌鱼）、蚂蟥、食虫鸟、水蛇、水蜈蚣、田鳖、红娘华等，要注意清除。

1. 乌鳢的防治方法

由于乌鳢多栖息在水阴凉的中下层，不易捕捉，一般用钓钩诱饵捕捉：用一根长绳，绳上每隔一定距离附一砖，使绳能沉入水底，并在绳上每隔 30～45 厘米附一块长方形木板，使用时，两人各在池的一边，执着长绳的一端，缓缓向前移动，乌鳢看到木板受惊潜入池底，引起池泥上泛起气泡，判断乌鳢所在位置后，随即潜入池底将其抓获。另一种方法是：早晚天气凉爽时，乌鱼多半在水的上中层游动，用活的小鱼小虾引钓。以上两法捕捞乌鱼不彻底。可在养殖泥鳅前，干塘全部捕清。捕捉乌鳢的种苗，一般在它产卵

期进行。这时在鱼巢附近用手摸捕，或用纱网在晚上捞取鳝苗。

2. 蚂蟥的防治方法

蚂蟥在水沟和水田中吸食泥鳅血，引起泥鳅消瘦，可能导致死亡。防治方法：常用丝瓜瓤浸猪血后，用绳系绑在小竹棍上，然后将其插在水田中，反复多次即可消灭蚂蟥。

3. 食虫鸟的防治方法

不让鸟类飞近鱼池，可用伪装物惊鸟或录猛禽鸣叫驱赶害鸟。还可活捉害鸟。小面积泥鳅苗和泥鳅种可以在池上拉盖张网防止鸟类侵袭。

4. 水蛇的防治方法

为防治水蛇，夏季夜间可在养殖泥鳅的稻田，用灯光捕捉。捕灭水蛇的最好方法是，在水蛇常活动的水面上用鱼钩勾着小青蛙上下活动，使钩着的小青蛙在水面上发出"扑通扑通"的响声，水蛇听到响声，又闻到腥味，即上钩就擒。或采用竹筒，架在水面上，在竹上打开几个易进不易出的缺口，竹筒内放少量水蛇喜吃的诱饵，数日可提竹筒上岸捕水蛇，连续数次效果很好。如果用其他的诱捕工具，只要装有易进不易出的口子再加放诱饵同样能起到捕灭水蛇的效果。

5. 水獭的防治方法

水獭俗称水獭猫、水狗，鼬科的小兽，在野外河塘、湖泊岸边的洞穴中栖居，以鱼类为主要食物。一巢水獭2～6只，常昼伏夜出，每头每天要吃1千克的食物，所以对塘堰养鱼、泥鳅等水产动物的危害极大。养泥鳅塘堰水中的水獭可用以下方法捕捉：

（1）特殊夹猎捕法 将铁夹埋放在水獭必经路的土里，不能露出土面，旁边放上诱饵，尽量保持原来环境不变，几天后就能将它夹住。

（2）滚钩捕捉法 在塘堰边上，插上两根木柱，并用粗绳连接，粗绳每隔10～20厘米栓有一个带有小麻绳的滚钩，滚钩下沿在12～15厘米或22～26厘米水中，水獭游过即可钩住。

（3）烟熏网捕 水落发现塘堰池边洞外有白色粪便时，事先探明几个洞（有的洞口直通水中），可将渔网设置在洞外，然后向洞口内熏烟，水獭从另外洞口呼吸并潜水出逃，即可钻入网中捕获。

（4）枪击法　水獭隐居水岸洞穴中，枪击时可将洞下游堵住使水獭关于洞内，猎者埋伏观察，当水獭出洞呼吸时即可枪击。

6. 水蜈蚣的防治方法

水蜈蚣又叫水夹子、夹子虫，是水生昆虫龙虱的幼虫，其身体长圆柱形，具有一对钳形大颚，很像蜈蚣的毒螯，故称水蜈蚣，对泥鳅危害很大。

防治方法：在清塘放入泥鳅苗种前，每亩用生石灰 75 千克进行彻底消毒，铲除池塘内及其周围的杂草，防止水蜈蚣产卵于其上；在泥鳅苗放养后 3 天，用密网在池中反复拉网数次以清除水蜈蚣；最好的方法是在夜间用木杆或竹竿，搭成三角形或方形框架，框内放煤油 50~250 毫升，框上挂一盏灯，由于水蜈蚣喜光而游来，触及煤油灯而窒息死亡。但此法在刮风下雨的天气不宜使用。

7. 蝌蚪的防治方法

在养泥鳅池中，蝌蚪和蛙消耗水中氧气并与泥鳅苗种争夺天然生物饵料。同时，蝌蚪在养泥鳅池中搅乱泥鳅苗摄食，尤其是虎纹蛙的蝌蚪对泥鳅苗危害更大。因此养泥鳅池应捞去青蛙和蝌蚪。

防治方法：池塘放养泥鳅苗前，用生石灰每 6 平方米池水 0.15 千克彻底清塘，以杀死蛙卵和蝌蚪；放养泥鳅苗后应加强饲养管理，每天早上巡塘，发现漂浮在池塘水面上的粘在一起的蛙卵团及时用捕虫网捞掉，以防对鳅苗造成危害。发现青蛙跳入养泥鳅池中及时用有长柄的纱布捕虫网捕捞或晚间用手电筒或灯诱捕，将光对准蛙固定照射片刻，蛙即一动不动，然后用手捕捉，移送到远处水田保护蛙资源。

七、鳗鲡常见疾病防治

（一）烂鳃病

本病是由于车轮虫、指环虫寄生所引起的。

1. 症状

病鱼鳃丝腐烂、头部发黑，离群独游，逐渐死亡。

2. 防治方法

敌百虫按 0.5 克/升水体浓度，用清水溶解后全池泼洒，浸浴以后即换水 50%，经两天治疗即可痊愈。

（二）水霉病

本病冬春低温期最易发生。

1. 症状

病鳗体表寄生水霉菌，常不思摄食，离群独游，逐渐死亡。

2. 防治方法

把病鳗捞起来，放入 1% 的食盐水中浸浴 1～2 天，再放回池内；按每立方米水体加亚甲基蓝（化工颜料商店有售）2～3 克，用温水溶解后，再用池水稀释，均匀地泼入鳗池中，浸浴 1 小时后全部换水，隔 2～3 天用同法再泼洒 1 次即愈，但用药要准确计算用量，并观察鳗鱼动态，如发现鳗鱼有急游跳跃等不适状况，应立即换水，以免造成损失。

（三）红鳍病

本病是由嗜水气单胞菌引起的细菌性传染病。该病菌在 30℃ 左右时最适宜生长。本病在鳗鲡病中属发病率、死亡率高，危害大的疾病，一年四季均可发生，以冬至至夏至发病率较高。

1. 症状

病鳗的胸鳍、尾鳍因瘀血而发红，肛门外膨胀、红肿，随着病情的发展，病鳗身体出现出血点和出血斑，慢慢遍及全身，逐渐糜烂、溃疡，解剖可见脾脏瘀血，肾脏肿大，肠道有炎性病变。

2. 防治方法

用土霉素 80 毫克/千克鱼体混于饲料中投喂，连喂 3～5 天，或药浴：每立方米水体用含氯 30% 漂白粉 1～1.5 克，药浴 8 小时以上；药浴 8 小时后注入新水，隔日再用同样浓度药液药浴 1 次。

八、牛蛙常见疾病防治

（一）肤霉病

本病的病原体主要是水霉菌。蛙体及蝌蚪高密度饲养或由于在运输、捕捞中，容易发生体表皮肤损伤，霉菌从伤口侵入吸取皮肤中养料，菌丝体向体内深入而寄生于蛙的皮肤组织里，其余大部分向外长成分枝繁茂的菌丝。

1. 症状

病蛙及蝌蚪伤口周围呈现棉絮状菌落后逐渐从伤口向四周扩大，致使蝌蚪游动迟缓，觅食困难，最终导致死亡。

2. 防治方法

在饲养管理过程中，注意不要造成蝌蚪体表外伤。发病后用7毫克/升的高锰酸钾溶液浸洗30分钟后用10％紫药水涂患处治疗。

（二）红斑病

本病是由细菌与真菌感染所致，多发生于养殖密度大、水质条件差的蝌蚪，此病往往造成暴发性流行。

1. 症状

患病蝌蚪腹部特别是后腿与前肢间有许多血斑块，严重的并发多种炎症，溃烂，头部伏地，精神萎靡，软弱无力，反应迟钝，不吃不动或在水面上打转。此病病程短，急性，患病蝌蚪几分钟后下沉死亡，也有3～5天内死亡。

2. 防治方法

加强对蝌蚪的饲养管理，注意蝌蚪池的饲料和水质卫生，并定期用生石灰消毒。治疗用1％食盐水浸洗，每次10分钟，每天2次。严重的用青霉素按2万尾蝌蚪用120万单位和链霉素100万单位的混合液浸洗患病蝌蚪30分钟，并用硫酸铜溶液（0.7毫克/升）对池水进行消毒。

（三）气泡病

水温高，水质差，池底有机物多等引起池水溶氧量不足或氨气等气体过多，并进入蝌蚪体内引起此病。

1. 症状

患病蝌蚪肠道充满气泡，腹部膨胀，游动时不能保持平衡，仰浮于水面，如不及时抢救，会引起大量死亡。

2. 防治方法

可将蝌蚪放入清水中不喂饲，2天后可愈。严重气泡病蝌蚪可按水量的0.4％投入硫酸铜和硫酸亚铁合剂治疗或用20％硫酸镁溶液泼洒，2天后再放入蝌蚪池疗效较好。还可向养殖池中泼洒食盐溶液（按每立方米水体用食盐15克），有一定疗效。

（四）车轮虫病

本病因蝌蚪饲养密度大、水质差、管理不善，蝌蚪感染了车轮虫引起。

1. 症状

感染车轮虫的蝌蚪，尾鳍黏膜发白，并深入组织。严重时全部尾鳍腐烂。患病蝌蚪游动缓慢，呼吸困难，常漂浮于水面，食欲减退至不食，终至死亡。

2. 防治方法

降低放养密度，加强饲养管理，改善饵料和水质条件防止发生本病；对发病蝌蚪用2％食盐水泼洒饲养池，严重的可用硫酸铜和硫酸亚铁合剂（5∶2），按每立方米池水1.4克治疗。

（五）斜管虫病

斜管虫病由寄生在蝌蚪体表的大量斜管虫引起。

1. 症状

患病蝌蚪体色由黑褐变黄褐，常浮于水面、池边，反应迟钝，手捉或网捞时也不逃离，常不食，腹部小，严重时很快死亡。

2. 防治方法

与车轮虫防治方法相同。

（六）蛙红腿病

由假单胞菌侵染引起，本病是幼蛙和成蛙的主要疾病，多发生于池水中放养密度过大、水质差的蛙池中的幼蛙或成蛙，一般在冬眠期间或天气较冷时，易发生本病，其传染性极强。

1. 症状

患病牛蛙腹部及腿部肌肉呈点状充血，严重时全部肌肉呈红色，还可扩散到肺、脾、肾和肠等组织。感染此病的牛蛙瘫软无力，活动迟缓，头部伏地，不吃不动，3～4日后死亡。

2. 防治方法

本病应以预防为主，对养蛙池进行定期换水和消毒以保持水质清新，即每隔7～10天按每立方米池水用漂白粉1.0～1.5克溶液洗刷饵料台和养蛙工具。如发现病蛙应及时将其捞出隔离治疗。治疗本病用25%葡萄糖生理盐水（用蒸馏水或凉开水100毫升、0.9克食盐、25克葡萄糖配制而成），每100毫升加40万单位的青霉素，浸泡病蛙，每日两次，每次3～5分钟；也可用3%的食盐水浸洗病蛙15分钟左右，或用20%磺胺脒溶液浸泡病蛙1天。除用消炎药液浸泡外，也可对病蛙注射或喂服消炎药，如每只病蛙按每千克体重肌内注射4万单位硫酸庆大霉素；或将土霉素按每千克饵料5片拌匀、饲喂病蛙3～5天；或每千克饵料用磺胺脒1克，连服5～6天，有显著疗效。

（七）蛙胃肠炎

本病是由于牛蛙吃了腐败变质的饵料或饮用了被污染的水或栖息环境恶化感染病菌引起，多发生于春夏之交和夏秋之交，传染性强，死亡率高。

1. 症状

病蛙初期栖息不安定，常东窜西爬或游泳缓慢，喜欢钻泥；食欲减退，粪便不成形，严重的排出血红色黏稠粪便。后期常躺于池边，不食不动，反应迟钝，不怕惊扰。

2. 防治方法

加强饲养管理，投喂新鲜洁净饲料，不饲喂变质的饵料，搞好

饵料台、池水等的清洁卫生和消毒，经常换水，保持池水清新，以预防本病的发生。治疗患病蛙可在饵料中加喂药物进行治疗，一般每千克饵料拌入磺胺脒 1 片或酵母片 2 片，连喂 3～5 天即可治愈。病蛙池用 1～2 毫克/升的漂白粉溶液泼洒 1 次，饵料台用 2 毫克/升的漂白粉溶液浸泡 30 分钟。发病季节，每 7～10 天用 0.7 毫克/升的漂白粉溶液泼洒全池 1 次。

（八）蛙烂腿病

本病是由于牛蛙在水泥池中擦伤皮肤，或在运输过程中皮肤损伤后感染病菌而引起。

1. 症状

患病蛙初期趾尖部分发炎，过后逐渐向腿部延伸，腐烂，露出骨骼，严重的病蛙一直烂到大腿的基部，失去活动能力，直至死亡。

2. 防治方法

发现病蛙后，全池用 0.7 毫克/升漂白粉溶液等消毒，并用 2 毫克/升高锰酸钾溶液浸泡病蛙腿部 1～2 天，严重病蛙每只注射青霉素 20 万～40 万单位。

（九）蛙烂皮病

蛙烂皮病又叫脱皮病。本病主要是用人工配合饲料时由于缺乏维生素 A，使蛙抗病力下降，或牛蛙体表损伤后病菌感染而引起，死亡率高达 90%以上，多发生于蝌蚪、幼蛙、成蛙。

1. 症状

病蛙头、背部皮肤失去光泽，出现白花纹，接着表皮脱落并扩展到躯干和整个背部。与此同时，病蛙的瞳孔出现粒状突出，初呈黑色，后变白色，最后失去视觉。患病牛蛙的主要症状是烂皮、烂眼和关节红肿。剖检可见病蝌蚪的体腔积水，内脏器官出现病变。

2. 防治方法

加强饲养管理，注意饵料的多样性，或在人工配合饵料中添加维生素等营养物质，以预防本病的发生。牛蛙患病初期可用鱼肝油补饲治疗，也可喂动物肝脏，2 天 1 次，每次 1 克，一般 1 周后烂皮即可治愈。严重感染的病蛙除补饲鱼肝油外，还要用抗生素等消炎药消炎，具体消炎方法可参照蛙红腿病。养殖患病蛙的池用 0.7 毫克/升漂白粉溶液等消毒。

（十）蛙肿腿病

此病是牛蛙腿部受伤的伤口被细菌感染所引起。

1. 症状

患病蛙后肢腿部肿大，整个足部包括趾和蹼都肿成瘤状，呈灰色。由于后肢负担沉重，患病蛙无力活动，不能摄食，蛙体越来越消瘦，最终死亡。

2. 防治方法

病蛙池用 0.7 毫克/升漂白粉溶液泼洒。将病蛙的后肢浸在 7 毫克/升高锰酸钾溶液中 15 分钟，每天 1 次，连续 3 天；同时内服四环素，每次每只蛙喂服半片，每天 2 次，连服 2 天；或每只蛙肌内注射 20 万～40 万单位青霉素，连续注射 3 天有疗效。

（十一）蛙脱肛病

1. 症状

病蛙直肠外露于肛门之外，从而引发感染。病蛙行动不便，食欲减退，体质消瘦。本病多发生于成蛙。

2. 防治方法

先用消毒液洗净外露的直肠，再用 3％食盐水或冷开水冲洗外露直肠，之后立即将直肠塞入泄殖腔内，再将病蛙放入隔离的缸盆中单独饲养，减少其活动，不久即可痊愈。

（十二）蛙白点病

本病主要由于高度密集的养殖，因饵料中缺乏维生素造成牛蛙的抗病能力下降，以及牛蛙局部受伤伤口感染病菌所致。

1. 症状

患病蛙的头、背、两眼间距内的中央皮肤失去色素，呈小白点状，2～3 天沿头的纵轴方向扩展成长条状，皮肤慢慢地腐烂，严

重时露出白骨。

2. 防治方法

在配合饵料中添加适量的多种维生素可预防此病的发生。对病蛙除采取隔离，并补饲多种维生素的措施外，用 0.3％食盐水消毒病蛙的体表及患部。体重 100～200 克的病蛙，每只喂磺胺嘧啶片125 毫克、多种维生素 1 粒，同时饲喂适量鲜活饲料、外涂金霉素眼膏，6 天后可治愈。对养殖池每 100 千克池水中加 0.3 千克食盐，维持 3 天，以抑制病情防止恶化。

（十三）寄生虫病

蛙寄生虫在蛙体内的消化道、呼吸道、皮下组织等处都会有寄生，从而导致本病的发生。

牛蛙的体外寄生虫主要是可寄生在体背、蹼等处的蚧螨类寄生虫、蛭及血吸虫等。

1. 症状

寄生虫种类不同，病蛙表现出不同的症状。寄生虫轻度寄生不表现出症状，严重时牛蛙食欲不振、营养不良、全身衰弱并继发其他疾病，最后死亡。

2. 防治方法

加强饲养管理，注意水质与饵料卫生；定期在饵料中添加驱虫剂，以驱除肠道寄生虫和抑制病菌生长，从而预防本病的发生。用90％的晶体敌百虫配制成 0.5 毫克/升的溶液浸泡病蛙可驱除体表寄生虫。

（十四）锚头鳋病

病原体为锚头鳋，主要寄生在蝌蚪胴体与尾交界处的略凹陷部位，虫体头部深深钻入蝌蚪组织中，留在宿主体外的部分占身体全长的 2/5～2/3。

1. 症状

寄生部位的肌肉组织常发炎红肿，并溢血而出现红斑，严重时发生溃烂，组织坏死。虫体吸取蝌蚪的血液和体液，1 尾 5～6 厘

米的蝌蚪身上寄生 1～2 个锚头鳋时虽不立即死亡，但会使蝌蚪生长停滞；寄生 3～4 个锚头鳋，会很快引起蝌蚪死亡。

2. 防治方法

蝌蚪放养前 10 天用生石灰每 6 平方米水面 0.15 千克清塘杀灭水中的锚头鳋幼虫。治疗用浓度为 7 毫克/升的高锰酸钾溶液浸洗患病蝌蚪 2～2.5 小时，每天 1 次，连续 2～3 次，虫体在 2 个星期后陆续死亡，蝌蚪在浸洗时会出现浮头现象，应用清水洗掉鳃上的黏液和沉积物，以保证鳃的呼吸正常。也可用浓度为 0.5 毫克/升的 90% 敌百虫溶液全池泼洒，有较好疗效。

（十五）敌害防治

牛蛙的天敌动物主要有水鼠、蛇、黄鳝等，这些敌害动物常夜间咬食小蛙。防治方法主要是加强管理，经常巡田，及时清除天敌动物。此外，要分级饲养，防止大小不一的蛙类互相残杀。

九、鳖常见疾病防治

（一）红脖子病

红脖子病又称俄托克病、阿多福病，俗称大脖子病或粗脖子病等。

本病病原体为嗜水气单胞菌嗜水亚种，发病原因主要是气候反常或由于饲养条件较差，水质恶化变质引起的细菌大量繁衍。此病在鳖生长季节流行，传染极快，7～8 月为发病高峰期，有时可延续到 10 月中旬。红脖子病是养鳖生产中死亡率较高的一种病害。

1. 症状

病鳖对外界反应敏感度降低，常独自爬上岸或钻入泥土中，行动迟缓，废食体瘦，头部伸直，颈部皮肤红肿充血，鳖咽喉部和颈部肿胀，伸出后缩不回，时而浮出水面或匍匐于沙地，背甲失去光泽呈黑色，腹甲出现红色斑点或霉烂斑块。病情严重时会口鼻出血，全身红肿，眼睛浑浊发白失明，不久死亡。剖检见肝脾肿大、

肝脏有土黄色坏死病灶、肠道发炎溃烂。

2. 防治方法

本病治疗困难，一般以预防为主，应加强饲养管理，经常注意保持水质清新，减少此病的发生。发现病鳖及时隔离治疗。用抗生素如庆大霉素，每千克体重注射 15 万～20 万单位或土霉素、金霉素或磺胺类药拌入饵料投喂，第 1 天按每千克体重用药 0.2 克投喂；第 2 天至第 6 天剂量减半，1 星期为 1 疗程。严重病症，每千克体重于后腿基部与腹甲间注射 15 万～20 万单位青霉素，每天 1 次，连续 2～3 次，然后再用 1％～1.5％的高锰酸钾溶液浸泡 15 分钟，或用 8％～10％的硫酸铜溶液洗浴 15～20 分钟。

（二）水霉病（白毛病、肤霉病）

本病主要是鳖受伤后，水霉菌等真菌侵入鳖受损皮肤组织上大量繁殖引起，多见于稚鳖和幼鳖。

1. 症状

菌丝侵染鳖体表、四肢、腋下及颈部等处并大量寄生，呈现一簇簇白毛，使病鳖体表呈灰白色，有时上面沾有污物，很快遍及全身体表，使表皮坏死，影响鳖生长发育。病鳖表现为食欲减退，行动缓慢，不安。如治疗不及时，霉菌寄生到咽喉可影响呼吸而致死。此病对稚鳖和幼鳖危害较严重，在越冬期间如霉菌在稚鳖皮肤上附生可造成稚鳖越冬死亡。

2. 防治方法

种鳖引进、捕捞、搬运和放养时，要细心操作，勿使鳖体受伤，同时，放养密度不要过大。将个体差异大的鳖分开饲养，以防止相互撕咬争食受伤、伤口感染，并经常更换池水，保持水质清新。如发现鳖体受伤，切勿用抗生素治疗，病鳖和饲养池用 100 毫克/升的福尔马林溶液消毒，或用 0.04％的食盐和 0.04％苏打混合剂对全池和患病鳖消毒。严重病症者在饵料中拌入适量的磺胺类药物喂养。

（三）腹甲红肿病（红斑病、红底板病）

本病的病原体为点状单胞菌（点状亚种），病因较复杂，多数

因水质恶化、饲养管理差而患此病，也可能是红脖子病或其他内脏疾病的反映，或是在捕捉、运输过程中鳖腹部相互摩擦、抓咬、挤压、受伤均可引起。一年中水温20℃以上的生长期均可发生，流行期在5～6月，亲鳖产卵后或冬春潜伏期致病，发病率和死亡率较高。

1. 症状

病鳖精神萎靡，行动迟缓，反应迟钝，常钻草丛，不肯下水，腹甲有出血斑块、发红、肿胀，严重时溃烂，使腹甲骨板显露，颈部粗大，拒食。

剖检见肝呈黑紫色，肝肾有严重病变，肠充血，肠内无内容物。

2. 防治方法

加强饲养管理，防止高密度的暂养和成堆积压装运。平时注意水质变化，改善水底底质，发现病鳖及时隔离治疗。腹甲红肿可用青霉素擦涂；严重病鳖注射链霉素，每千克体重按20万单位，或用增效磺胺类药物结合良好饲养管理，第1天用药量按鳖每千克体重0.2克拌饵料投喂，第2～6天剂量减半，一般可治愈。

（四）腐皮病（烂皮病、溃疡病）

本病是由产气单胞杆菌假单胞菌和无色杆菌等多种细菌感染所致。发病原因主要是鳖体表受伤，病菌侵入伤口引起，随病灶迅速扩大并蔓延。此外换水次数少，加上剩渣残饵腐烂，使水质变臭，养殖池水质污染恶化也是发病原因。一年四季均可发生，且主要发病时间在4～10月份，7～8月份为高温期，发病最为严重，冬眠前和冬眠后也有发生。此病发病快、病期短，感染率和死亡率高，幼鳖、成鳖都可以被感染。

1. 症状

病鳖表现为四肢、颈部或尾部和甲壳边缘皮肤腐烂，进而使皮肤组织坏死而变白、变黄，患部四周肿胀、溃烂，范围逐渐扩大，并呈膜状脱落。严重时患部组织坏死形成溃疡至露出骨骼，有的病

鳖体上角质层大块脱落，脚爪烂掉，行动困难，裙边溃烂，最后死亡。该病死亡率较高。

2. 防治方法

加强饲养管理，控制饲养密度，防止相互撕咬，在捕捉和运输过程中操作要细心，防止鳖体受伤，养鳖要坚持巡塘，及时捞除剩渣残饵，定期换注新水，保持水质清新。鳖预先消毒后再下塘（放养前常用 3% 的食盐水浸洗），发现病鳖及时分池隔离治疗。病鳖隔离单养，每隔 5～6 天用漂白粉或水溶性诺氟沙星遍洒 1 次。或用磺胺类药液 20 毫克/升或用链霉素 50 毫克/升浸洗病鳖患处，每次 10～15 分钟，1 日 3 次，连续 2 天左右。患处的病灶用金霉素眼膏涂抹，具有一定的疗效。严重溃疡需注射抗生素如庆大霉素 15 万～20 万单位/千克体重，每日 1 次，连续 6 天。

（五）毛霉病（白斑病、豆霉病）

本病由毛霉菌引起发病，一年四季均可发生，以 4～6 月份最为流行。

1. 症状

病鳖后肢、颈部、裙边等处出现针尖大小的白点。早期白色斑点仅出现在边缘部分，几天后迅速扩大，形成一块块白斑，表皮坏死。

2. 防治方法

鳖放养、捕捞和运输过程中应尽量仔细操作。放鳖前放养田一般用生石灰彻底清塘消毒，保持水质清新、肥而不污，用土池养殖和利用鱼塘绿褐色水作水源或用 0.04% 食盐水与 0.04% 的小苏打合剂全池消毒，可减少此病的发生。在放养、捕捞和搬运等操作过程中要防止鳖体受伤。治疗病鳖先用 10 毫克/升漂白粉溶液浸泡病鳖 30 分钟，然后再用含量为 2×10^{-6} 孔雀石绿溶液浸洗 2 小时。或用 0.5%～0.6% 食盐水长时间浸洗。或用 0.05% 的食盐水加 0.05% 的小苏打合剂全池泼洒。

（六）出血病

此病由产气单胞菌或病毒引起，危害各个年龄的鳖，尤其是越

冬复苏后出来的成鳖和亲鳖。

1. 症状

病鳖表现为行动迟缓，反应迟钝，腹甲有血斑和出血点，咽内壁辅助呼吸组织有丛毛状突起、发炎、充血，有时口鼻也会出血，严重时肝脏和肠道黏膜坏死出血。

2. 防治方法

将患病鳖移入另外浅水池隔离，及时清理鳖池，对患病鳖用80 毫克/升红霉素药液浸浴 2～4 小时，同时注射病毒唑，每日每千克鳖体重用药量 0.3～0.5 克和庆大霉素 10 万单位。病情严重者可肌内注射麦迪霉素、乙酸螺旋霉素。再用氟哌酸溶液浸泡 1 天，剂量按鳖体重大小而不同。

（七）肠炎

此病是由于鳖食了腐烂变质饵料和水质败坏而引起的疾病。

1. 症状

病鳖表现为精神不振，不愿活动，反应迟钝，减食或停食，腹部和肠内发炎充血，粪便不成形，黏稠带血红色。

2. 防治方法

饵料要新鲜，经常更换池水，保持水质清洁。对轻度患病的鳖治疗，在饵料中拌入适量磺胺脒或磺胺噻唑，第 1 次每千克体重用药 0.2 克，以后减半，7 天为 1 个疗程。对发病严重的个体按每千克体重 4 万～5 万单位氯霉素或注射 2000 单位庆大霉素，5 天为 1 个疗程。

（八）萎瘪病

此病主要是由营养不良、水温不稳、因水质恶化引起的慢性氨中毒等引起的一种综合性疾病，主要发病的是稚、幼鳖。

1. 症状

活动力弱，食欲不振，病鳖体无光泽，背甲肋骨突出，裙边薄而萎缩，向上翻卷或下垂，鳖体生长严重受阻，最后衰竭死亡。

2. 防治方法

本病目前尚无有效治疗药物。主要在于平时预防和加强饲养管

理，注意营养；在配合饲料中添加一定比例的鲜活动物性饵料及瓜菜等植物性饲料。同时要改善水质，稳定水温，避免受伤，防止继发性感染，从而预防发生本病。

（九）肺化脓病

本病的病原为一种副肠道杆菌，该病因常与眼病伴行，故亦称为"肺化脓与眼病并发症"。流行季节一般在夏末与秋季，在池水污浊，气候干燥时较易流行，而在春季、雨水多时则发病较少。

1. 症状

病鳖呼吸时头向上仰，张嘴呼吸，行动迟缓、呆滞；食欲明显减退，大量饮水，病鳖眼球充血、水肿、下陷，有豆腐渣样坏死组织覆盖在眼球上，双目失明；肺呈暗紫色。

2. 防治方法

预防本病可在池塘内放养浮游生物食性的中上层鱼，如鲤鱼、鲫鱼、鲢鱼、罗非鱼等，以摄食消除池中腐败的有机质，改善水质。通过鱼的活动和翻松底泥，起到增氧作用及盐类在水体中循环地利用。治疗病鳖，将饲料中拌入金霉素、土霉素等抗生素，病重者可肌内注射庆大霉素10万单位，或用链霉素按每千克体重注射20万单位，5天为1个疗程。

（十）脂肪代谢不良症

由于霉烂变质的动物性饵料中变性脂肪酸在体内积累造成代谢机能失调，逐渐形成此病。

病情严重时，鳖腹甲暗褐色，有浓厚的灰绿色斑纹，四肢、颈部肿胀，表皮下出现红肿，整体外观出现异样。剖检腹腔有恶臭味，脂肪组织变成土黄色，肝脏发黑，骨质软化。

（十一）钟形虫病（吊钟虫病、累枝虫病）

本病由钟形虫群体表面寄生引起，多见于稚鳖和幼鳖。

1. 症状

病鳖日渐消瘦，食欲不振，在病鳖的四肢、背腹甲和颈部等处

出现丛丛棉絮状白毛或水霉状的附着物。

2. 防治方法

用 5％的食盐水浸泡病鳖 5～10 分钟，每天 1 次，连续 2 天。药用治疗常每立方米水体用 8 克硫酸铜溶液药浴 20～30 分钟。或用 1％高锰酸钾水溶液涂抹病灶部位 1～2 分钟。

(十二) 水蛭病（蚂蟥病）

此病由鳖穆蛭和杨子水蛭用吸盘吸附在鳖体表引起，裙边和四肢腋下水蛭寄生较多。

1. 症状

水蛭在鳖体大量寄生后，鳖反应呆滞，皮肤苍白、多皱，鳖身体消瘦，运动无力，食欲不振，喜欢上岸，不愿下水，严重失血死亡。

2. 防治方法

常用含量为 15×10^{-6}～20×10^{-6} 生石灰溶液泼洒，或用晶体敌百虫（1×10^{-6}）和硫酸铜溶液（0.7×10^{-6}）全池泼洒。也可用 10％的氯水或 2.5％的盐水或高锰酸钾（10×10^{-6}）溶液浸洗病鳖 30 分钟，水蛭即脱落死亡。

十、乌龟常见疾病防治

(一) 红脖子病（大脖子病）

该病由嗜水气单胞菌亚种引起。

1. 症状

病龟的颈部肿胀、充血发红，致使乌龟头颈部不能缩回甲壳内，吃食困难，反应迟钝、行动迟缓，多数病龟口腔黏膜有出血现象。病龟背甲失去光泽呈暗黑色，腹甲有红斑，皮下充血，周身水肿。

2. 防治方法

发现病龟及时在配合饲料中按乌龟每千克体重用 15 万～20 万单位的卡那霉素或庆大霉素，每天 1 次，连喂 6 天。或用按病龟每

千克体重20万单位的卡那霉素或庆大霉素，进行1次腹腔注射，注射后将病龟暂养在隔离池中观察5～6天，若病情未见好转，需用同样剂量的卡那霉素或庆大霉素再进行腹腔注射1次。

（二）腐皮病（烂皮病）

主要是因龟体表皮损伤，尤其在高密度混合养殖、饲养池水质污染和龟相互咬伤或转运操作、管理不慎，造成继发性感染，单胞杆菌侵入龟的表皮损伤处而引发此病。稚、幼龟发病率高于成龟。5～9月为该病流行期。

1. 症状

病龟的颈部、四肢和尾部等处的皮肤发生糜烂，严重者皮肤组织坏死，表皮发白，颈及肢体骨骼外露，脚爪脱落，最后死亡。

2. 防治方法

用生石灰按照每平方米池水面积0.15千克改良水质，使水体的酸碱度保持弱碱性，同时要定期加灌新水。发现病龟及时将其隔离，用消毒镊清除病灶，并用5～7毫克/升高锰酸钾溶液浸浴50～60分钟后，在患处涂抹金霉素眼药膏或消炎生肌膏。病重的用卡那霉素，每次每千克体重注射10万单位，每天注射2次，连续注射4～6天可愈。

（三）肠胃病

发病原因是饲养管理不善，水质污染或饲料变质，食物带菌（气单胞菌、大肠杆菌等），该病多发生在春、夏、秋三季，夏季高温时期是流行盛期。

1. 症状

病龟精神不振，反应迟钝，缩头不爱活动，食欲不振或停食，粪便呈红褐色或黄褐色黏稠状，稀软不成形，严重时出现水泻，有恶臭味。

2. 防治方法

平时应加强饲料管理、注意饵料卫生，投喂鲜活饵料，保持池水清洁，并对池水进行消毒。发现病龟及时隔离治疗。按病龟每

10千克体重用2.0克磺胺脒拌入饵料中投喂治疗，连续喂药6天。但第2～6天用药量减半。如果病情比较严重则用庆大霉素药液进行肌内注射，每500克体重用0.2克，每天1次。

（四）细菌性肠出血

1. 症状

病龟行动迟缓，减食或停食，排出血红色黏稠状粪便。病情严重时能引起死亡。剖检可见肠壁有出血斑点。

2. 防治方法

用金霉素等抗生素注射液，用药量可按每0.5千克体重的龟，用人用药量的1/10～1/5进行肌内注射，1日2次。

（五）水霉病（肤霉病）

本病是由一种水霉科中的水霉属和绵霉属的真菌引起，主要是冬季不见阳光或水质不良引起的真菌寄生，一年四季均可发生，尤其在春季更易发生，水温18～20℃时最易流行。水霉病对大龟影响不大，但对稚龟和幼龟危害严重。

1. 症状

病龟脖子四周及四肢或甲壳上可见到白色丝状的黏物在水中漂动，严重时背甲变软、变薄，食欲逐渐减退到停食，行动迟缓，最后衰竭死亡。

2. 防治方法

饲养中防止龟体损伤，并增加龟的陆上生活和体表干燥机会，以削弱水霉菌的滋生。轻度感染的病龟用3%～4%食盐水浸洗10～15分钟。

（六）肝炎

1. 症状

病龟缩头，不爱吃食，背甲上出现灰白斑点。剖检肝脏肿大变色，周边有针尖状出血点，发病后期全无食欲，肝功能衰竭而死亡。

2. 防治方法

用肝维灵或肝太乐，也可用肝糖注射液，采用小型注射器在龟

腿部肌内注射或用药粉拌入饲料中喂食。或用灌药法，即用两手压迫龟耳下端，龟开口后用胶球管将药液注入。

（七）肺炎

龟在冬眠期，龟舍内湿度较大，温度低且温度变化大，或夏季温度高、闷热，气温突然下降，尤其是季节更替时龟的发病率较高。

1. 症状

病龟缩头，有鼻液流出，有白色黏液，后期厌食，肺部肿大，甚至坏死。

2. 防治方法

有食欲者用金霉素按每只龟体重 500 克用量 1 克拌在饵料中喂服，每日 2 次，连续 6 天。严重病龟用青霉素、链霉素或庆大霉素药液肌内注射，用药量为人用药量的 1/10～1/5，每日 2 次。

（八）龟肺呛水与窒息

龟长时间在过深的池水中，不能上岸喘息，会导致缺氧而窒息，25 克以下的稚龟易肺呛水和窒息。在高温季节气压低的情况下，水中溶氧量减少，也会引起成龟、亲龟窒息。

1. 症状

病龟外形水肿，尤其是颈脖粗大，头颈伸直或上仰，轻者还能张口呼吸。

剖检可见肺充水，体积增大，血液因缺氧而呈黑色。

2. 防治方法

平时水池水位应基本固定，切忌过深。池中斜坡、饵料台、晒甲台与水平面的夹角要小（10°～15°），有利于龟爬行。对症状轻的龟，可将龟腹甲向上，头颈下垂，将龟四肢有节奏地伸缩，让其肺中的水流出，然后置于通风阴凉处，使其复苏。

（九）烂板壳病

1. 症状

病菌侵入龟壳内致使龟壳发生糜烂。病龟食欲减退，不久

死亡。

2. 防治方法

将患处表皮挑破，挤出血水，用10％食盐水涂擦，擦后即冲洗，每天1次，连用5～7天。

（十）外伤炎症

由于饲养池粗糙而擦伤龟的皮肤，或在运输中互相抓伤而引起细菌感染造成发炎。

治疗用双氧水对伤口消炎，涂上红药水或紫药水，也可抹上消炎药膏，然后离水干养几天即愈。炎症严重时可选用四环素、螺旋霉素拌饵料喂治，每次每500克龟用成人1次量的1/20，每天1次，连用3天。

（十一）体内寄生虫病

由于饲料不新鲜或吞食了有虫卵的食物而引起寄生虫病。

1. 症状

寄生虫吸取龟体营养物质，导致龟的体质瘦弱、贫血，同时，虫体毒素对龟有毒害作用。寄生虫在龟体内运动，对龟体有机械性损伤或阻塞作用。诊断可在粪便中发现虫体或虫卵。

2. 防治方法

日常投喂的饲料应清洁干净，以断绝寄生虫病源。同时取少许畜禽用敌百虫片或驱虫净片，磨碎混入龟喜欢吃的饲料中投喂。但需注意控制用量，防止药物中毒。

（十二）体外寄生虫病

主要指由于龟虱寄生于龟体表而引起的寄生虫病。

1. 症状

龟虱寄生在龟头部两边和尾巴两边的皮肤上，直接吸取血液，引起局部炎症、结痂和皮肤角质增厚，从而影响其食欲和休息，使其体质瘦弱。

2. 防治方法

加强饲料管理，消灭中间宿主和寄生龟虱。防治龟虱的方法是

用5％盐水溶液或用0.015％～0.02％高锰酸钾药液洗浴，盐水或药液加到以龟头能露出水面为宜，一般洗浴20～30分钟。

（十三）敌害防治

龟日常生活在水中，一般无动物敌害，但栖息陆地上时，蚂蚁、老鼠等都会对龟产生危害。应注意防止老鼠等敌害动物进入养龟池进行侵害。

附录1　测量计算特种水产动物养殖池塘水面积、体积的方法

为了合理密养和准确施用药剂防治水产动物病害，必须测量计算鳝、泥鳅、鱼养殖池塘的面积、池水面积、池水体积，以及鳝、泥鳅、鱼病的用药量。这样才能避免浪费和不应有的损失，提高产量。现分别将上述的计算方法简介如下。

一、养殖鳝、泥鳅、鱼池塘面积的测定方法

长方形或正方形的养殖池塘面积等于鱼塘长度乘以鱼塘宽度。若鱼塘为三角形，其面积等于底边乘以高除以2。若遇到不规则的养殖池塘，可先将鱼塘划分成若干个三角形，再求三角形面积，各个三角形的面积之和，即是不规则养殖池塘的总面积。

二、养殖鳝、泥鳅、鱼池塘水面积的测量方法

长方形或正方形的养殖池塘，只要测量池塘水面的长度和宽度即可（单位用米），公式：水面面积（单位：米^2）＝水面长度（单位：米）乘以水面宽度（单位：米）。若是圆形的养殖池塘，只需测池塘水面的半径即可，公式：水面积（米^2）＝πR^2（注：π为常数，即3.1416，R为半径）。若遇到形状不规则的鳝、泥鳅、鱼养殖池塘，先将池塘划成若干个三角形来测量。如已知三角形的三边长度（用米计），求三角形的面积，其计算公式有以下两种：①设

a，b，c 为三角形边长，$s=(a+b+c)/2$，三角形面积$=[s(s-a)$ $(s-b)(s-c)]^{\frac{1}{2}}$；②已知三角形的长度，按其长度比例，用圆规绘出图后再用下列公式计算，三角形面积$=0.5hb$（注：h 为高，b 为底边长）。在求得每个三角形的面积之后，把每个三角形的面积加起来的总和，即是该池塘的水面面积（米^2）。

三、池水体积的测量方法

① 养殖池塘水深测量方法。测量养鱼池塘水深度，先要了解池塘底是否平整，如果池塘的水底深度不一，还应了解其深度与浅度各占全池的比例是多少，然后按其比例在较深的区域测量几点，在较浅的区域测量几点，将所量得的深度加起来得水深的总和，再以水深的总和除以测量点数，即是平均水深（米）。

② 池塘体积的计算公式：池塘水体积（米^3）＝池水面积（米^2）乘以平均水深（米）。

附录2　施用药物剂量的计算方法

一般施用药物剂量用以下公式：用药量＝池塘水体积（米^3）乘以需用药物的浓度。例如需用药物单位是克（农村习惯用药量单位是两），可以按克计算，1 千克＝1000 克（1 两＝50 克）。需用药量（克）除以 1000＝用药量（千克），需用药量（克）除以 50＝用药量（两）。施用药物时，还应了解养殖池塘水的水质肥瘦、洁净与污染情况，一般地说，水肥的鳝、泥鳅、鱼池塘用药的工效较差，可以通过试验适当增加用药量。施用外用药必须根据养殖池塘水体积中养殖鳝、泥鳅、鱼的体重或尾数计算出用药量。这样既能安全又能有效地发挥药物的作用。

附录3　常用药物的物理化学性质

常用药物的物理化学性质见附表1。

附表1　常用药物的物理化学性质

药物	禁忌药物	变化
青霉素	氧化剂(高锰酸钾和过氧化氢),高浓度酒精或甘油,酶等及碱性溶液,如磺胺类药物;盐水溶液	破坏失效
	酸性溶液如维生素C,氯化钙,盐酸四环素,盐酸氯丙嗪,盐酸普鲁卡因(1%以上)等;重金属(铜、银、汞、铅、锌等)化合物	浑浊沉淀或分解失效
硫酸链霉素	氯化钠(钾),硫酸钠或酒石酸	效价降低
	磺胺类药物钠盐注射液,安钠咖及强酸、强碱溶液(pH值在3以下或8以上)	破坏失效,沉淀
	氧化剂,还原剂及百尔定注射液	破坏失效
四环素类(土霉素,金霉素,四环素)	中性及碱性溶液,复方碘溶液,鞣酸,生物沉淀剂,磺胺类钠盐注射液,氨基比林	沉淀失效
	乳酸钠,氨茶碱,谷氨酸钠,安钠咖,维生素C	浑浊沉淀(如先将四环素稀释至0.5毫克/毫克左右则不致发生沉淀)
磺胺药钠盐水溶液	酸盐药物,生物碱,酚	析出结晶,浑浊,沉淀
苯甲酸钠咖啡因(安钠咖)	鞣酸,酸类,碱类,氯化钙	分解,产生白色沉淀
樟脑	酚,萨罗,水合氯醛,薄荷脑	液化
水合氯醛	碱类,铵盐,碘化物,溴化物,盐酸氯丙嗪,樟脑酚	分解产生氯仿 沉淀 液化
硫酸镁	碳酸氢钠,水杨酸钠,酒石酸盐,磷酸盐	沉淀
溴化物	氧化剂,酸类	游离出溴
	生物碱类,盐酸氯丙嗪	析出沉淀
氯丙嗪	碳酸氢钠,阿托品,有机酸盐,巴比妥类,生物碱沉淀剂	沉淀
	氧化剂	变色
安乃近	鞣酸,生物碱沉淀剂	沉淀
氨基比林	鞣酸及其化合物	白色沉淀
	水合氯醛,乙酰苯胺,阿司匹林,氧化物	湿润或液化
	氨水,氯化铁,阿拉伯胶等	分解
安替比林	水杨酸钠,阿司匹林,水合氯醛	潮湿结块 变红色
	多种生物碱,酸类,碱类	沉淀

药物	禁忌药物	变化
水杨酸钠	酸类及酸性盐	析出水杨酸
	重金属盐,石灰水	生成不溶性盐
	碘,碘酊,安替比林,硫酸镁,生物碱	沉淀
苯巴比妥钠	氯化汞,硝酸银	白色沉淀
	酸,酸性盐,二氧化碳,水合氯醛,氯化铵,硫酸镁	析出苯巴比妥 生成苯巴比妥和氯仿 生成氨 析出结晶(苯巴比妥)
盐酸普鲁卡因	多种生物碱试剂,碱金属氢氧化物或碳酸盐	沉淀
	碱类及磺胺类药物	分解失效
盐酸肾上腺素	碱类,氧化剂卤素,三氧化铁,甲醛	氧化变色失效 失效
硫酸阿托品	鞣酸,碘及碘化物,生物碱试剂	沉淀
	碱类	分解
硝酸毛果芸香碱	碱类,碘化物,碱金属氢氧化物,硼砂,鞣酸等	沉淀
碳酸氢钠	酸类,酸性盐类,硫酸镁	中和失效放 CO_2
	生物碱类,钙盐	沉淀
	鞣酸,次硝酸铋氯化盐或铵盐	分解,疗效减弱分解,放出氨气
人工盐	酸类,硫酸镁	中和 沉淀
氯化钠	硝酸盐,甘汞等	生成不溶性盐类
硫酸钠	钙盐,汞盐,钡盐	沉淀
稀盐酸	碱类	中和
	有机酸盐类,水杨酸类,安钠咖,利尿素等	沉淀
胃蛋白酶	强酸(高浓度),乙醇(20%以上),甘油(50%以上)	分解失效
	碱,鞣酸,没食子酸,重金属盐	沉淀
次硝酸铋	碳酸氢钠,碳酸盐类	产生气体,生成碳酸铋
	鞣酸及含鞣酸物质	逐渐分解成黄白色物
	碘化物	析出游离碘
	还原性物质	渐变色,析出金属铋
碘及其试剂	酸类及酸性盐	游离出碘,变色
	碱类	生成碘酸盐
	氧化剂	析出盐
	重金属盐,生物碱,利凡诺	沉淀
	龙胆紫	减效

药物	禁忌药物	变化
氯化铵	碳酸氢钠,碳酸钠,碱金属盐	分解放出氨气
氯化钙	碳酸氢钠,碳酸钠,硫酸钠,硫酸镁,磷酸盐及酒石酸盐	沉淀
葡萄糖酸钙	矿酸,碳酸氢钠,乙醇,水杨酸钠,苯甲酸钠,酒石酸盐,磷酸盐	分解 / 沉淀
氨溶液	镁盐,重金属盐,漂白粉	失效
	酸类,酸性药物 碘制剂	中和失效
过氧化氢溶液	碱类,高锰酸钾,碘制剂	可能爆炸(生成碘化氮)
高锰酸钾	乙醇,甘油,生物碱等有机物	氧化分解失效
	氯化铵,碳酸铵	沉淀失效
	鞣酸,药用炭,甘油等	研磨时爆炸
漂白粉	酸类	分解放出氯气
乌洛托品	酸类,酸性盐(氯化铵,氯化钙等)	分解
	鞣酸,铁盐,碘	沉淀
新洁尔灭	碘,碘化物,高锰酸钾,硼酸,蛋白银,肥皂,黄降汞,氧化锌,过氧化氢, 磺胺噻唑	沉淀 / 减效或失效
敌百虫	碱类	分解成敌敌畏
滴滴涕	强碱	分解失效

参 考 文 献

[1] 高本刚，陈习中．特种禽类养殖与疾病防治．北京：化学工业出版社，2004．

[2] 高本刚，傅先兰．药用动物养殖与产品加工大全．北京：中国农业出版社，2013．

[3] 高本刚，詹少华，高松．养蛇与蛇伤防治大全．北京：中国农业出版社，2012．

[4] 李力，李敏．中药材养殖技术．北京：中国医药科技出版社，2007．

[5] 高本刚．野生毛皮动物．重庆：科学技术文献出版社重庆分社，1987．

[6] 李典友，高松，高本刚．水产生态养殖技术大全．北京：化学工业出版社，2014．